나는
과학책으로
세상을
다시 배웠다

나는 과학책으로 세상을 다시 배웠다

최준석 지음

빅뱅에서 진화심리학까지
과학이 나와 세상에 대해 말해주는 것들

바다출판사

내가 과학을 공부하는 이유

화가 고갱은 작품 하나에 긴 제목을 붙였다. '우리는 어디서 왔는가? 우리는 무엇인가? 우리는 어디로 가는가?' 몇 년 전 한국에서도 이 작품이 전시된 적이 있다. 고갱이 자신의 작품에 붙인 이 제목은 인류의 오래된 질문이다. 중국과 인도의 고대 철학자, 고대 그리스의 철학자가 붙들고 깨우침을 얻으려고 했던 문제가 이 안에 다 들어 있다.

현대 인문학 공부도 이 세 가지 질문을 벗어나지 않는다. 사람들은 '나는 어디서 왔는가? 나는 무엇인가? 나는 어디로 가는가?'를 가장 궁금해한다. 나도 마찬가지다. 살면서 무수히 많은 질문이 있었지만, 궁극적으로는 이 세 가지 '큰 질문', 영어로는 '빅 퀘스천'에 늘 직면했다. 오십이 되면서 나는 이 질문에 대한 답을 찾기 시작했다. 먹고사는 일로 이런 문제에 관심을 가질 시간이 없었으나 시간 여유가 조금 생겼기 때문이다.

어느 날 과학책을 보기 시작했다. 문과 출신인지라 과학책과는 담을 쌓고 지냈던 나였다. 그런데 과학책 한 권을 손에 잡았다가 7~8년

이 된 지금까지도 그 재미에 빠져 헤어나지를 못하고 있다. 영국 진화 생물학자 리처드 도킨스의 책이었지 싶다. 많은 즐거움과 깨달음을 그간 과학책으로부터 얻었다. 그렇다, 생각해보면 즐거움이 먼저다. 과학책이 소설보다 재미있다. 산에 다니려고 서울 북한산 아랫동네로 이사했는데, 이제 산은 뒷전이다. 과학책 읽기에도 바쁘다. 산은 올려다 보기만 한다.

과학자들의 지난 수십 년간의 분투가 놀라울 따름이다. 학교에서 배우지 않은 이야기가 책에 무수히 많았다. 그들이 들려주는 나와 우주에 관한 설명은 흥미진진했다. 아내가 나를 쫓아 다니지 않고 왜 내가 아내를 쫓아 다녔는지, 남자는 왜 이리 극단적인지, 나는 왜 숨어서 섹스를 해왔는지, 내 선조의 오래된 고향이 아프리카 대륙이라는 걸 어떻게 유전자 추적으로 알아냈는지 등등 모든 이야기가 전율에 가까웠다. 한마디로 과학은 나를 알 수 있는 보물창고였다. 인문학자들은 늘상 '나와 만나야 한다'고 강조하는데, 나는 과학책을 읽으며 나를 만날 수 있었다.

한때는 역사책을 많이 읽었다. 철학책도 사랑했다. 이 책들은 이제 책꽂이 한쪽으로 약간 밀리거나 방바닥 신세가 되었다. 이제 책꽂이의 요지를 차지한 것은 과학책들이다. 철학책은 특히 선호도에서 많이 밀려났다. 내가 보기에 철학자의 글은 모호하고, 길고, 공연히 어렵다. 어렵다 보니 뭔가 더 있어 보일 수 있으나, 있기는 뭐가 있나 싶기도 하다. 있다 해도 과학이 들려주는 이야기보다 훨씬 사소한 이야기들이다. 이게 더 중요한 문제다. 현대과학이 빅 퀘스천에 정면으로 도전할 때 철학은 변방의 이슈로 밀려났다. 철학자 스스로 그걸 고백한 바 있다. 철학자 비트겐슈타인은 "철학자에 남겨진 유일한 임무는 언어분석뿐"이라고 말한 바 있다. 철학자들은 이 말을 읊조리지 않아 잘 몰랐는데, 한 과학자가 비트겐슈타인이 그런 말을 했노라고 전해줘 알게 되었다. 물리학자 스티븐 호킹은 《시간의 역사》에서 이런 말을 전하며 "아리스토텔레스에서 칸트에 이르는 철학의 위대한 전통에 비한다면 이 얼마나 큰 몰락인가"라고 말했다.

자연은 물론이고, 인간에 대해서도 철학보다 과학이 새로운 이야기를 들려준다. 자연을 이해하기 위해 분투하는 자연과학자들의 성취는 인간 이해의 새 지평을 열어주고 있다. 유발 하라리의 《사피엔스》나 《호모 데우스》가 매력적인 이유는 역사학자인 그가 과학을 공부하고, 그의 전공 분야인 역사에 새로운 관점을 도입했기 때문이다. 철학을 공부하기 전에 과학을 먼저 공부하면 좋다고 나는 생각한다.

이 책은 내가 그간 읽은 '과학책 300권'에 관한 이야기다. 이 책들이 19세기 화가 폴 고갱이 던진 질문에 답한다. 그 답들을 나는 과학책 300권에서 찾을 수 있었다. 당분간은 계속 과학책을 읽으면서 지낼까 한다. "과학책까지 읽어야 돼?"라고 말하는 사람들을 이따금 주위에서 접한다. 이런 재미를 모르다니 안타까울 뿐이다.

차례

1장.

우리는 지금도
구석기시대를 산다

1
내가 덜거덕거리는 로봇이라고?

과학책 이전에 내게는 철학책이 있었다. 직장 생활 바쁘다는 핑계로 읽지 못했던 철학책들을 찾아 읽었다. 《사서四書》라는 동양 고전도 읽었다. 《사서》는 제목 그대로 네 권의 책, 즉 《대학》《논어》《맹자》《중용》을 말하는데, 동아시아에서 지난 2,000년 이상 슈퍼 베스트셀러였다. 마침 《사서》를 온전히 한 권으로 번역해 내놓은 출판사가 있었다. 두텁지 않아서 한달음에 읽을 수 있었다. 그중 이런 내용이 있었다.

> "《논어》를 읽었으나 아무런 일이 없다는 듯하는 사람도 있고, 책 속의 한두 구절을 터득하고 기뻐하는 사람도 있으며, 책을 읽고는 자기도 모르게 곧바로 손으로는 춤을 추고 발로는 껑충껑충 뛰는 사람도 있다." 한글로 읽는 사서 | 석동신 옮김 | 다시

13

덜거덕거리는 거대한 로봇, 인간

알듯 말듯한 문장이다. 그런데 진화생물학자 리처드 도킨스의《이기적 유전자》를 읽고서 이 글을 이해할 수 있었다. 도킨스 책을 읽고 나는 덩실덩실 춤을 추지는 않았지만, 책 속 문장 몇 개에 꽂혔다. 내가 그 옛날 왜 그렇게 행동하는지를 진화생물학이 설명해주다니! 과학책을 보니 나 자신을 이해할 수 있었다. 그건 놀라움이었다. 과학은 지식의 축적이라고만 생각했었다. 그런데 앎이 깨달음으로 다가왔다. 내게 찾아온 리처드 도킨스의 문장을 옮겨본다.

"우리는 유전자로 알려진 이기적인 분자를 보존하기 위해 맹목적으로 프로그램된 로봇 운반자다." 이기적 유전자 | 리처드 도킨스 지음 | 홍영남, 이상임 옮김 | 을유문화사

그는 생명체를 "덜거덕거리는 거대한 로봇"이요, "뒤뚱거리며 걷는 로봇"이라고 말한다. 바로 내가 로봇이라는 말이다. 21세기 들어 인간은 인공지능 로봇 등을 만들고 있다. 그런데 도킨스는 인간을 가리키며 '그대 자신이 로봇'이라고 말한다. 어쩐지 혼란스럽다.

로봇이나 기계라는 말에 거부감을 표시하는 이에게 도킨스는 "당신은 복잡한 존재이지만, 로봇이 아니라면 무엇이라고 생각하는가?"라고 묻는 듯하다. 기계나 로봇하면 우리는 흔히 쇳덩어리를 떠올린다. 인간이나 다른 동물은 기계일 수 없다. 그런데 도킨스 말을 다시 씹어 보니, 생각이 조금 달라진다. 생명체란 우주에서 가장 복잡하고 정교한 물체, 즉 생체로봇이라는 걸 수긍하지 않을 수 없다.

《이기적 유전자》는 1983년 초판이 나왔다. 내가 대학을 졸업하

던 해이다. 그는 옥스퍼드대학에서 연구하던 35살 때 이 책을 내놓았고, 이른 나이에 큰 성공을 거두었다. 인간 게놈 프로젝트를 이끈 미국의 유전학자 크레이그 벤터는 "현대 생물학 사상 가장 큰 영향을 미친 책"이라고 평했고, 영국의 진화생물학자 케빈 랠런드는 "20세기 최고의 인기 과학 도서"라는 극찬을 했다.

물론 이 책에 대해 혹평도 적잖은데, 그 주된 내용은 남의 아이디어를 짜깁기했다는 것이다. 도킨스보다 앞선 진화생물학자들인 조지 윌리엄스, 윌리엄 해밀턴, 로버트 트리버스, 존 메이너드 스미스, 조지 프라이스의 생각을 옮겨온 책일 뿐, 도킨스의 독창적인 아이디어는 없다는 것이다. 그럼에도 도킨스가 이들의 연구를 잘 이해하고 대중에게 설득력 있게 전달했다는 데는 이론이 없다. 도킨스가 탁월한 과학 커뮤니케이터임은 분명하다.

한국에서도 이 책은 오래도록 사랑받고 있다. 과학책 읽기를 즐기게 되면서 서점에 가면 과학책 코너를 먼저 살핀다. 과학 베스트셀러 순위에 어떤 책이 있는지도 늘 확인한다. 직장에서 가까운 서울 광화문 한 대형서점의 과학 베스트셀러 코너에서 리처드 도킨스는 칼 세이건의 책과 함께 붙박이다. 천문학자 칼 세이건의 《코스모스》와 리처드 도킨스의 《이기적 유전자》는 특별한 일이 없는 한 '빅2'이다.

유전자와 몸

《이기적 유전자》는 특히 나의 성 행동과 관련한 젊은 날의 모습들을 이해하는 데 도움이 되었다. '이기적 유전자'의 핵심인 '유전자 선택론 gene selection'을 읽으면서 얻은 깨달음이 적지 않다. 찰스 다윈은 '생물의 종은 고정불변이 아니며 계속해서 바뀐다'면서 자연선택 natural selection 이 진화를 만들어낸다고 주장했다. 그런데 자연선택이 무엇인지가 애매했다. 자연이 선택한다는데, 자연이 도대체 무엇을 선택한다는 것인가? 결국 자연선택의 단위, 즉 대상이 무엇이냐가 진화생물학계의 오랜 논란이었다. 도킨스는 자연선택의 기본단위가 유전자라고 말한다. 이것이 바로 '유전자 선택'이다.

도킨스는 한 세대에서 다음 세대로 몸을 바꿔 갈아타며 영구 불멸하는 유전자가 진화라는 게임의 주인공이라고 생각했다. 그는 '유전자'의 시선으로 사람을 포함한 동물의 행동을 설명한다. 이런 식이다. '네가 네 몸의 주인인 줄 알았지? 아니 너는 네 몸속 유전자의 노예다.'

《이기적 유전자》가 풀려고 하는 인간 행동의 비밀은 이런 것들이다. 첫째는 이타적인 행위이다. 이는 '이기적 유전자'라는 자연의 금과옥조에 어긋나는 일탈행위로 보인다. 사람이나 다른 동물은 왜 자기희생적인 행동을 할까? 이는 오래도록 진화생물학자를 곤혹스럽게 만든 문제였다.

둘째는 혈연관계인 형제·자매·사촌에게 우리는 왜 남다른 느낌을 갖는지(혈연선택이론)라는 궁금증이다. 그 밖에도 우리가 생각하지 못했던 주제가 많이 등장한다. 이런 문제들을 진화생물학자가 연구하나 싶을 정도다. 예컨대 남자와 여자라는 두 개의 성은 왜 존재할까? 암컷과 수컷의 이익은 어디에서 만나고, 어디에서 갈라지나? 자연에는 사기와 기만이 왜 만연할까 하는 문제들이었다. 이런 일들은 오랫동안 사회과학자의 연구 영역이었다. 그런데 사회과학자가 해온 일을 생물학자가 '진화'와 '유전자 선택론'이라는 도구로 들여다본 것이다.《이기적 유전자》가 준 충격은 컸다.

생명의 역사 출발점에 유전자가 있었다. 이 유전자는 어떻게 우리의 몸과 마음을 만들었을까? 도킨스에 따르면, 자연선택은 다른 유전자와 협력하는 유전자를 선호했다. 자원을 둘러싼 경쟁이나 다른 '생존 기계'를 잡아먹거나 혹은 먹히지 않기 위한 싸움에서 협력이 필요했다. 그래서 유전자들은 몸이라는 혁신 상품을 만들었다. 신경중추에 의해 조절되는 질서 있는 공동체가 각자도생하는 유전자들보다 유리했다. 유전자 간의 공#진화는 생명의 역사에서 계속되었다. 그러다 보니 개개의 생물이 세포 공동체, 즉 유전자들의 합작품이라는 점을 우리가 알아차리지 못할 정도가 되었다.

유전자는 몸이라는 운반수단을 만드는 과정에서 몇 가지 혁신을 이뤄냈다. '체세포와 생식세포의 분리'와 '체세포의 동시 자살'이다. 유전자는 모든 세포에 똑같은 세트 한 벌씩 들어있다. 이 유전자는 세포가 공동체에서 부여받은 역할에 맞춰 일한다. 체세포의 위치와 기능에 따라 만들어내는 단백질이 다르다. 뼈를 만드는 세포, 근육을 만드는 세포가 따로 있다. 이들은 몸을 열심히 유지한다. 체세포 말고 생식세포가 있다. 생식세포는 개체의 유지와는 상관없다. 번식 목적으로만 사용된다. 이 유전자는 불멸한다. 다른 생식세포를 만나 복사본을 만드는 게 일이다.

유전자들은 몸이 더 이상 쓸모 없을 경우 그 몸을 버리기로 했다. 몸을 이루는 체세포가 다 죽는다. 체세포의 죽음은 핵에 있는 유전자들의 죽음을 의미한다. 유전자들의 동시 자살이다. '죽는 유전자'(체세포)들은 '살아남는 유전자'(생식세포)들을 위해 봉사했다. 몸을 만들 때의 유전자들간의 오래된 합의 사항이다. 몸이 주인이 아니라 유전자가 주인이다.

유전자가 만든 섹스머신

《이기적 유전자》는 낯선 개념이 많이 등장하기 때문에 읽기에 쉽지 않았다. 이래저래 책을 여러 번 읽었고, 어느 날 문득 하나의 생각이 떠올랐다. 나는 유전자가 만든 '섹스 기계'였나? 먹고 자며, 두 아들을 낳은 행위가 유전자가 미리 설계한 대로 움직인 결과였다면, 이게 뭔가? 섹스도 내가 한 게 아니고 유전자가 시킨 것이 아닐까? 그동안 나의 행동은 어디까지가 유전자 명령에 따른 것이고, 어디부터 내 자유의지에 따른 것일까? 내게 자유의지란 있기는 한 건가? 도킨스가 섹스에 관해 직접 말한 내용은 없지만 이런 말은 했다.

> "사실 개체를, 그 유전자 모두를 다음 세대에 더 많이 전하려고 '애쓰는' 유전자의 대리인이라고 근사시켜 생각하는 것이 많은 경우 편리하다." 이기적 유전자 | 리처드 도킨스 지음 | 홍영남, 이상임 옮김 | 을유문화사

도킨스의 책을 읽고 내가 생각한 것이 옳은지 긴가민가했을 때였다. 칼 세이건의《잊혀진 조상의 그림자》를 읽다가 눈에 띈 구절들이 있었다. 칼 세이건은 책에서 유전자가 세대를 건너가는 번식을 위해 '로봇'에게 섹스를 하게 하는 독창적인 방법을 만들어냈으며, 그게 쾌감이라는 섹스의 보상 체계라고 말한다. "같은 종의 다른 동물과 DNA 사슬을 교환하기 위해서는 모든 걸 걸 수 있다. 그리고 그 보상으로 짧은 성적 환희가 주어진다. 그 쾌감은 DNA가 지불하는 일종의 대가이다." "이것이야말로 DNA가 자신의 지배력을 유감없이 독창적인 방법으로 드러내고 있는 것이다."

댄 리스킨의《자연의 배신》은 우연하게 발견했다. 〈색욕. 고깃덩

이 로봇, 서로를 탐하다〉라는 장에 따르면, 인간은 색욕色欲을 밝히는 '고깃덩이 로봇'이다. 그는 "DNA가 조종석에 정말 앉아 있다"면서 그 가장 확실한 증거는 섹스 이야기에 있다고 말한다.

> "(아내) 셸비와 나는 2~3년 동거 뒤 아기를 갖기로 결심했다. 달리 말하면, 우리의 DNA 분자가 자기 복제를 위해 우리에게 짝짓기를 강요했다. …… 우리는 (뜨거운 눈빛을 주고받으며) 특별한 종류의 잠을 잤다. 별안간 샘이 나타났다!" 자연의 배신 | 댄 리스킨 지음 | 김정은 옮김 | 부키

몸 안의 유전자가 핸들을 잡고 '왼쪽 길로 가라, 오른쪽 길로 가라' 하는 식으로 몸을 직접 조종하지는 않는다. 도킨스는 "유전자들은 거대한 군체(사람의 경우 몸) 속에서 …… 원격 조종으로 외계를 교묘하게 다루고 있다"고 말했다. 내가 볼 때는 '원격 조종'보다 '시간차 조종'이다. 유전자는 우리 몸에 프로그래밍을 해두었다. 10대 후반이 되면 생식 기능이 작동하고, 곧바로 자기복제 행동에 나서라는 명령어가 입력되어 있는 것이다. 유전자는 내가 모르는 다른 계획을 갖고 있었다. '너는 성행위를 하고 쾌감을 얻어라, 나는 불사라는 프로젝트를 실현해 간다.' 성행위와 쾌감은 유전자가 프로그래밍해 놓은 행동과 보상 체계이다.

생각이 여기에 미치자 나는 허탈했다. 10대 후반 들어 생식력이 생겼고, 이후 이성 문제로 즐거움과 고통, 좌절을 겪었다. 수많은 가슴앓이들이 유전자의 번식 계략 때문에 치른 비용인 셈이다. 유전자에게 심하게 당했다. 성적 욕구의 메커니즘을 좀 더 일찍 알았으면 어땠을까. 그 정체를 이해하고 나면 내 마음의 평온을 좀 더 지킬 수 있지 않

았을까? 그걸 거부할 필요도 없고, 그럴 수도 없지만 그로부터 어느 정도의 자유는 얻을 수 있었을 것이다.

유전자와 뇌

그럼 유전자는 무한질주할까? 그렇지 않다. 뇌가 브레이크를 건다. 뇌는 유전자가 직접 해결할 수 없는 문제를 해결하기 위해 만들어졌다고 한다. 유전자가 모든 경우의 수를 미리 알고 그에 대한 행동지침을 정해놓을 수는 없다. 유전자가 몸에 명령을 전달하는 방법은 필요한 단백질 제작을 통해서다. 그러나 단백질은 순식간에 만들어낼 수 없다. 유전자의 명령을 신속하게 접하지 못한다면 어떤 일이 벌어질까? 포식자의 입안에 '로봇 운반자'가 들어가 있을지 모른다. 그래서 유전자는 큰 그림만 그려주고, 대원칙에 따라 뇌에게 몸의 운전대를 잡도록 했다. 구체적인 건 알아서 판단하라는 것이다.

신경과학자 이대열은 《지능의 탄생》에서 유전자와 뇌의 관계를 본인과 대리인의 관계로 상정한다. 양자의 계약은 충실히 이행되지만 때로 이해가 충돌할 수도 있다. 인간 세상에서도 그렇다. 대리인은 때로 고객의 이익에 반해 자신의 이익을 추구한다. 그는 "인간의 뇌는 해결해야 하는 문제가 복잡해짐에 따라 조금씩 유전자의 족쇄에서 벗어나기 시작했다"라고 말한다. 도킨스는 이와 관련 "뇌는 유전자의 독재에 반항하는 힘까지 갖추고 있다"고 말한 바 있다.

인간 뇌의 치명적인 발명품 중 하나가 피임 도구다. 번식을 제약함으로써 설계자의 뜻을 거스른다. 섹스는 하되 유전자 복제는 안 한다. 유전자가 섹스를 발명할 때 생각하지 못했던 상황이다. 유전자는 이 상황에 대처하지 못하고 있다. 자위도, 섹스로봇도 같은 범주다. 뇌의 목적은 개체의 안전이고, 유전자의 목적은 번식이다. 뇌와 유전자의 이익이 충돌할 때 뇌는 다른 선택을 하는 듯하다.

《이기적 유전자》의 중심 아이디어는 '유전자선택론'이다. 유전자선택론은 현대 진화생물학의 주류 이론이다. '집단선택론', '개체선택론'과 같은 경쟁 가설은 유전자선택론에 밀려났다. 동아프리카 사파리에서 포식자와 피식자 관계인 사자와 톰슨가젤을 예로 들면서 도킨스는 이 세 가지 이론을 비교 설명한다.

사자와 톰슨가젤이 경쟁한다고 보는 게 '집단선택'이다. 두 집단이 살아남기 위해 경쟁한다는 생각이다. 반면 '개체 선택'은 사자는 사자와, 톰슨가젤은 다른 톰슨가젤과 경쟁한다는 생각이다. TV 다큐멘터리 〈동물의 왕국〉이 자주 보여주는 것은 사자와 톰슨가젤의 경쟁이다. 사자와 톰슨가젤이 경쟁하는 것일까? 이렇게 본다면 생존경쟁의 본질을 놓친 것이다. 경쟁은 톰슨가젤들 사이에서 일어난다. 톰슨가젤에게 중요한 것은 절체절명의 위기에서 다른 톰슨가젤보다 빨리 달아날 수 있느냐이다. 사자보다 주력이 좋을 필요는 없다. 다른 톰슨가젤보다 빨리 달아날 수 있으면 사자는 자신에게 달려들지 않는다. 우리가 다니는 직장에서의 경쟁도 비슷하다. 경쟁은 선후배간에 벌어지는 게 아니라, 입사 동기들간에 벌어진다. 이렇게 개체끼리의 경쟁으로 보는 게 '개체선택론'이다.

'유전자선택론'은 개체 안에 있는 유전자에 주목한다. 톰슨가젤이라는 군체population의 유전자 풀gene pool에서 한 유전자가 다른 유전자보다 개체를 빨리 달리게 만들면, 그 유전자는 유전자 풀에서 살아남게 된다.

《이기적 유전자》는 '유전자결정론'이라는 낙인이 찍히면서 한때 공격을 많이 받았다. 인간 사회와 문화가 유전자에 의해 전적으로 결정된다는 게 어불성설이라는 것이다. 환경, 즉 학습과 문화의 영향을 무시했다는 비판이다. '본성이냐, 양육이냐'를 두고 양 진영은 수십 년을 싸웠다. 결과는 허망하다. 본성과 양육, 유전과 학습을 명확하게 분리하는 건 쉽지 않으며, 양쪽 주장에 다 귀를 열고 들어야 한다는 것이다. 《이기적 유전자》로 나는 과학의 세계로 걸어 들어갔다. 깊고 넓은 세계가 나를 기다리고 있었다.

2
남과 여, 장미전쟁의 역사

어려서 흘레붙는 개를 많이 보았다. 두 마리 개는 엉덩이를 붙이고 사람들이 오가는 길에서 엉거주춤했다. 그때마다 당혹스러운 나는 '개들은 왜 이러나? 왜 떨어지지 않는 거야?'라고 생각했다. 어린 마음에 잘 모르지만 백주白晝에 이래서는 안 될 듯했다. 어떤 아이는 그런 개들에게 돌을 던지기도 했고, 그래도 안 되면 막대기로 때렸다. 어떤 어른은 뜨거운 물을 뿌려 두 마리를 떼어 놓으려 했다. 그래도 개들은 떨어지지 않았다. 어린 나와 마찬가지로 어른들도 당황했다.

개에 대한 종 차별적 시선

문화인류학자 겸 생리학자인 재레드 다이아몬드는 그런 인간의 시선을 "종種차별주의"라고 말한다. 초기작 《제3의 침팬지》와 《총, 균, 쇠》로 세계적인 명성을 얻은 그는 《섹스의 진화》에서 개를 이해하려면 정상적인 성 행동이 무엇인지에 관한 인간 중심적 관점을 버려야 한다고 강조한다. 다이아몬드는 "인간의 섹스 습성이 지구상 3,000만 종인 다른 동물 관점에서 볼 때는 너무나도 비정상적"이라고 말한다. 그는 개의 시선으로 인간의 성 행동을 생각해 보자고 주문한다. 가령 철수와 영희 부부의 반려견 관점에서 그들의 성생활을 묘사해보면 이렇다.

"저 구역질나는 인간들은 아무 때나 섹스를 해. 영희는 자기가 임신할 수 없는 상태인 데도, 그러니까 생리 직후에도 남편과 섹스를 하더라고. 철수는 어떻고? 시도 때도 없이 달려들어. 애를 만들려고 그러는 건지 헛짓거리를 하는 건지는 전혀 관심 밖이야. 저 부부는 아내가 임신을 했는데도 섹스를 해. 더 끔찍한 이야기도 있어. 철수 부모가 놀러왔는데, 세상에! 노인들조차 섹스를 하지 뭔가? 철수 엄마는 이제 아이를 가질 수 없는 데도 계속 섹스를 한다니까. 진짜 이상한 건 영희와 철수도 그렇고 철수 부모도 그렇고, 다들 문을 닫아걸고 아무도 모르게 섹스를 한다는 거야. 무슨 죄라도 짓는 것처럼 말이야. 자존감을 가진 개라면 누구든 떳떳하게 친구들이 보는 앞에서 관계를 가질 텐데 말이야."

개의 시선으로 보면 인간의 행동이 낯설다. 시선을 바꾸면 인간의 성이 다르게 보인다. 인간의 성 문화는 다른 동물 관점에서 볼 때 특이하다. 인간 말고 다른 포유류 기준으로 봐도, 아니 인간과 가까운 친족인 유인원 관점에서도 색다르다. 대부분 포유류는 다 자란 수컷과 암컷이 각기 혼자 산다. 동거나 결혼이 거의 없고, 따로 지내다가 번식기에만 만난다. 그러므로 수컷이 새끼를 돌보는 일은 거의 없다. 수컷이 하는 아버지 역할은 정자를 제공하는 것에서 끝난다. 그런가 하면 암컷 수백 마리를 독차지하는 코끼리바다표범 수컷을 보면 심하다고 생각한다. 섹스 후 수컷을 잡아먹는 암컷 사마귀는 끔찍하고, 일부일처제를 유지하는 앨버트로스 이야기를 들으면 가상하다고 말한다. 이런 생각은 종 차별적인 시선이다.

종 차별적이라는 말도 낯설다. 성 차별, 인종 차별이라는 인간 사이의 차별 문제도 해결하지 못한 우리다. 당연히 다른 종을 차별하지 말자는 '종 차별주의'에 대해서는 공감의 정도가 약하다. 과학책을 보면서 시야가 넓어지는 건 이런 대목에서다. 종 차별주의에 반대하는 이런 시선은 동물 학대 반대 운동으로 나타나기도 한다. 철학자 피터 싱어가 1975년에 내놓은 《동물 해방》은 그런 각성의 한 조각이다. '종 차별주의'라는 용어는 1970년 심리학자 리처드 D. 라이더가 만들었다. 찰스 다윈 이후 과학자들은 사람과 동물 사이에 근본적인 차이가 없다는 데 동의한다. 그러니 실험동물 같은 학대를 중지해야 한다고 주장했다.

그렇다면 인간의 성 문화 혹은 성 습관의 주요 특징은 무엇인가? 재레드 다이아몬드가 정리한 걸 보면 장기적인 성적 파트너 관계 유지, 남녀의 공동 양육, 여성의 배란排卵 신호가 드러나지 않음, 여성이 배란기가 아닐 때에도 성관계가 가능함, 번식 목적보다는 즐거움을 위해 섹스하기, 여성의 폐경이다. 인간은 왜 가정을 만들고, 아이를 같이 키우며, 성이 주는 쾌락을 즐기게 되었을까? 여성은 폐경기가 있고, 그 이후에는 할머니라는 기간이 있는데, 남성은 폐경기가 없고 죽을 때까지 생산이 가능한 것일까? 모두 익숙해서 왜 그런지 생각해 본 적이 없는 문제들이다.

진화생물학자들이 대단한 이유는 익숙하고 당연한 문제를 낯설게 보기 때문이다. 그리고는 그 익숙한 시선에 새로운 빛을 비춘다. 그 결과 인간의 숨은 과거가 어둠 속에서 그 모습을 드러낸다. 여기서는 '섹스의 고고학'이 그렇다.

섹스의 고고학

성은 왜 존재할까? 왜 남자와 여자라는 두 개의 성이 있을까? 왜 남자, 여자만 있고 'ㅇ자'라는 또 다른 성은 없을까? 재레드 다이아몬드는 성 관련 신체 특징이나 행동은 진화 역사에서 축적된 변화의 결과이며, 진화 관점에서 보면 이를 잘 이해할 수 있다고 말한다. 인류는 다른 동물과는 달리 직립보행하며 뇌가 크다. 이는 인류를 지구 생태계의 최상위 포식자 지위로 끌어올린 특징들이다. 그는 이 두 가지에 "성적 습성이 더해질 때 인간을 유인원과 다르게 하는 특징의 삼위일체가 완성된다"라며 성 문제 이해의 중요성을 강조한다.

성의 기원 관련 연구는 영국 진화생물학자 존 메이너드 스미스가 1971년 논문 〈성은 무슨 쓸모가 있나?What use is sex?〉로 주춧돌을 놓았다. 그리고 후학들의 연구로 시중에는 섹스의 고고학이나 인류학에 관한 책이 꽤 나와있다. 예일대 조류학자 리처드 프럼의 《아름다움의 진화》는 매력적이며, 과학작가 매트 리들리의 《붉은 여왕》이 종합판이다. 과학저술가 로버트 라이트의 《도덕적 동물》은 탁월하며, 진화학자 조지 윌리엄스의 《진화의 미스터리》는 흥미롭다.

인간은 왜 다른 동물과는 다른 짝짓기 방식을 갖고 있을까? 인간이 속한 영장류 그룹을 봐도 짝짓기 방식과 암컷의 배란 특성이 천차만별이다. 북유럽의 두 연구자인 비르기타 실렌-툴베리와 안데르스

묄레르는 영장류 68종의 짝짓기 시스템과 배란 특성을 조사한 바 있다. 우선 배란 특성을 보면, 조사 대상 중 절반에 가까운 32종의 암컷이 배란기인지 아닌지를 밖에서 확인할 수 없다. 이중 인간과 가까운 진화상 친척을 들여다보면, 오랑우탄은 사람처럼 암컷이 배란을 감추며, 고릴라는 눈에 약간 띌 정도다. 침팬지는 드러내놓고 배란을 광고하는데, 암컷 엉덩이 크기가 커지고 색도 벌겋게 변한다.

　짝짓기 시스템도 다양하다. 고릴라는 일부다처제 방식이며, 침팬지는 난교를 한다. 일부일처제는 긴팔원숭이 등 몇몇 원숭이의 짝짓기 방식이다. 인간과 이들 진화상 친척의 촌수는 침팬지(보노보 포함), 고릴라, 오랑우탄 순으로 가깝다. 인간은 침팬지와는 500만 년 전, 고릴라와는 700만 년 전, 오랑우탄과는 1,400만 년 전에 진화의 계통수에서 헤어졌다. 무엇이 오랜 진화상 선조들의 성 습관과는 다른 성 습관 혹은 성 문화를 후손들로 하여금 갖게 한 것일까?

　섹스의 고고학이 복잡한 이유는 양성兩性 간 전쟁 때문이다. 각 종의 암컷이 유전적 이익의 균형점을 찾았고, 현재의 모습은 각기 종이 얻은 모범답안이라고 할 수 있다. 진화생물학자 롭 브룩스는 동물 양성 갈등 분야 연구자다. 그는 《매일 매일의 진화생물학》에서 "수컷과 암컷이 다른 방법으로 진화 적합도(유전자 사본 전달, 즉 아이 갖기)를 최대화한다는 점을 많은 사람이 인식하지 못한다"라고 말한다. 대부분 동물은 짝짓기를 위해 협동하고 서로를 이용하기도 한다. 수컷과 암컷이 짝을 맺을 때 그들은 가능한 상대에게서 많은 것을 얻어내려 한다. 재레드 다이아몬드는 "인간의 성적 습성은 다른 면에 있어서는 (다른 동물에 비해) 독특하지만, 양성 대결이라는 측면에서는 매우 평범하다"라는 쉽고 명료한 문장으로 설명한다. 수컷과 암컷의 유전적인 이익이

상충되며, 둘은 그 접점을 놓고 장미의 전쟁을 벌여왔다고 한다.

그는 "이 잔인한 사실은 인간 불행의 근본 원인 중 하나"라고 말한다. 자손을 많이 남기기 위한 암수 전략이 다를 수 있다. 그것이 배우자 간 갈등을 불러온다. 부부 싸움의 깊은 뿌리가 바로 이 성性에 닿아 있다는 설명이다.

남녀의 이익, 즉 유전적 이익이 다른 건 이렇다. 새끼를 잉태시키는 초기 투자에서부터 차이가 난다. 정자와 난자 한 개의 상품 가치가 다르다. 난자의 크기가 정자보다 훨씬 크다. 두 개의 생식세포가 수정을 위해 만났을 때 크기가 큰 게 난자이고, 이 난자를 생산하는 게 암컷이다. 생식세포, 즉 난자와 정자의 개당 생산량도 여자와 남자가 차이가 많다. 여자는 한 달에 한 개를 만들어낼 수 있을 뿐이지만 남자는 매일 수없이 쏟아낼 수 있다. 여자는 임신 기간 동안 체내 영양분에 막대한 투자를 한다. 사람의 경우 임신 기간이 10개월이다. 그간 여자는 새로운 임신을 할 수 없다. 낳은 뒤에는 젖을 먹이고, 육아를 해야 한다. 반면 남자가 투자한 건 "성관계를 하는 데 들인 몇 분의 시간과 1밀리리터의 정액에 지나지 않는다."

대부분의 동물 수컷은 육아에 거의 기여하지 않는다. 다른 암컷을 만나 자신의 유전자 사본을 퍼뜨릴 기회를 찾는다. 암컷도 기회가 되면 수컷처럼 육아 부담에서 벗어나려 한다. 물고기의 체외수정은 암컷이 유리한 게임 방식이다. 체외수정을 하는 물고기 암컷은 난자를 물속에 배출한 뒤 줄행랑을 친다. 이때 수컷은 난자에 정자를 뿌리느라 달아나는 암컷을 붙잡을 겨를이 없다. 이후 부화와 육아는 수컷 몫이다.

암컷에게는 일반적으로 육아 외에 또 다른 문제가 있다. 유아 살해 문제다. 힘들여 낳고 키운 아이가 아버지가 아닌 다른 수컷의 공격을 받아 죽는 경우가 빈번하다. 왜 죽이는지에 대한 의문은《어머니의 탄생》저자인 세라 블래퍼 허디가 1977년 랑구르 원숭이를 연구해 풀었다. 수컷은 자기 새끼가 아니면 암컷이 데리고 있는 새끼를 죽인다. 암컷을 임신시키는 데 새끼가 장애물이기 때문이다. 젖을 먹이는 암컷은 임신하지 못한다. 수유가 배란을 늦춘다. "원래 하렘의 주인이었던 수컷을 몰아내고 새로이 하렘을 차지하고자 하는 침입자 수컷이 새끼를 살해한다. 새끼 고릴라 사망 원인 중 3분의 1이 성숙한 수컷 고릴라의 유아 살해다."

수컷은 또 어떤가? 유전자 사본을 전달하려면 암컷의 정절이 필요하다. 하지만 암컷을 믿을 수 없고, 확인할 수도 없다. 암컷이 낳은 아이가 암컷의 아이인 건 확실하나 제 자식인지는 알 수 없다. 진화생물학자 롭 브룩스는 "모성은 '사실의 문제'이나 부성은 '견해의 문제'이다"라고 말한다. 그 결과 수컷은 질투심이 많고 위험한 존재가 되었다. 셰익스피어의 비극《오셀로》는 여자의 바람기를 의심하는 남자의 질투가 주제다. 오셀로는 아내인 데스데모나를 끝내 죽인다. 오셀로는 죽지 않고 내 마음속에 살아 있다. 나는 오셀로다. 진화를 이해하니 인간사가 좀 더 이해된다.

왜 인간은 일부일처제를 고수할까?

인간이 왜 일부일처제 신화를 갖게 됐는지 아무도 모른다. 많은 설명이 있으나 똑 떨어지는 이야기는 없다. 인간의 진화상 친척 중에 일부일처제를 갖고 있는 종은 없다. 조금 멀리 가면 있기는 하다. 큰 바닷새인 앨버트로스와 독수리가 일부일처제다.

한국 남자들은 '일부일처제만 아니었으면 많은 여자를 만날 수 있었을 텐데'라는 판타지를 말하기 좋아한다. 일부일처제를 여자에게 좋은 제도라고 생각한다. 착각이다. 일부일처제는 남자를 위한 복지제도다. 일부일처제가 아니었다면 짝을 구하지 못할 남자가 얼마나 많을지는 잠깐만 생각해 보면 깨닫는다. 일부일처제는 인간이 사회적 평등을 추구하면서 강화된 제도이다. 부와 권력을 가진 사람은 역사적으로 일부다처제를 선호했다. 왕들이 그랬고, 오늘날 일부 이슬람 국가는 일부다처제를 법으로 허용한다. 일부다처제는 부와 권력이 많은 남자를 위한 제도이다. 이슬람 국가의 보통 남자는 경제적 이유 때문에 부인을 여러 명 둘 엄두를 내지 못한다.

능력 있는 사람 입장에서 보면 일부일처제는 족쇄일 수 있다. 바람피우는 남녀가 많은 걸 보면 일부일처제가 사람 몸에 완전히 맞는 옷도 아니다. 미국 사회의 일부 유명인사들은 여러 번 결혼과 이혼을 반복한다. 이는 일부다처제의 새로운 변형이다. '순차적 일부일처제'라는 말로 표현되기도 한다. 동시에 성적 파트너를 여러 명 둘 수 없으니 시간차를 두고 몇 명의 성적 파트너를 만드는 게 결혼과 이혼을 반복하는 이유다. 경제력이 없는 사람은 그렇게 하지 못한다.

과학작가 매트 리들리는 "인간은 간통으로 얼룩진 일부일처제에 어울리도록 설계되었다"고 말한다. 그 근거 중 하나는 대형 유인원 종 간의 수컷 고환 크기 차이다. 인간, 침팬지, 고릴라를 비교해 보자. 고릴라는 세 유인원 중 몸집이 가장 크지만 고환은 가장 작다. 고릴라는 알파 수컷이 하렘을 지배한다. 암컷은 바람을 거의 피우지 않는다. 암컷은 1년에 두 차례 정도 가임기를 가지며, 때문에 수컷은 섹스를 그리 많이 하지 않는다. 수컷이 고환에서 정자를 많이 생산할 필요가 없다.

침팬지는 난교 시스템이다. 섹스가 빈번해 정자 소비량이 많다. 때문에 고환 크기가 고릴라나 인간보다 크다. 인간 남자는 침팬지보다는 작고 고릴라보다는 크다. 인간의 짝짓기 시스템이 고릴라와 같이 안정적이지 않다는 증거라고 이야기된다. 이는 또 바람피우기라는 일탈을 설명하는 단서다. 매트 리들리의 '인간은 간통으로 얼룩진 일부일처제에 어울리도록 설계되었다'라는 말은 바로 이런 뜻이다.

무엇이 맞든 일부일처제는 인간의 성공을 가져왔다. 영장류학자인 프란스 드 발은 "우리는 단순히 살아남는데 그치지 않고, 유인원에 비해 인구가 크게 불어나게 되었다"고 말한다. 진화인류학자 로빈 던바의 《멸종하거나 진화하거나》를 보면 "일부일처제는 막다른 골목이었다"라는 표현이 있다. 짝짓기 방식에서 일부일처제를 택한 동물은 '난교 방식'이나 '일부다처제 방식'으로 돌아가지 못했다. '일부다처제'에서 '난교' 방식으로 혹은 그 반대로 짝짓기 시스템 변화가 일어나지만 "일부일처제는 종착역인 것으로 보인다"라고 로빈 던바는 말한다. 사람의 짝짓기 방식은 더 이상 변하지 않는다. 그럴까?

일부일처제가 여자가 배란을 감추는 것과 관련있다는 주장이 있다. 배란을 감추면 언제 임신할 수 있는지 모른다. 남녀는 언제나 섹스를 할 수 있어야 한다. 그러므로 남자는 여자 곁에 머물면서 안정된 성관계를 추구했고, 한편으로는 음식과 안전을 제공하게 되었다는 시나리오다. 여자는 과도한 육아 부담을 남자의 도움을 받아 해결할 수 있었다. 유아 살해라는 위험도 해결할 수 있었다. 롭 브룩스는 "숨겨진 배란은 남성의 이해관계에 대한 여성 이해관계의 승리로 나타난 결과이며, 또한 인간 사회가 성적 광란의 혼돈 상태로 타락하지 않은 이유 중 하나로 보인다"고 주장했다. 성 기원의 문제는 풀기 어려운 고차원

방정식 같다.

　나는 왜 숨어서 섹스했을까 하는 문제에 대한 설명을 다이아몬드는 들려주지 않는다. 몇몇 진화생물학자의 설명을 들으니 다른 남자의 질투를 불러일으킬 행위를 드러내놓고 할 필요가 없기 때문이라고 한다. 여전히 그 개들은 섹스를 왜 그리 오래 했을까 하는 궁금증이 남아 있다. 그 답은 매트 리들리의 《붉은 여왕》에서 찾았다. 다른 수컷의 유전자가 자신이 교미한 암컷에 들어오는 걸 막기 위해서라고 한다. "수캐나 호주산 토끼, 쥐의 수컷은 교미 후에 자기 생식기를 계속 암컷의 몸에 끼워 놓고 한동안 암컷과 떨어지지 않는다. 이로써 암컷이 다른 수컷과 바로 교미하지 못하게 하는 것이다." 인간의 경우는 불완전한 정자를 수없이 많이 만든다. 이 정자들은 뒤에 들어올 수 있는 다른 남성 정자를 여성의 질 입구에서 막는, 일종의 마개 역할을 한다. 오묘한 번식 경쟁이 아닐 수 없다. 과학 공부로 오래된 궁금증을 풀었다.

3
극단적인 남자를 위한 변명

한국 남자들은 남성 우위 사회가 급속도로 무너지고 있다고 믿는다. 더 이상 단물을 빨 수 없음을 동물적 본능으로 느낀다. 선후배들과의 대화에서 언제부턴가 자학성 농담이 빠지지 않는다. 자조의 끝이라고 생각되는 농담을 어디선가 들었다. 아내가 여고 동창 모임에 갔다가 집에 돌아왔다. 표정이 우울해서 이유를 물었다. 아내가 말하려고 하지 않자 더 궁금했다. 캐물었다. 결국 아내가 입을 열었고 "나만 남편이 살아 있어"라는 말을 들었다.

초라해진 남자의 초상
남자 머리 위로 먹구름이 잔뜩 끼어 있다. 시중에 나와있는 책 제목이 그걸 말한다. 《모자란 남자들》《남자의 시대는 끝났다》《자연의 유일한 실수, 남자》《남자의 종말》《소모되는 남자》……. 모두 한 방향, 즉 남자에게 닥친 어두운 운명을 가리키고 있다. 남자는 이제 소모품 신세라고 말한다. 이런 책이 아니더라도 여성의 약진이 각 분야에서 두드러진다.

《모자란 남자들》은 생물학자 후쿠오카 신이치의 책이다. Y염색체 소지자의 존재감 낮은 출발을 잘 보여준다. 책 제목만 봐도 남자의 초라한 모습이 전해진다. 《성경》〈창세기〉 편은 남자 갈빗대를 빼내 여자를 만들었다고 하지만, 후쿠오카 신이치는 하와의 갈빗대로 아담을 만들었다고 주장한다. 그에 따르면, 태초에 남자는 없었고 여자만 있었다. 지구상에 생명체가 출현하고 10억 년간 하나의 성이 있었다. 그러던 어느 날 여자의 필요에 의해 남자가 생겨났다. 지구 탄생으로부터는 20억 년이 지난 시점이다. 생명체는 여자가 기본형이다. 남자는 특별한 화학처리를 해야 만들어진다. 그러지 않는 한 생명은 여성을 만들어낸다. 이는 현재까지의 연구를 토대로 한 이야기다. 후쿠오카 신이치는 철학자 시몬 드 보부아르가 《제2의 성》에서 한 그 유명한 말도 부인한다. "여자는 여자로 태어나는 것이 아니라 여자로 만들어진다"는 보부아르의 말은 생물학으로 봤을 때 잘못되었다고 한다. 생물은 모두 애초에 여자로 태어났으니까.

지구 나이 20억 살에 세상에 나타난 남자는 급조되었다. 급조 흔적은 남자 몸에 역력하다. 여자로 만들어진 몸을 남자로 바꾸다 보니 바느질을 서둘렀다. 남자 성기 아래 보이는 재봉선은 여자 생식기가 될 것을 Y염색체가 후다닥 꿰맨 자국이다. 재봉선은 남자 성기 아래쪽부터 고환을 담고 있는 고환 주머니를 지나 항문 가까이 이어진다. 일본에서는 이 재봉선을 '아리노토와타리蟻の戸渡り'라고 표현한다. 개미가 한 줄로 서서 지나가야 할 정도로 좁은 협곡이라는 뜻이라고 한다. 사전을 찾아보니 한국말로는 '회음봉선會陰縫線'이다. 낯선 단어다.

후쿠오카 신이치는 남성이 하는 일을 이렇게 말한다. "어머니 유전자를 다른 누군가의 딸에게 전해주는 운반자, 그것이 모든 남성이 하는 일이다. 진딧물 수컷이든 사람 수컷이든 그렇다." 성의 기원을 따져보니 그의 말이 틀린 것 같지 않다. 아버지 유전자를 아들에 전해서 대를 잇는다고 생각하던 때도 있었다. 이제 세상이 달라졌다. 이 일본인 저자의 다른 책들《동적평형》《생물과 무생물 사이》《나누고 쪼개도 알 수 없는 세상》도 흡입력 있다.

리처드 도킨스는《조상 이야기》에서 "수컷이라는 성 자체가 바로 진화적 스캔들"이라고 말했다. 왜 수컷이 출현했는지 잘 모른다고 한다. 그는 "나보다 뛰어난 과학자들이 탐구했음에도(유성생식의 필요성에 대한) 해답을 찾지 못했다"고 말한다. 유성생식은 유전 다양성을 얻기 위해 발명됐다고 흔히 말하기는 한다.

민물에 사는 담륜충擔輪蟲이라는 단세포동물이 있다. 작아서 눈에 보이지 않는다. 담륜충은 지난 8,000만 년 동안 암컷만 있는 세상을 살고 있다. 공룡이 지상을 쿵쿵거리고 걸어 다닐 때부터 담륜충은 무성생식했다. 무성생식 혹은 처녀생식을 하는 생물은 적지 않다. 진딧물, 대벌레, 딱정벌레, 일부 도마뱀이 그렇다.

호승심 강한 남성의 몰락

언제부터인가 신문사의 수습기자 모집 시험을 보면 여자가 상위권을 독차지한다. 남자는 순위표에서 저 밑에 있어 성적만 보면 뽑지 못한다. 내가 편집장으로 일한 시사주간지도 비슷하다. 해마다 신입 기자를 충원했는데 3년 내리 여자만 선발했다. 뽑을 만한 남자 지원자가 없었다. 이제 대개의 시험에서 여자가 약진하는 건 모두가 아는 일이다. 그런데 왜 찌질한 남자가 여자를 제치고 제1의 성으로 군림해 왔을까? 사회심리학자 로이 F. 바우마이스터의《소모되는 남자》에 흥미로운 설명이 있다. 그는 "남녀 차는 능력이 아닌 동기 유발에서 생긴다"라고 말한다. 남자는 여자에 비해 호승심好勝心이 강하고, 극단적이다. 호승심은 경쟁에서 남을 이기려는 마음이다. 남자가 지배 지위에 오른 것은 호승심이 강해서라고 한다. 1991년《개미와 공작》으로 명성을 얻은 바 있는 다윈주의 철학자 헬레나 크로닌도《과학의 최전선에서 인문학을 만나다》에서 같은 말을 한다.

> "경쟁심이 있고, 위험을 무릅쓰고, 사회적 지위에 대한 욕심이 강하고, 일에만 집중하고, 오직 그것밖에 모르고, 끝까지 참고 견디는 성향, 바로 그것이 성공을 만드는 차이이며, 이러한 성향은 평균적으로 남성이 더 많이 가진 성질들이다. 때로는 놀랍도록 많다." 과학의 최전선에서 인문학을 만나다 | 존 브록만 엮음 | 안인희 옮김 | 동녘사이언스

남자와 여자는 진화 게임에서 기본 조건이 다르다. 여성은 가질 수 있는 자녀 수가 한정적이다. 남자는 부와 명성에 따라 자녀 수가 하늘과 땅 차이로 달라진다. 잭팟을 터뜨린 남자는 12세기 몽골 지도자 칭기즈칸이다. 그는 정복지의 수많은 여성을 침실로 들였다. 오늘날 아시아권 남자 1,600만 명이 1,000년 전 한 남자의 Y 염색체를 갖고 있으며, 그가 바로 제국 지도자 칭기즈칸이라고 한다. 칭기즈칸이 역사상 최대의 성공을 거둘 때, 대를 잇지 못한 남자도 무수히 많았다. 제로섬 게임이기 때문이다. 수컷은 짝짓기 상대를 고르는 데 암컷보다 신중하

지 않다고 한다. 리처드 도킨스는 《이기적 유전자》에 이렇게 썼다.

"암수 사이에서 널리 볼 수 있는 또 하나의 차이는 누구를 배우자로 뽑는가에 대해 암컷이 수컷보다 신중하다는 것이다. …… 한편 수컷은 아무리 많은 암컷과 교미한다고 해도 부족하다. 수컷에게 '지나치다'라는 말은 의미가 없는 셈이다." 이기적 유전자 | 리처드 도킨스 지음 | 홍영남, 이상임 옮김 | 을유문화사

이처럼 남자의 성공과 실패는 극단적이다. 아니 남자는 극단적인 존재일 수밖에 없다. 때문에 위험을 무릅써야 한다. 후손을 보기 위해 발버둥 치는 것이다. 사회심리학자 로이 F. 바우마이스터는 "남성은 여성보다 극단적이며, 이 모습은 위아래 양극단에서 모두 나타난다. 사회 꼭대기뿐 아니라 밑바닥에도 남성이 더 많다. 자수성가한 백만장자에 남성이 여성보다 더 많지만, 교도소에도 남성이 여성보다 많다"라고 말한다. 바닥권에 여자보다 남자가 많다는 말에 고개가 끄덕여진다.
　헬레나 크로닌은 '남녀는 똑같다'는 페미니스트들의 주장을 비판한다. 그는 "페미니즘에는 다양한 견해가 포함돼 있다. 그러나 대부분 페미니즘 학파가 동의하는 한 가지는 그들 모두가 반反 다윈주의자라는 것"이라며 "이게 참으로 실망스럽다"라고 말한다. 페미니스트 그룹은 남자와 여자는 다르지 않기 때문에 동등하게 대우받아야 한다고 주장한다. 차별이 철폐되어야 한다는 점에서 그들은 옳다. 하지만 한 가지, 남자와 여자는 다르지 않다는 주장은 잘못이라고 크로닌은 말한다.
　돈을 벌 목적이라면 여성에게 포르노를 팔지 말아야 하고, 남성에게 연애소설을 팔 생각을 말아야 한다. '죽여라, 죽여!'를 외치는 컴퓨

터 게임을 10대 여학생에게 팔려고 한다거나, '인간관계' 게임을 10, 20 대 남자에게 팔 생각은 말아야 한다. 여자가 포르노보다 로맨스 소설에 더 끌리는 이유는 도널드 시먼스와 캐서린 새먼의 《낭만전사》에 잘 나와 있다. 이들은 '유리 천장'에 대한 오랜 믿음을 새롭게 보라고 요구한다. '유리 천장'은 여성이 승진과 급여에서 같은 조직 내 남성에 비해 차별받는다는 걸 표현하는 말이다. 사회심리학자 아니타 피셔에 따르면, 남자가 여자보다 정상에 오르길 더 원한다. 여성은 평균적으로 직장에서 정상에 서기 위해 많은 시간을 투자하기를 주저한다. 이 마음이 여성 성공에 장애물로 작용한다.

법학자 킹즐리 브라운은 진화론 관점으로 일과 관련한 남녀 성차 문제를 연구해 왔다. 《유리천장의 비밀》에서 그는 남녀 성차와 관련, 사회과학은 육아와 문화의 결과라고 보지만 생물학과 심리학은 생물학적인 원인에서 발생한다고 주장한다고 한다. "유리 천장이나 성별 격차의 대부분이 현대 노동시장에서 작동하는 (남녀의) 성격 혹은 기질의 기본적인 생물학적 차이에 근거한다." "남자는 직업에 대해 외골수적으로 헌신하며, 다른 관심을 모두 배제할 정도의 지나친 관심을 갖는다."

과학계에서도 남녀 성차별은 컸다. '뇌터의 정리'를 발견한 수학자 에미 뇌터(1882~1935), 원자핵분열 원리를 규명한 물리학자 리제 마이트너(1878~1968), DNA 이중나선구조 규명에 결정적 기여를 한 생물학자 로절린드 프랭클린(1920~1958)이 피해자 중 일부다. 하지만 차별과 차이는 구분되어야 한다. 성차별이 원인인지, 성 차이가 원인인지 잘 살펴야 한다.

X염색체와 Y염색체의 유전자 전쟁

우리 세대 남자아이는 고추를 드러내놓고 백일 사진을 찍었다. '내 아이는 아들이랍니다' 하는 어머니의 자부심을 엿볼 수 있다. 반면 여자는 옷을 입히고 찍었다. 그때는 아들 고추가 자랑스러웠는지 몰라도, 어머니는 자신이 내게 전해준 유전자 일부(미토콘드리아)를 당신의 손자들에게 전달하지 못한다는 걸 알지 못한다. 자연선택은 유전자를 후대에 전하는 양성兩性간 게임에서 남자보다는 여자 손을 들어줬다. 유전 측면에서 보면, 다음 세대에 누가 세포소기관을 물려주느냐 못하느냐로 남녀를 나눠볼 수 있다. 물려주는 게 여자다. 세포소기관에 미토콘드리아가 있다. 산소호흡을 가능하게 하는 체내 에너지 공장이다. 미토콘드리아에는 사람의 경우 유전자 37개가 들어있다. 핵과는 다른 유전자다. 이 유전자mtDNA를 다음 세대로 전달하는 성은 암컷이다. 과학저술가 매트 리들리의 《붉은 여왕》은 뛰어난 책이다. 그는 이 책에서 "'왜 두 개의 성이 있느냐'고 묻는 것은 '세포 소기관의 유전자는 왜 모계 유전되느냐'고 묻는 것과 같다"고 말한다.

> "진화는 부계父系소기관을 배제하기 위해 부단히 노력한 듯이 보인다. 식물의 좁은 수축 부위는 부계 소기관이 꽃가루관으로 들어가지 못하게 막는다. 동물에서는 정자의 소기관을 제거하기 위해 정자가 난자로 침투하기 전에 몸수색 같은 것이 일어난다." 붉은 여왕 | 매트 리들리 지음 | 김윤택 옮김 | 김영사

인간의 경우 남자 미토콘드리아는 정자 꼬리에 들어있다. 이 미토콘드리아는 수정이 일어날 때 난자 안으로 들어가지 못한다. 핵의 유전자

만 전달하고, 미토콘드리아 유전자는 전달하지 못한다. 이는 여자가 남자와의 '게놈 내 분쟁'에서 승리한 결과라고 한다. 여자는 핵과 세포 소기관인 미토콘드리아에 들어있는 유전자를 다음 세대에 모두 전하지만 남자는 핵의 유전자를 공급하는 데 만족해야 했다. 이 때문에 내 몸 세포에 들어있는 미토콘드리아는 어머니에게서 왔다. 아버지의 미토콘드리아는 내 몸에 없다. 내 미토콘드리아 유전자는 어머니, 어머니의 어머니(외할머니), 그 외할머니의 어머니라는 모계를 따라 전달되어 왔다. 내 아내는 나를 제치고 자신의 미토콘드리아 유전자를 내 아들들에게 전하는 데 성공했다. 하지만 아내는 딸을 낳지 않았다. 그래서 자신의 미토콘드리아는 막다른 골목에 섰다. 이것이 미토콘드리아 유전자의 모계母系 유전 특징을 이용한 게 모계 족보 추적이다. 미토콘드리아 유전자를 따라가면 그것을 오래전에 전해준 최초의 여성이 나온다. 그 이름은 '미토콘드리아 이브'다.

미토콘드리아 유전자 전달이라는 세포질 내 싸움에서 남자는 졌다. 하지만 그냥 물러서지 않았다. 싸움터를 성염색체로 옮겨 갔다. 남자는 이제 후손의 성별에 관심을 갖게 되었다. X염색체와 Y염색체가 만나면 남자 성을 갖게 되고, X염색체와 X염색체가 만나면 여자 성을 갖게 된다. 남성의 유전자는 자신의 성염색체에서 X염색체를 없애려 했다. X염색체가 없으면 모두 YY가 되어 아이는 남성이 되고 만다. 이렇게 되면 조용하고 급작스럽게 종족을 멸종시킬 수 있다. 이런 위협은 Y염색체가 미래를 보지 못하기 때문이었다. 1967년 진화생물학자 윌리엄 해밀턴이 '추진하는 $Y_{driving\ Y}$'라고 하는 현상을 예견했다. 그리고 그는 이걸 막은 자연의 해결책이 무엇인가를 생각했다. Y염색체에서 성 결정 기능 말고는 모든 기능을 제거하는 게 하나의 방안이었다.

소수의 성 관련 유전자만 활동하고 나머지 유전자는 완벽한 침묵을 지키게 했다. 다이어트를 시킨 것이다. X염색체에 비해 Y염색체 크기가 쪼그라들었다. 인간이 이런 경우다. 자연은 다른 성 결정 방법도 만들어 냈다. 대부분 새는 Y염색체가 사라졌고, X염색체만으로 성을 결정한다. 진화생물학자 로버트 트리버스는 《우리는 왜 자신을 속이도록 진화했을까?》에서 모계 유전자와 부계 유전자의 갈등을 이렇게 표현한다.

"지난 30년 사이에 유전학에서 이뤄진 가장 놀라운 발견 중 하나는 우리가 단일한 자기이익을 지닌 단일체가 아니라 부계의 유전 이해관계와 모계의 유전 이해관계를 간직하고 있으며, 두 이해관계가 다를 수 있고 각각이 자신 관점에서 세상을 보도록 부추기는 작용을 한다고 예상된다는 것이다." 우리는 왜 자신을 속이도록 진화했을까 | 로버트 트리버스 지음 | 이한음 옮김 | 살림

남자의 종말

《남자의 시대는 끝났다》는 2013년 11월 캐나다 토론토에서 열린 멍크 토론회Munk Debates의 내용을 담고 있다. 이 토론회 주제는 '남자는 퇴물인가'였다. 패널 4명 중 한 명인 해나 로진은 《남자의 종말》을 쓴 미국 잡지 기자이다. 그는 토론회에서 "남자가 노동시장에서 실패하고 있다. 때문에 남자의 종말을 말할 수 있다. 여성은 2009년 역사상 처음으로 미국 노동시장의 과반수를 차지했다"고 말한다. '알파 와이프'라는 말도 나왔다. 남편보다 많은 수입을 올리는 아내를 가리키는 신조어였

다. 남자의 실패는 학교에서 확인된다고 해나 로진은 말한다. 전 세계 대졸자의 60퍼센트가 여성이며, 남자는 대학 1학년 때부터 뒤처지기 시작해 결국 여자의 성적을 따라잡지 못한다.

또 다른 패널 모린 다우드(뉴욕타임스 칼럼니스트)는 "매혹적인 검은과부거미 암컷은 교미 후 수컷을 잡아먹는다. 여성은 드디어 새빨간 하이힐 굽을 세 번만 찍으면 자신에게 힘이 생긴다는 사실을 깨달았다"고 말한다. 그에 따르면, 남자는 너무나 구닥다리이고 유행을 따르지 못한다. 어느 순간부터 진화가 멈춰버렸으며, 자기 천막에 숨은 고대 그리스 서사시《일리아드》속의 영웅 아킬레우스처럼 부루퉁해서 성질만 부리고 있다.《남자의 시대는 끝났다》를 읽으며 남자인 나는 불안했다. 아들들의 얼굴도 떠올랐다. 나는 딸은 없다. 양성간의 오래된 균형점이 흔들리고 있다. 변화는 고통이다. 많은 진통이 이미 나타나고 있다. 남자는 어떻게 이 변화를 슬기롭게 받아들일 수 있을까? 아내로부터 남편이 살아 있음이 재앙이라는 농담 대상이 되지 않는 길은 어디에서 찾을 수 있을까?

4
핵무기를 손에 든 구석기인

한국 사회는 오랫동안 고향이 어디냐고 따졌다. 때로 나는 이 질문에 분명히 답을 해야 했다. 하지만 분명한 답을 갖고 있지 않았다. 조상이 묻혀 있고 아버지가 태어나신 곳이 고향인지, 내가 태어나고 학교를 다닌 곳이 고향인지 헷갈렸다. 첫 번째 기준으로 하면 경남 통영이고, 두 번째 기준으로 하면 전북 군산이다. 나의 지역 정체성은 통영(영남) 과 군산(호남) 사이를 떠돌았다.

현대 인류는 구석기인

한국 사회의 고질병인 지역주의가 구석기 시대 유산이라는 이야기는 생물학자 에드워드 윌슨에게서 처음 들었다. 그는 《지구의 정복자》에서 현대인이 구석기시대 유산인 부족주의에 아직도 중독되어 있다고 말한다. '부족주의'는 내가 속한 부족이 뛰어나다는 우월감을 갖고 상대방을 얕보고 차별하는 생각이다. '지역주의'는 윌슨이 말한 '부족주의'의 한 유형이다. 윌슨 책 첫 페이지에 있는 문장이 나를 콕 찔렀다.

> "오늘날 인류는 꿈속의 환상과 현실 세계의 혼돈 사이에 사로잡힌, 깨어있는 몽상가 같다. 마음은 정확한 장소와 시간을 찾아다니지만 찾지 못한다. 우리는 석기 시대의 정서, 중세의 제도, 신과 같은 기술을 지닌 채 스타워즈 문명을 구축해 왔다. 우리는 자리를 뒤척인다. 우리는 자신의 존재 자체, 그리고 자신과 나머지 생물에 가해질 위험을 생각하면서 몹시 혼란스러워한다." 지구의 정복자 | 에드워드 윌슨 지음 | 이한음 옮김 | 사이언스북스

《지구의 정복자》는 인간이 단순한 유전자 복제자에서 출발해 어떻게 사회적으로 지구를 정복했는지 말한다. 에드워드 윌슨은 인류가 어디로 향할 것인가에 대해 깊은 사색을 보여준다. 그는 사색의 출발점에서 "인류가 생물 종種으로서 딱할 정도로 자기 이해가 부족하다"라고 말한다. 때문에 다시 한 번 우리는 어디서 왔는가, 우리는 무엇인가, 우리는 어디로 가는가 하는 질문에 대해 생각해 보자고 말한다. 그는 '우리는 어디에서 왔는가'하는 질문에 대한 답은 기존 역사 연표를 봐서는 구할 수 없다고 단언한다. "역사 시대는 선사 시대 없이는 무의미하며, 선사 시대는 또 생물학 시대 없이는 무의미하다." 역사 시대는 기원전 5,000년까지를, 선사 시대는 그 이전 500만 년 전까지를 가리킨다. 생물학 시대는 인간이 침팬지와 진화의 계통수에서 헤어진 500만 전부터 지구에 생물이 출현한 36억 년 전까지 올라간다. 선사 시대와 생물학 시대까지를 이해해야 인간에 관한 전체 그림을 볼 수 있다는 게 그의 생각이다. 그런데 우리는 전체 그림을 보지 못하고 있고, 이로 인

해 인류의 초상화는 많은 부분 가려져 있다.

　진화의 시각을 가지면 사고의 시간대가 대거 확장된다. 인간의 시대에 갇혀 있던 시야가 유인원 시대, 영장류 시대로 넓어진다. 그 이전의 포유류 시대, 파충류 시대, 어류 시대까지 올라갈 수도 있다. '생물학 시대'라는 긴 시간대에서 인간을 이해하려는 시선은 역사 시대 5,000년으로만 보던 인문학의 시선과는 그 폭이 비교할 수 없이 넓고 깊다. 생물학의 시선, 즉 진화의 시선으로 봐야 인간의 행동과 사회가 잘 보인다는 게 사회생물학이다. 사회생물학의 후신이라고 할 수 있는 진화심리학도 마찬가지다.

에드워드 윌슨, 사회생물학 혹은 진화심리학

에드워드 윌슨은 1975년 《사회생물학》을, 리처드 도킨스는 1976년 《이기적 유전자》를 출간했다. 이 두 책은 20세기 후반의 지성사를 흔들었다. 유전자로 인간의 행동과 마음을 설명할 수 있다는 주장은 파격적이었다. 사회화, 즉 학습이나 환경이 인간의 행동과 마음을 만든다는 이야기에 익숙했던 사람들은 놀랐다. 그런데 윌슨은 《사회생물학》을 내놓은 뒤 격랑에 휩싸였다. 책의 마지막 장 〈인간: 사회생물학에서 사회학까지〉가 도화선이었다. 그는 인간 본성에 대한 진화론 연구를 말하며 인간의 성적 차이, 공격성, 종교, 동성애, 외국인 혐오 등 논란이 많은 이슈에 대한 '인간사회생물학'을 전개했다. 윌슨의 이 한마디가 기름을 부었다. "사회학과 기타의 사회과학은 여러 가지 인문과학과 마찬가지로 머지않아 …… 생물학에서 파생되는 마지막 분과의 하나가 될 것이라고 말해도 지나치지 않을 것이다." 대단한 야망이고 비전이었다. 하지만 상대방은 그렇게 생각하지 않았다.

윌슨은 진화생물학계에서 존경받는 학자다. 연구의 출발은 개미다. 개미 연구는 한때 행동동물학자에게 인기였다. 윌슨의 제자인 최재천 이화여대 석좌교수도 개미를 연구했고, 《개미 제국의 발견》을 쓰기도 했다. 최재천 교수의 제자로 진화심리학자인 전중환 경희대 교수도 석사 과정에서 개미를 공부했다. 윌슨은 개미라는 집단에서 인간을 발견했다. 개미 사회 연구를 통해 다른 사회성 척추동물, 그리고 인간의 사회적 행동을 설명할 수 있다는 통찰력을 얻었다. 개미 사회→사회생물학→인간사회생물학으로 연구의 범위를 넓혀갔다. 그는 개미 연구로 《개미》《초유기체》를 출간했고, 사회생물학 분야에서는 《사회생물학》, 인간사회생물학 분야에서는 《인간 본성에 대하여》 등을 냈다. 윌슨이 촉발한 논쟁은 '사회생물학 대논쟁'이라고 불린다. 20세기 후반 학계에서 보기 힘든 격렬한 싸움이었다.

윌슨은 "성, 계급, 인종에 대한 편견을 갖고 있다"는 비난을 받았다. 하버드대 생물학과 동료이자 마르크스주의자인 스티븐 제이 굴드, 리처드 르원틴이 비판의 최전선에 섰다. 굴드와 르원틴은 "잘못된 과학이론은 정치적으로 악용될 수 있으므로 과학은 가능한 한 정확하지 않으면 안 된다"는 신념을 갖고 있었다. 다윈주의가 초기 인종청소와 인종개량 등 악용된 역사는 유명하다. 사회과학 진영과 여권운동가들도 《사회생물학》에 불쾌감을 감추지 않았다. 이들은 생물학을 중심으로 학문을 서열화하려 한다며 윌슨을 생물학 제국주의자라고 비판했다. 페미니스트 그룹은 윌슨을 여성 차별주의자라고 공격했다.

윌슨은 이에 굴하지 않았다. 인간사회생물학에 대한 연구를 확대, 1978년 《인간 본성에 대하여》를 발표했다. 이 책은 베스트셀러가 되었고 퓰리처상까지 받았다. 윌슨은 1990년 《개미》로 또 다시 퓰리처상을 받으면서 문필가 반열에 오르기도 했다. '사회생물학 대논쟁'으로 윌슨은 상처와 영광을 동시에 얻었다. 새로운 학문 분야에 기여한 공로로 1977년 국가과학메달을 받았고, 노벨상 후보로 거듭 추천되었다. 사회생물학 논쟁은 한국에도 많이 소개됐다. 생물학자 존 올콕의 《사회생물학의 승리》, 최재천·장대익 등이 함께 쓴 《사회생물학 대논쟁》, 철학자 로저 트리그의 《인간 본성과 사회생물학》에서 이 내용을 확인할 수 있다. 사회과학자들이 사회생물학을 거부하면서 학문의 '통섭'을 기대하던 윌슨의 비전은 실패로 돌아갔다. 사회생물학은 타격을 받았고, 용어 자체가 기피 대상이 되었다. 윌슨이 피투성이가 되고 있을 때 도킨스는 이 전쟁에 발을 들이지 않았다. 그는 동물 행동에 대해서는 말하되 인간에 적용하는 것에는 거리를 두었다. 그 자신을 '동물 행동학자'라고 표현할 뿐, 사회생물학자라고 말하지 않았다.

윌슨이 사회생물학의 후신이라고 표현한 진화심리학이 있다. 진화심리학을 개척한 건 심리학자 레다 코스미디스와 인류학자 존 투비다. 이들은 에드워드 윌슨과는 거리를 두었다. 이들은 "외부로 표출된 인간 행동보다는 내재된 인간의 심리 메커니즘을 발견하려 했다"(《센스 앤 넌센스》). 많은 사회생물학자가 '진화심리학자'로 전향했다. 진화심리학자 전중환도 그런 경우다. 최재천은 자신을 '사회생물학자'라고 아직도 표현한다.

진화심리학은 인간의 마음을 진화의 영역으로 끌어들였다. 인간의 문화, 의사결정, 정서, 언어, 임신, 정신질환, 성적 행동과 성차, 낙인찍기에 관한 이해를 넓히는 데 기여했다. 《빈 서판》 《타고난 반항아》 《이웃집 살인마》 《양육가설》 《연애》 《어머니의 탄생》 《여성은 진화하지 않았다》《선악의 진화심리학》《성격의 탄생》《종교 유전자》 같은 책들이 시중에 쏟아져 나왔다. 전중환의《오래된 연장통》과《본성이 답이다》도 나름 인기다. 물론 진화심리학에 대한 비판도 있다. 플라이스토세‡에 진화된 인간의 마음과 같은 근거가 약한 관념을 이용해 '그저 그런 이야기'를 진화심리학이 양산한다는 것이다. 진화는 극도로 빠르게 진행될 수 있다. 그런데 인간의 마음이 플라이스토세에 만들어진 이후 더 이상 진화하지 않은 것처럼 보는 건 잘못이라고 비판하는 것이다.

사회생물학이 영향을 준 또 다른 접근방법은 인간행동생태학이다. 생물학자가 아니라 인류학자가 주도했다. 사회적 관계와 갈등, 폐경의 진화, 노쇠, 아들과 딸에 따라 달라지는 부모의 양육투자, 생태계에 대응하는 생식 패턴의 변화 등 인간 생활사의 다양한 측면을 연구한다.

친족에 집착하는 호모 사피엔스

사람은 내 편 네 편 구분하기를 좋아한다. 그 소속감 속에서 편안함과 보호받고 있다고 느낀다. 스포츠 경기는 이 부족주의를 이용한 놀이다. 붉은 악마와 함께 "대~한민국"을 외칠 때 나는 구석기시대 사람으로 돌아간다. 이건 좋다. 부족주의가 승화된 경우니까. 하지만 부족주의는 부정적인 측면이 너무 많다. 윌슨은《인간 본성에 대하여》에서 "우리는 사람을 동료와 이방인으로 구분하는 성향이 있다. 그리고 이방인 행동에 매우 두려움을 느끼고 공격을 통해 갈등을 해결하려고 한다"라고 말한다.

월슨은 "인간의 공격성은 타고난 걸일까?"라는 질문에 '그렇다'라고 잘라 말한다. 그는 공격성은 영토의 방어와 정복, 집단 내에서의 서열 찾기, 성적인 공격성, 젖을 떼기 위한 적대 행동, 먹이를 향한 공격성, 포식자에 대항하는 방어형 역공, 사회 규범을 강화하는 데 쓰이는 도덕적이고 훈육적인 공격성으로 범주화할 수 있다고 말한다. 동물의 텃세, 영토 지키기의 극단적인 형태가 인간의 전쟁이다. 이 전쟁은 친족과 동료를 향한 개인의 충성심이 비합리적으로 과장된 형태다.

"인간은 외부의 위협에 비합리적인 증오심으로 반응하고, 꽤 넓은 여분의 범위까지 고려하여 그 위협의 근원을 압도할 수 있을 만큼 적개심을 고조시키는 경향이 강하다. ……우리는 사람을 동료와 이방인으로 구분하는 성향이 있다. 그리고 우리는 이방인의 행동에 매우 두려움을 느끼고 공격을 통해 갈등을 해결하려는 성향이 있다. 이런 학습 규칙들은 지난 수십만 년 동안 진화해온 것일 가능성이 높고, 따라서 그런 규칙들을 최대한 성실하게 지키는 사람에게 생물적인 이익이 제공되기 쉽다." 인간 본성에 대하여 | 에드워드 월슨 지음 | 이한음 옮김 | 사이언스북스

인간은 외부 위협에 때로 비합리적인 증오심을 분출시킨다. 에드워드 월슨은 "대량 학살을 수반하는 전쟁이 몇몇 극소수 사회의 문화적 인공물이라고 생각해서는 안 된다. 우리 종이 성숙하는 과정에서 거치는 성장통의 한 결과라고, 역사적 일탈 사례라고 보아서도 안 된다. 전쟁과 대량학살은 어느 특정한 시대나 장소에 국한된 것이 아니라, 보편적이고 영속적인 것이었다"라고 말한다.

심리학자인 스티븐 핑커는 "호모 사피엔스는 친족에 집착한다"

라고 말했다. 그는 《마음은 어떻게 작동하는가》에서 "세계 어디서나 사람들은 자신의 신분을 소개할 때 가문과 족보를 먼저 밝히고, 식량 수집 부족을 포함한 많은 사회의 사람들은 자신의 계보를 끝도 없이 줄줄 외운다. 입양아, 난민 출신자, 노예의 후손은 생물학적 혈연에 대한 호기심에 평생 동안 괴로워한다"라고 말한다. 낯선 사람에 대한 본능적인 경계심과 같은 집단 구성원에 대한 연대감은 우리 유전자에 새겨져 있다.

구석기 몸에서 탈출할 수 있을까?

오래된 건 마음만이 아니다. 나의 몸도 구석기 시대 증후군이 역력하다. 몸이 영양분을 축적하고 소비하는 방식이 그 증거다. 구석기 시대에 만들어진 체내 에너지 관리 방식이 여전히 작동하고 있다. 비만은 그 오래된 시스템의 극단적인 증거다. 비만은 구석기 시대가 남긴 '적폐'다. 진화생물학자 롭 브룩스의 《매일 매일의 진화생물학》에는 내 구석기 몸의 작동 방식이 나와 있다. 그에 따르면, 자연선택은 동물마다 잉여 에너지 처리 방식을 달리 만들었다. 쥐는 비만이 없다. 살쪄서 움직임이 둔해지는 순간 천적인 고양이 밥이 되기 때문이다. 쥐는 남는 에너지의 90퍼센트 정도를 열로 발산하거나 몸을 더 많이 움직여 강제로 소모한다. 안타깝게도 인간은 이게 25퍼센트밖에 안 된다. 쥐와 달리 인간은 에너지를 몸에 쌓아놓는 방향으로 진화했다. 굶주릴 때를 대비하여 여유분 에너지는 재빠르게 저장한다.

    잉여 에너지 저장고는 복부나 허리 주변만이 아니다. 다른 곳에 저장하는 시스템도 가능하다. 남아프리카공화국의 산족(부시먼)과 벵

갈만灣에 있는 안다만제도의 여성은 엉덩이에 잉여 에너지를 축적한다. 롭 브룩스에 따르면 사람이 과식하는 이유는 맛 수용체나 후각이 특정한 분자를 잘 찾아내도록 발달했기 때문이다. 단맛은 탄수화물, 특히 설탕과 단당류가 많은 음식을 찾아내는 것과 연관되어 있다. 단백질이 풍부한 음식의 경우는 감칠맛이 강하다고 한다.

나는 구석기시대에서 벗어날 전망이 있는가? 에드워드 윌슨은 낙관적이다. 그는 "인류는 운명에 대한 통제권을 쥔 신의 위치에 올라설 것"이라고 말한다. 인류가 마음만 먹는다면 인간의 몸의 구조나 지능적 특성, 그리고 인간 본성의 핵심인 감정과 창조적 동력까지도 바꿀 수 있다. 진화심리학자 스티븐 핑커도 윌슨과 비슷한 입장이다. 우리는 먼 길을 걸어왔으며, 과학과 기술이 지난 몇백 년간 성취한 걸 보면 내일은 밝다는 것이다.

인문학자는 대체로 부정적이다. 정치사상가 존 그레이는 《하찮은 인간, 호모 라피엔스》에서 윌슨의 생각을 "인류의 의식적인 진화라는 전망은 신기루"라고 비판한다. 소설가 알랭 드 보통은 "결함 있는 호두 머리는 파괴적인 충동을 갖고 있을 뿐 아니라 어떤 종류의 교육으로도 바로잡을 수 없다"고 말했다. "결함 있는 호두 머리"란 주름 있는 뇌를 갖고 있는 사람을 가리킨다. 그는 '인류의 앞날에 더 나은 미래가 기다리고 있는가'를 주제로 열린 한 토론회에서 스티븐 핑커와 말콤 글래드웰의 낙관론을 맹공했다. 이 내용은 《사피엔스의 미래》라는 책에 나와 있다. 알랭 드 보통은 가령 부富란 돈을 얼마 갖고 있다는 게 아니라 다른 사람에 비해 내가 얼마나 많이 갖고 있느냐 라고 했다. 그러니 물질이 아무리 풍요해도 욕망의 물통은 채울 수가 없다. 비관적이나 현실적인 시각이다. 구석기인으로부터 쉽게 내가 벗어날 수 없다는 말이었다. 나와 우리의 구석기 시대는 앞으로도 길듯하다.

2장.

작은 권력도
마음을 부패시킨다

1
권력과 마음

한 조직을 책임질 때의 일이다. 보직을 맡자마자 부서원들에게 조직의 문제점과 개선책을 적어내라고 했다. 며칠 뒤 부서원들이 각자 생각을 적어 제출했다. 그런데 이게 뭔가? '앞으로는 집에 일찍 들어가겠다' '남편과 싸우지 않고 잘해주겠다' 등 개인적인 이야기만 줄줄이 적어 놓았다. '아니 이 사람들이 어떻게 됐나? 이런 이야기를 부서장에게 왜 하는 거지?' 나는 내용도 제대로 살피지 않고 그들이 제출한 걸 버렸다. 각각을 파악하지 못한 때라 누가 무슨 이야기를 했는지조차 기억나지 않는다. 무언가 의사전달이 제대로 안됐던 듯하다. 내가 느낀 것은 조그마한 권력이지만 새로운 부서장에게 조직원들이 납작 엎드린다는 사실이었다. 기자들이 사생활과 관련한 자신의 다짐을 말할 정도로 부서장은 권력자였다. 사실, 권력은 생활 속에 깊숙하게 들어와 있다. 가정과 일터는 '관계'로 이뤄지며, 관계의 기본은 권력 질서다. 누가 더 세고, 누가 약자인가 하는 '갑과 을의 법칙'이 작동한다. 그렇지 않으면 혼란이 온다. 문제는 갑의 부패, 즉 '갑질'이다.

기만과 자기기만

《우리는 왜 자신을 속이도록 진화했을까?》의 저자인 진화생물학자 로버트 트리버스는 1970년대 하버드대학에서 일하며, 진화의 관점으로 인간 행동을 설명할 수 있다는 사회생물학의 초석을 놓았다. 리처드 도킨스나 에드워드 윌슨은 그에게 큰 빚을 지고 있다. 트리버스는 논문으로 학자들 사이에서 유명할 뿐, 대중 과학서로 학계 밖으로까지 이름을 날리지는 않았다. 그런 트리버스가 '자기기만'을 진화의 관점에서 어떻게 이해할 것인가를 풀어낸 책이《우리는 왜 자신을 속이도록 진화했을까?》이다.

　　자연은 기만으로 가득하다. 기만은 유전자에서 세포, 개체, 집단에 이르기까지 모든 수준에서 일어난다. 기만은 생명의 모든 관계에도 침투해 있다. 기생생물과 숙주, 포식자와 먹이, 식물과 동물, 암컷과 수컷, 이웃과 이웃, 부모와 자식, 심지어 한 생물과 자기 자신 사이에서도 기만이 작동한다. 트리버스는 "기만은 생명의 아주 심오한 특징"이라고 주장한다.

　　속고 속이는 이 기만의 게임은 '공共진화'를 낳았다. 기만 전술이 등장하면 곧바로 기만 차단 전술이 나왔다. 남의 둥지에 알을 몰래 넣어 키우는 새(뻐꾸기)와, 둥지 내의 탁란托卵을 가려내 제거하려는 새(찌르레기) 간의 끝없는 경쟁이 그 예다. 둥지 안에 낯선 알이 보이면 그걸 알아내 내버리는 능력이 선택되고, 이에 맞서 뻐꾸기는 자기 알을 찌르레기 알과 비슷하게 만든다(의태擬態). 그러면 찌르레기는 둥지 안의 자기 알 개수를 세는 능력을 키우고 원래보다 많으면 둥지 아래로 떨어뜨린다. 지능은 이처럼 '웅장한 공진화 경쟁'으로 인해 향상되었다.

　　트리버스는 '기만'에서 한 발 더 나아가 '자기기만'을 말한다. 기만은 남을 속이는 것이고, 자기기만은 자기를 속이는 것이다. 트리버스는 생명체가 자기기만에도 능하다며, 진화의 역사에서 왜 자기기만기술을 이토록 갈고닦았을까 하는 의문에 답을 제시한다. 자기기만은 기만의 문제점을 해결하기 위해 개발되었다. 기만에는 큰 문제가 하나 있다. 남을 속이는 게 쉽지 않다. 소위 '인지 부하' 현상이 몸에 나타난다. 얼굴이 붉어지고 목소리가 커지는 등 말과 행동이 부자연스러울 수 있다. 트리버스는 언젠가 여자 친구를 속이려고 했을 때 팔의 피부에 떨림 현상이 나타났었다고 한다. 이같은 '인지 부하'를 줄이기 위해 자연선택이 선호한 게 자기기만이다. 트리버스는 "우리는 남을 더 잘 속이기 위해 자기 자신을 속인다"고 말한다. 거짓말을 하는 나도 내가 거짓말을 말하는지 모르는데, 상대방이 무슨 재주로 내 거짓말을 알아내겠는가. 자기기만은 궁극의 거짓말이다. 그런데 우리는 다 자기기만에 능하다.

자기기만은 어떻게 작동할까? 트리버스에 따르면, 진짜 정보는 무의식에, 가짜 정보는 의식에 저장된다. 진짜 정보는 무의식에 들어 있어 내가 출력할 수 없다. 나오는 건 가짜 정보다. 내가 출력할 수 있는 정보는 '의식'에만 담겨 있다. 그러니 허위 정보에 의거해 나는 당당히 행동할 수 있다.

'무의식'에 진짜 정보가 담겨 있다는 건 어떻게 알 수 있을까? 무의식은 진실을 알고 있다는 걸 확인할 수 있을까? 피부 반응 검사를 해보면 된다. 피부 반응 검사는 거짓말탐지기 원리 중 하나다. 녹음된 자기 목소리를 알아내는 실험을 해보면, 의식은 자기 목소리가 아니라고 부인하려 하지만 무의식(피부 반응)은 그것이 자기 목소리라는 신호를 보낸다. 자기기만의 정보 처리는 이런 식이다. 불리한 정보는 외면하고, 유리한 정보를 찾으며, 나에게 편향되게 정보를 해석한다. 또 긍정적인 정보를 쉽게 기억한다. 부정적인 정보는 잊거나 시간이 흐를수록 중립적 혹은 긍정적인 것으로 바꾼다. "기억은 사람에게 봉사하는 방식으로 계속 왜곡된다."

트리버스는 자기기만은 "놀라운 모순"이라고 말한다. 사람은 정보를 추구하는 한편, 그런 뒤에 그걸 파괴하기 때문이다. 우리의 감각기관은 바깥 세계를 자세하고 정확하게 파악하도록 진화해왔다. 바깥 세계에 대한 정보를 잘 알수록 잘 대처할 수 있기 때문이다. 하지만 정보가 뇌에 도착하면 상황이 달라진다. 의식은 정보를 왜곡하고 편향시킨다. 고통스러운 기억을 억누르고, 거짓 기억을 만들어내며, 부도덕한 행위를 합리화하고, 자신을 긍정적으로 평가한다.

절대 권력은 절대 부패한다

영국의 액튼 경은 "절대 권력은 절대 부패한다"라고 말했다. 권력이 강하면 부정부패할 수밖에 없다. 트리버스는 진화생물학이라는 새로운 관점에서 권력의 부패를 말한다. 타인의 마음을 읽지 못하고 자기 시선으로만 왜곡하면 먼저 관점이 부패한다. 작은 권력이라도 갖고 있으면 마음은 부패한다.

"권력은 부패하는 경향이 있고 절대 권력은 절대적으로 부패한다고 한다. 이 말은 대개 권력이 점점 더 이기적인 전략을 집행하도록 허용함으로써 결국 '부패한' 권력이 되어간다는 사실을 가리킨다. 하지만 심리학자들은 권력이 우리 마음 과정을 거의 즉시 부패시킨다는 걸

보여주었다. 사람들에게 권력을 쥐었다는 느낌을 갖게 하면, 그들은 남의 관점을 취할 가능성이 줄어들고 자기 생각을 중심에 놓을 가능성이 높아진다. 그 결과 남들이 어떻게 보고 생각하고 느끼는지를 이해할 능력이 줄어든다." 우리는 왜 자신을 속이도록 진화했을까 | 로버트 트리버스 지음 | 이한음 옮김 | 살림

"내가 하기 싫은 일을 다른 사람에게 하라고 요구하지 말라"는 말은 인류가 기원전 5세기에 얻은 깨달음이다. 《성경》에는 이렇게 표현되어 있다. "그러므로 무엇이든지 남에게 대접을 받고자 하는 대로 너희도 남을 대접하라"(마태복음 7장 16절). 공자는 제자가 평생 실천해야 할 한 마디를 가르쳐달라고 하자 이렇게 말했다 "자기가 하기 싫은 일은 남에게 베풀지 말라." 불교와 힌두교에도 같은 이야기가 반복된다.

이 말은 '황금률golden rule'이라고 한다. 종교역사학자 카렌 암스트롱의 《축의 시대》는 이런 인류의 각성을 전하는 흥미로운 책이다. 행하기 쉽지 않기에 '황금률'이 되었다. 문제는 내가 황금률을 지키고 있는지 아닌지를 나도 알아차리지 못할 때가 있다는 데 있다. 트리버스에 따르면 권력에 마음이 취하면 자기도 모르는 사이에 자기 생각을 중심에 놓고, 남의 관점을 옆으로 밀어놓는다. 자기 생각이 옳고 남의 말은 그르다는 게 권력자 마음이다. 이것이 트리버스가 말하는 권력의 자기기만이다. 권력은 아무리 작다 해도 사람 마음을 부패시킨다. 남의 입장을 헤아리지 못하고 자기중심적으로 변한다.

권력을 쥐면 변하는 뇌

신경심리학자 이안 로버트슨의《승자의 뇌》는 트리버스가 말한 권력의 자기기만을 설명하는 심리학 사례집 같다. 이 책은 권력 감정이 사람의 뇌를 어떻게 바꾸는지에 대한 실험 사례를 많이 소개한다.

버클리대학 심리학자 대커 켈트너는 쿠키 실험을 했다. 그는 주민 몇 사람을 그룹으로 나눠 토론하게 하고, 그룹마다 조장 한 사람을 뽑았다. 조장이 다른 조원의 토론 내용을 평가한다고 미리 공지했다. 토론 뒤 쿠키가 담긴 접시를 내왔다. 참석자는 세 명인데 쿠키 수는 5개였다. 한 사람이 하나씩 먹으면 두 개가 남는다. '네 번째 쿠키는 누가 먹을까?'를 알아내는 게 실험의 목표였다. 참가자는 이를 몰랐고, 토론에만 집중했다. 대부분의 경우 조장이 네 번째 쿠키를 먹었다. 그는 쿠키를 하나 더 집어 드는 데 아무런 망설임이 없었다. 입을 벌리고 우적우적 씹었으며, 과자 부스러기를 얼굴에 묻히고 탁자에 지저분하게 어질러놓기도 했다. 다른 사람을 평가할 수 있다는 권력 감정이 그를 뻔뻔하게 했다.

자세만 바꿔도 마음이 달라진다는 실험 결과가 있다. 버클리대학 심리학자 다나 카니는 2010년 피실험자 42명을 나눠 '권력자 자세'와 '종속자 자세'를 각각 취하게 했다. '권력자 자세'는 의자에 기대 누운 채 다리를 탁자 위에 올려놓는, 거만한 자세다. '종속자 자세' 그룹에게는 다리를 모으고 두 손을 공손하게 모으며 상체를 약간 숙이도록 했다. 실험 시간은 단 1분이었다. 그 짧은 시간 뒤 두 그룹을 조사했다. 권력자 자세를 취한 그룹은 종속자 자세를 취한 집단에 비해 더 큰 책임감과 권력을 느꼈다.

권력 감정이 사람의 어디를 어떻게 변하게 하는가 하는 증거는 뇌

속에서 찾았다. 피 속으로 쏟아져 들어가는 호르몬인 테스토스테론 분출량이 달랐다. 권력자 자세 그룹은 테스토스테론 수치가 높아졌고, 종속자 자세 그룹은 수치가 낮아졌다. 흔히 어른들이 아이들에게 '자세를 바로 하라'고 말한다. 어른 앞에서 다소곳해야 한다는 것이다. 신경심리학자가 조사해 보니 어른들의 이 오래된 말에는 신경학적 근거가 있었다. 어른들은 뇌 속 테스토스테론 분비량을 염두에 두고 말하지는 않았다. 하지만 아이의 뇌 속 테스토스테론 수치가 떨어졌다.

테스토스테론은 전형적인 남성 호르몬이다. 승리를 경험하면 늘어나고, 쓰디쓴 패배를 당했을 때 줄어든다. 권력은 사람 핏속에 테스토스테론을 주입하고, 다음번 싸움에서도 그가 승리하도록 도움으로써 권력을 더욱 크게 한다. 반대로 낮은 지위에 놓여 있다면 호르몬도 적게 나온다. 권력자가 목표를 향해 돌진할 때 필요한 게 테스토스테론이다. 경주마가 다른 것에 시선을 빼앗기지 않고 달리도록 눈에 눈가리개를 씌워준다. 테스토스테론은 지도자에게 바로 그 눈가리개를 달아준다. 세상은 적절한 테스토스테론을 가진 지도자가 필요하다. 하지만 과잉은 재앙의 출발이다. 권력욕이 나쁜 게 아니다. 권력욕은 장기간 통제받지 않으면 문제를 일으킨다.

2
침팬지에게 배우는 권력 법칙

권력은 인간의 전유물이 아니다. 생명이 있는 모든 것은 권력의 상호 작용 속에 있을 수밖에 없다. 영장류학자 프란스 드 발은 네덜란드 아른험의 뷔르허르스 동물원Royal Burgur's Zoo 침팬지 사회를 6년간 연구해 1982년《침팬지 폴리틱스》라는 책을 썼다. 2005년에는《내 안의 유인 원》을 냈다. 미국 조지아주 애틀랜타의 여키스 동물원 내 영장류를 연구한 결과다.《침팬지 폴리틱스》는 침팬지 사회의 권력 연구서이고, 《내 안의 유인원》의〈권력〉편은《침팬지 폴리틱스》의 후속 이야기 이자 심화 연구서다. 이후 프란스 드 발은《공감의 시대》《착한 인류》 《동물의 감정에 관한 생각》을 내기도 했다. 침팬지 집단의 권력 관계를 살펴보기 위해 프란스 드 발과, 권력 관계의 주인공이었던 침팬지 이에룬 및 라윗의 관점으로 위의 책 내용 일부를 각색해 보았다.

나는 영장류학자 프란스 드 발

나는 미국 에모리대학의 영장류학자 프란스 드 발이다. 내가 일했던 네덜란드 아른험 동물원의 영장류 센터는 특별하다. 동물을 좋은 조건에서 사육해야 한다는 철학을 갖고 1971년 8월 문을 열었다. 넓은 동물원과 연구시설을 동시에 갖추고 있다.《털 없는 원숭이》저자인 동물학자 데즈먼드 모리스가 개관을 주도했다.

나는 특히 침팬지 사회의 놀라운 권력 현상에 주목했다. 나는 침팬지를 이해하기 위해 인간 권력 현상에 대한 최고의 책이라고 회자되는 마키아벨리의《군주론》을 읽어야 했다. 그리고는 '침팬지 군주론'이라고 할 수 있는《침팬지 폴리틱스》를 썼다. 이 책에 대한 반응은 좋았고, CEO들은 권력 속성 이해를 위한 필독서라며 앞다퉈 샀다.

우리는 흔히 권력을 악이라고 생각한다. 하지만 아른험의 유인원을 관찰하면서 나는 권력에 대해 열린 마음을 갖게 되었다. 권력 관계는 나쁜 것이 아니라 "우리 본성에 뿌리박혀 있다"는 걸 깨달았다. "정치는 인간 역사보다 더 오래됐다." 나는 인간 사회가 권력 문제를 금기시하는 태도에 의문을 느낀다. 심리학 교과서에는 학대와 관련된 경우를 제외하고는 권력과 지배에 대한 언급이 전혀 없다. 우리가 원한다면 성적 질투심, 남녀의 역할, 물질의 소유제도, 지배 욕구와 같은 낡은 성향을 제거할 수 있다고 믿는다. 이는 잘못이다. 사회과학자나 정치인도 권력을 뜨거운 감자처럼 취급한다. 우리는 그 밑에 숨어 있는 동기를 덮어 두기를 좋아한다. 봉사하겠다고만 말하지, 자신이 권력을 추구한다는 말은 하지 않는다. 그런 면에서 침팬지는 우리 모두가 간절히 바라는 정직한 정치인이다. 마키아벨리처럼 그것을 있는 그대로 솔직하게 밝힘으로써 권력의 마법을 풀어야 한다. 정면으로 대응해야 위선적인 권력이 아니라 정직한 권력을 말할 수 있다.

서열 없는 사회를 꿈꾸는 이들이 있다. 하지만 세상은 성적순이다. 서열 없이 살아가는 것은 불가능하다. 사회 안정을 바란다면, 질서를 원한다면 서열을 인정해야 한다. 그렇지 않으면 구성원간의 긴장이 높아서 버티지 못한다. 상하관계가 확립된 사회일수록 구성원이 갖는 스트레스가 적다. 한편 우리는 '위계질서'의 사다리를 오르려고 끊임없이 시도한다. 침팬지나 인간은 모두 마키아벨리다.

나는 침팬지 이에룬

나는 아른험 동물원에 사는 침팬지 집단의 알파 수컷 이에룬이다. 내가 지배했던 침팬지 집단은 모두 25마리(1981년 기준)였고, 침팬지 야외 사육장은 서유럽 최대 규모인 8,000평방미터였다. 나의 빛나는 치세가 어느 날 끝나고야 말았다. 그 시절이 그립다. 벌써 오래전 일이기는 하다. 1976년 말이었다. 영장류학자 프란스 드 발이 '72일 전쟁'이라고 이름 붙인 침팬지 서열 투쟁에서 나는 패했다. 나의 권력 종말기는 드 발이《침팬지 폴리틱스》라고 이름 붙인 기록에 남아 있다.

젊은 침팬지 라윗과의 마지막 전투는 종전 8일 전인 전쟁 64일째 일어났다. 놈과의 다섯 번째 양자 대결이 있었는데 나는 공격을 당할 수 없어 달아났다. 비굴하게 등을 보이고 도망간 건 이날이 처음이었다. 암컷 우두머리인 마마의 도움을 받아 라윗의 추가 공격을 겨우 막을 수 있었다. 내가 입은 상처는 컸다. 기울어진 형세를 바꾸기 힘들다고 판단했다. 라윗을 찾아가 굴욕적인 인사를 했다. 침팬지는 상위 서열자에게 존경을 표시하기 위해 헐떡거리는 소리를 낸다. 처음에는 그의 등 뒤에서 인사를 했다. 라윗은 이를 복종으로 받아들이지 않았다. 나는 체면을 덜 깎이기 위해 그렇게 했으나, 라윗은 수용하지 않았다. 그는 나를 무시하고 저쪽으로 가버리고 말았다.

라윗의 행동은 이해할 만하다. "서열은 공식적으로 승인되어야 한다"라는 게 침팬지 사회 규칙이다. "승리한 쪽은 자신의 새로운 사회적 지위가 공식적으로 인정되지 않는 한 화해를 거부한다." 마음을 다잡아야 했다. 72일째 되는 날 나는 승자를 찾아가 얼굴을 분명히 보고 헐떡거리는 소리를 냈다.

라윗은 나의 패배를 받아들였다.

　권력의 젖을 떼기란 힘들었다. 정상에서 내려온 이후 나는 멍하니 먼 곳을 쳐다보는 날이 많아졌다. "남자에게 권력은 궁극적인 최음제이며, 거기에는 중독성까지 있다"라고 하지 않던가? 그때 내 모습은 프란스 드 발의《침팬지 폴리틱스》에 다음과 같이 나온다.

　"심각한 상처는 아니었지만 이에룬의 꼬락서니가 불쌍하기만 했다. 이전의 자신감을 완전히 상실했고 자신이 받은 심리적 타격의 깊이가 눈빛에서 드러났다." 침팬지 폴리틱스 | 프란스 드 발 지음 | 장대익, 황상익 옮김 | 바다출판사

나는 침팬지 라윗

나는 아른헴 동물원 침팬지 집단의 새로운 알파 수컷 라윗이다. 나는 늙은 침팬지 이에룬에 도전해 승리를 거머쥐었다. 30대여서 힘이 빠진 늙은이가 권좌를 내놓지 않으려고 해서 애먹었다. 그는 암컷들과의 동맹 관계를 등에 업고 내게 70여 일이나 맞섰다. 침팬지 사회의 권력 관계는 복잡하다. 양자 간 대결로 판가름나지 않는다. 두 침팬지 간의 알파 수컷 자

리를 둘러싼 싸움은 수컷 동맹과 암컷 무리의 정치적 선택 등 많은 변수가 작용한다.

　나의 권좌 도전기를 돌아보면 이렇다. 우선 우두머리인 이에룬에 대한 복종 인사를 중단했다. 신호를 보내기 시작한 거다. 공개적인 도전장을 던진 건 다른 암컷과의 공개적인 짝짓기 시도를 하면서다. 이는 일종의 금기다. 이에룬은 평소 다른 수컷이 암컷과 교미하는 꼴을 그냥 두고 보지 못했다. 나머지 수컷은 이에룬이 보지 못하도록 숨어서 암컷들과 데이트를 해야 했다. 하지만 이날 나는 그로부터 10미터도 떨어지지 않은 곳에서 스핀과 짝짓기를 했다. 놀라운 모습에 집단 구성원들은 긴장했다. 이에룬은 내 도발에 별 반응을 보이지 않았다. 같은 날 오후 나는 이에룬 주변을 큰 원을 그리고 돌면서 자기 과시 행동을 했다. 땅을 쿵쿵 발로 구르고 손바닥으로 땅바닥을 두드렸다. 돌이나 나무토막을 이에룬을 향해 던지기도 했다.

　이제부터가 중요하다. 나는 이에룬을 정치적으로 고립시키는 작업에 착수했다. 그는 완력도 강했지만 암컷 무리의 지지를 받고 있었다. 암컷 집단을 내 편으로 돌리거나 최소한 중립적인 위치로 바꿔놔야 했다. 집단 내 어른 수컷은 네 마리이고, 나머지는 암컷 성체이거나 그들과 함께 사는 새끼들이다. 알파 암컷의 이름은 마마. 마흔 살가량 된 최연장자다. 여성 특유의 예리하면서도 모든 걸 이해하고 있다는 눈빛을 갖고 있다. 공동체 안에서 가장 존경을 받는다.

　나는 이에룬의 암컷 동맹자인 마마를 공격했다. 마마를 상대로 나의 메시지를 보낸 것이다. 마마가 비명을 지르며 도망친다. 나는 이에룬을 향해 갔다. 그 앞에서 도전적으로 '후우후우'하며 소리쳤다. 이에룬이 겁먹었다. 나는 재빠르게 다가가 이에룬의 귀싸대기를 후려쳤다. 이에룬이 비명을 질렀다. 그는 다른 침팬지가 몰려있는 곳으로 내빼더니 침팬지 모두를 돌아가며 포옹했다. 도와달라는 표시다. 이에룬을 지지하는 암컷들이 응원의 비명을 질러댄다. 이 늙은 침팬지는 이에 용기를 얻어 나를 향해 달려왔다. 함께 열 마리가 쫓아왔다. 형세가 불리했다. 나는 도망쳤다.

　하지만 암컷 몇몇은 그 공격에 가담하지 않았다. 그들은 내 편이다. 그간 공들인 결과다. 시간이 지나면서 이에룬은 고립되어갔다. 알파 암컷 마마도 이에룬이 다가오는 걸 싫어하는 기색을 보였다. 그럴수록 이에룬은 전보다 많은 시간을 암컷들과 함께 있으려고 했다. 이에룬은 계속된 크고 작은 충돌에서 육체적 타격은 물론 심리적 타격을 받았다. 그의 자신감 상실은 눈빛에서 드러났다.

　마지막 싸움은 72일 전쟁의 제64일에 있었다. 그간 양자 대결은 야간 숙소에서 두 번, 야외에서 싸움은 이날을 포함해 모두 세 번 일어났다. 64일 되던 날 싸움은 이에룬이 도망가면서 끝났다. 나는 쫓아가지 않았다. 화해 시도도 없었다. 침팬지는 싸움 못지않게 화해를 중시한다. 털 고르기를 한다. 털 고르기 모습을 보고 사이가 좋은가 보다 생각하면 잘못이다. 긴장이 고조되었다는 증거일 수 있다.

최후 결전에서 내가 승리를 거둔 건 다른 침팬지들의 태도에서 나타났다. 프란스 드 발은 "싸움의 결과가 사회적 관계를 규정한다고 생각하는 경향이 있다. 그러나 침팬지 집단에서는 사회관계가 싸움 결과를 결정한다"라고 말했다. 맞는 말이다. 아른험 동물원에 평화가 찾아온 이후 나는 알파 수컷으로 역량을 발휘했다. 보안관으로서 분쟁 조정 능력을 발휘했고, '약자 지원' 정책을 통해 지지 기반을 넓혔다. 암컷 집단은 시간이 얼마 지나지 않아 나에게 압도적인 지지를 보냈다.

다시, 나는 침팬지 이에룬

나는 권력에서 물러나 절치부심하던 침팬지 이에룬이다. 두목 자리를 내주고 집단에서 새로운 두목 아래 살아야 한다는 게 얼마나 비참한지 아는가? 더구나 나는 2위 수컷 자리마저 유지하지 못하고, 또 다른 젊은 침팬지 니키에 내줬다. 프란스 드 발은 나를 보고 "노회한 야심가"라고 말한다. 그렇다. 나는 라윗에 대한 복수를 준비했다. 내 권력을 무너뜨린 놈을 어떻게 용서할 수 있는가? 나는 새로운 야심가 니키를 동맹자로 끌어들여 권좌 복귀를 획책했다. 나의 복수 편은 프란스드 발의 다음 작품인《내 안의 유인원》중 〈권력〉 부분 서두를 장식한다. "사람이든 동물이든 정상에 오르려고 하는 자가 궁극적으로 치러야 할 대가는 죽음이다."

　나를 꺾은 라윗은 이 말을 새겼어야 했다. 그는 어리석게도 권력이 얼마나 위태로운 자리인지 몰랐다. 라윗은 어느 날 치명상을 입은 채 아른험 침팬지 숙소에서 발견됐다. 온몸 여기저기에 구멍이 뚫려 있었고, 손가락과 발가락은 잘려나가고 없었다. 수의사가 라윗을 수술실로 데려가 수백 바늘을 꿰맸다. 심지어는 고환까지 뜯겨 나갔는데, 수술 도중에 없어진 걸 알았다. 사육사는 우리 바닥의 짚더미 속에서 고환을 발견했다. 수의사는 "꽉 쥐어짜서 뽑았군요"라며 무덤덤하게 말했다. 라윗은 마취에서 깨어나지 못하고 죽었다.

　나의 실각에서 라윗 죽음까지의 수년 사이에 적지 않은 일들이 있었다. 라윗의 죽음은 나의 2차 복수전이다. 이에 앞서 나의 1차 복수전이 있었다. 라윗이 권좌에 오른 다음 해, 나는 젊은 침팬지 니키를 도와 라윗을 권좌에서 밀어내는 데 성공했다. 17살 난 니키는 이제 막 어른이 됐고, 기골은 장대하나 약간 멍청했다. 라윗은 나와 니키의 2 대 1 연합 전선에 패해 일단 권력을 내놔야 했다.

　침팬지의 권력 투쟁에서는 동맹이 핵심이다. 어떤 수컷

도 장기간 혼자 지배할 수 없다. 침팬지는 파당을 만들 만큼 영리하다. 우두머리에게는 위치를 확고히 하기 위한 동맹이 필요하다. 나는 막후에서 영향력을 행사하며 니키를 받쳐줬다. 니키가 우두머리가 되고, 나는 그의 오른팔이 되었다. 이 동맹 체제는 4년 동안 지속되었다. 니키는 권력을 누렸고, 나는 섹스 파이 중 한 조각을 누렸다. 일인자일 때는 혼자서 거의 모든 섹스를 독차지했었다. 권력이 무엇인가? 많은 후손을 남기는 게 권력이 주는 마력이다. 침팬지 세계는 수컷 간의 성 경쟁으로 가득 차 있다. 위계 서열은 섹스의 규칙이다. 수컷은 권력과 섹스에 집중한다. 이걸 모르고는 어떤 사회도 이해할 수 없다. 인간 사회는 크게 다른가? 탄자니아 야생 숲에서 침팬지를 연구했던 영장류학자 제인 구달은 이렇게 말했다. "다수의 수컷 침팬지는 높은 사회적 지위를 추구하는 데 막대한 에너지를 소비하며, 심지어 중상을 입을 위험마저 무릅쓰는 게 분명하다."

내 후임은 나만큼 암컷을 차지하지 못했다. 니키가 권력을 잡은 첫 해에는 내가 더 섹스를 많이 했고, 1년이 지나 니키의 권력이 공고해지면서 그의 섹스 독점권이 50퍼센트에 육박했다. 섹스 파이가 작아지면서 나는 니키와 소원해졌다. 니키는 자신을 도와준 게 누군지 잊어버렸는지 나의 성적 모험을 빈번히 간섭했다. 4년 이어진 공동정권에 파열음이 생겼다. 나는 니키와 라윗 사이에서 세력 균형 게임을 시작했다. 때로는 라윗을, 때로는 니키를 지원했다. 세력 균형은 침팬지 사회가 얼마나 미묘하며 복잡한지를 보여주는 한 방식이다. 수컷 침팬지 3마리는 이 세력 균형 게임을 계속했다. 우리는 세력 균형을 추구하는 경향이 있다. 침팬지는 영민한 모사꾼이다.

라윗은 어느 날 밤 숙소에서 쿠데타를 일으켜 니키를 제압했다. 내가 공동정권에서 발을 뺀 걸 확인하고 권력 내 균열을 파고들었다. 라윗은 여전히 신체적으로나 정신적으로 가장 강한 침팬지였다. 라윗의 2차 집권기가 시작됐다.

그런데 라윗이 건방지게 굴었다. 권력자가 이기적 관점을 갖게 되면 이는 곧 권력의 타락으로 이어진다. 나는 권력을 다시 갈구했다. 나는 라윗을 축출하기로 니키와 음모를 꾸몄고, 문제의 그날 밤 행동에 옮겼다. 우리 안에는 수컷 4마리만 있었다. 암컷들은 다른 숙소에서 잠을 자고 있었다. 암컷들의 방해를 받지 않고 이날 밤 라윗을 영원히 보냈다. 내가 라윗을 붙잡고 니키가 무차별 공격을 가했다. 사육사들은 무슨 일이 있었는지 잘 모른다. 라윗은 "강한 것이 약점이었다." 늙으면서 더욱 현명해진 나는 무리하지 않았다. 지혜를 갖고 살았다. 그 결과 자연사라는 행복을 누릴 수 있었다.

3
잔인한 동물, 인간

1985년 영화 〈아웃 오브 아프리카〉를 좋아한다. 케냐 항구 도시 몸바사에서 나이로비를 향해 달리던 열차, 핑크빛 홍학떼와 그들 사이로 노란색 복엽기複葉機를 타고 하늘을 나는 로버트 레드포드와 메릴 스트립, 그리고 석양 무렵 사파리의 축음기에서 흘러나오던 모차르트의 〈클라리넷 협주곡〉 장면이 아름다웠다. 한국에서 1986년 말 개봉됐는데, 신문사 입사 직후였다. 데스크의 지시를 받고 리뷰 제출을 위해 서울 명보극장에서 〈아웃 오브 아프리카〉를 봤다.

케냐 나이로비의 추억

영화 속 장면 기억이 강렬해서인지 수십 년 뒤 여주인공 캐런이 살던 케냐의 그 집을 찾아갔다. 케냐가 대통령 선거 이후 후폭풍에 휘말렸을 때 취재하러 간 김에 들렀다. 캐런이 20세기 초반에 살던 집은 수도 나이로비 외곽에 있었다. 잘 정돈된 넓은 잔디밭, 키 높은 나무들, 영화에서 본 나무집이 아름다웠다. 캐런은 결혼에 실패하고, 연인마저 비행기 추락사고로 죽고, 커피 재배 사업에도 실패하자 아프리카를 떠나 유럽으로 돌아갔다. 그가 살던 집은 지금은 박물관이다. 영화를 봤거나 원작 소설을 읽은 이가 꾸준히 찾고 있었다. 케냐 나이로비는 도시가 깨끗하고 정리가 잘 되어 있었다. 치안 불안 문제는 심각했다.

캐런보다 반세기 늦은 1957년, 케냐가 여전히 영국 신탁통치령이던 시절에 한 영국 여성이 나이로비에 도착했다. 제인 구달. 그는 대학 진학은 하지 못한, 비서학교 졸업생이었다. 동물을 좋아했던 그는 케냐에 있는 친구의 초청을 받고 아프리카로 왔다. 제인 구달은 나중에 세계적인 영장류학자가 되고 '침팬지의 어머니'라고 불리게 된다.

케냐 나이로비에는 세계적인 고인류학자 루이스 리키가 있었다. 영국계로 나이로비에서 태어난 그는 나이로비 국립박물관장이었다. 부인 메리 리키, 아들 리처드 리키도 고인류학자다. 그들은 탄자니아 올두바이 협곡에서 인류의 진화를 연구했다. 1959년 진잔트로푸스 화석, 1961년 호모 하빌리스 화석을 발견했다. 고고학의 아버지라고도 불리는 루이스 리키가 제인 구달과 침팬지를 연결시켜 주게 된다.

루이스 리키는 바람기로 유명했다. 제인의 미모를 보고 비서로 채용했다. 당연히 작업을 걸었다. 제인 구달이 거부하자 루이스 리키는 마음을 돌려야 했다. 그런데 루이스 리키가 상상 밖의 제안을 했다. 자신의 침팬지 연구 프로젝트를 맡아달라는 것이었다. 루이스 리키는 인류학자임에도 유인원 연구에 관심을 갖고 있었다. 유인원은 고古인류 진화에 대한 정보를 줄 수 있는 살아있는 화석이라고 그는 생각했다. "살아있는 영장류는 오래전 소멸한 호미니드hominid(사람과科) 화석에 살을 붙일 수 있게 해준다"고 그는 믿었다.

야생 침팬지나 고릴라가 사는 아프리카 정글에 들어가 이들을 본격적으로 관찰한 학자가 그때까지 없었다. 루이스 리키는 제인 구달을 침팬지 프로젝트 책임자로 발탁한다. 제인 구달이 동물행동학 공부를 하지 않아 아무런 편견이 없는 것이 되레 침팬지 행동 연구에 좋다는 게 그의 판단이었다. 제인 구달은 이 제안을 기꺼이 받아들였고, 이로써 그와 침팬지의 인연이 시작된다. 루이스 리키는 이후 고릴라 연구자로 다이앤 포시를, 오랑우탄 연구자로 비루테 갈디카스를 지원한다. 이 세 여성은 모두 대단히 성공한 연구자가 되었다.

제인 구달과 곰비 침팬지 보호구역

제인 구달은 26살이던 1960년, 탄자니아의 곰비Gombe 침팬지 보호구역에 들어갔다. 《인간의 그늘에서》는 제인 구달이 곰비 체류 10년이 된 시점인 1971년에 자신의 연구를 중간 정리한 것으로 "본격적인 연구서"(최재천 이화여대 석좌교수)라고 할 수 있다. 곰비 국립공원은 탄자니아 서쪽 끝의 탕가니카 호반에 있다. 육지 접근로가 없고 인근 호반도시에서 배를 타고 가야 하는 오지였다. 제인 구달이 탄자니아에 발을 디뎠을 당시는 케냐와 함께 영국 보호령이었다.

제인 구달의 최대 발견은 침팬지의 '도구 제작'과 '육식'이다. 제인 구달은 곰비 정착에 성공한 뒤 미국 잡지 《내셔널 지오그래픽》에 글을 보냈다. 제인 구달이 1965년 12월호에 기고한 기사에는 그의 최대 발견 중 하나인 '도구 제작' 이야기가 실려 있다. "아프리카 침팬지에 대한 새로운 발견: 침팬지의 도구와 장난감 사용을 포함한 새로운 발견들을 제인 구달이 곰비로부터 전한다"라는 제목의 글이었다. 침팬지는 개미를 잡을 때 나뭇가지를 사용한다. 나뭇가지를 흰개미 집 안으로 밀어 넣어 나뭇가지에 올라탄 개미가 있으면 꺼내 잡아먹었다. 도구를 사용하는 인간이라는 뜻의 '호모 하빌리스Homo Habilis' 혹은 '호모 파베르Homo Faber' 전설이 이로 인해 무너졌다.

침팬지의 육식 습관도 서구 학계에 충격을 안겼다. 서구 학계는 그때까지 침팬지가 채식을 하는 줄 알았다. 과일과 풀을 먹는 평화로운 동물일 거라고 생각했다. 좀 더 정확히 말하면 그래 주기를 기대했다. 제인 구달이 침팬지가 육식을 즐기며 초보적인 전쟁 행위까지 벌인다는 내용을 보고하자 서구의 동물학자들은 충격을 받았다. 진실을 알고 보니 이 대형 유인원은 돼지, 영양, 비비를 사냥해서 먹는 '도살자'였다.

학계는 평화롭고 전쟁을 싫어하는 침팬지를 보고 싶었다. 시대 상황 때문이다. 제2차 세계대전 당시 자행된 대량 살인의 기억이 서구 사회를 무겁게 눌렀다. 도살자 인간! 그들은 전쟁의 참상이 어쩌다가 벌어진 일이지, 살인의 광기가 인간 유전자에 깊숙이 새겨져 있다고 생각하고 싶지 않았다. 그런데 인간과 진화상으로 제일 가까운 침팬지가 육식을 하고 사냥을 즐긴다니, 이는 듣고 싶지 않은 이야기였다.

1971년 《인간의 그늘에서》를 내놓은 뒤 제인 구달은 학계에 더 충격적인 보고를 냈다. 침팬지가 동족 살해까지 한다는 소식이었다. "한 무리의 수컷들이 이웃한 작은 무리의 침팬지들을 공격하여 암수를 가리지 않고 희생자를 냈다." 초판에는 없고, 1988년 개정판에 추가된 동족 살해 관련 문장이다. 침팬지의 동족 살해 장면은 《희망의 이유》에 나와 있다. 침팬지 전쟁은 한 집단에서 공존하던 침팬지들이 두 개의 무리로 분리되면서 시작됐다. 7마리의 어른 수컷과 3마리 암컷 그리고 그 새끼들이 자신들이 살던 집단의 남쪽 구역에서 점점 오랜 시간을 보내는 것이 관찰됐다. 그리고 2년 뒤, 그들은 원래 집단에서 완전히 떨어져 나왔다. 그 신흥 집단은 카하마 무리라고 불렸다.

그 뒤부터 원래 집단인 카사켈라 무리는 자기 영역이었던 남쪽 구역으로 다니지 못하게 됐다. 영역도 함께 분리된 것이다. 이후 두 집단의 수컷들은 영역이 겹치는 지점에서 만나면 서로 위협적인 행동을 보였다. 초기에는 숫자가 적은 쪽이 재빨리 포기하고 자신들의 근거지 중심부로 후퇴해 유혈사태는 벌어지지 않았다.

그렇게 시간이 흐른 어느 날, 카사켈라 무리의 수컷 6마리가 카하마 무리가 사는 남쪽 경계선으로 소리 죽여 이동하는 모습이 관찰됐다. 그들은 그곳에서 혼자 조용히 먹이를 뜯고 있던 카하마 무리의 수컷 하나를 붙잡아 두들겨 패고 짓밟고 물어뜯었다. 10분간 계속된 잔인한 폭력에 크게 다친 카하마의 수컷은 곧 숨을 거두고 말았다.

이런 식의 공격은 해가 바뀐 뒤에도 그치지 않았다. 전쟁이었다. 카사켈라 무리의 수컷들은 카하마 무리의 침팬지들을 하나씩 제거하는 전략을 구사했다. 마침내 4년 뒤, 카하마 무리는 새끼가 없는 암컷 3마리를 제외하고는 모두 죽거나 사라져버렸다. 남은 암컷 3마리를 승자 집단의 수컷들이 자신의 무리로 데려가 버렸음은 물론이다.

살인마 침팬지가 준 충격

침팬지는 인간과 550만 년 전 공통 조상에서 갈라져 각자 다른 길을 갔다. 가장 최근에 헤어진 진화상 친척이다. 때문에 침팬지 연구는 인간 이해를 위해서도 중요하다. 자신의 얼굴 생김새를 보려면 거울을

봐야 한다. 인간에게는 침팬지가 거울이다. 시간이 지나서 거울상이 좀 흐려지기는 했지만, 20세기 들어 침팬지 연구에 인류가 관심이 많았던 건 그 때문이다. 제인 구달의 살인마 침팬지 보고가 당시 얼마나 충격을 줬는지는 스티븐 핑커의 책에서 확인할 수 있다. 《우리 본성의 선한 천사》는 진화심리학자이자 언어학자인 스티븐 핑커가 '인간의 폭력성'을 주제로 2011년에 쓴 책이다.

> "한때 인류학자는 침팬지가 체질적으로 평화로운 종이라고 생각했다. 그러던 중 야생에서 오랫동안 침팬지를 관찰한 최초의 영장류학자 제인 구달이 충격적인 발견을 했다. 마주친 상대가 외톨이거나 작은 집단에서 어쩌다 떨어져 나온 수컷이라면, 수컷들은 녀석을 잡아서 야만적으로 죽인다. 주먹으로 때리고, 발가락과 성기를 물어뜯고, 살점을 떼어 내고, 사지를 꺾고, 피를 마시고, 기도를 뜯어낸다. 침팬지들이 이웃 사회의 수컷만 골라 몽땅 죽인 일도 있었다." 우리 본성의 선한
> 천사 | 스티븐 핑커 지음 | 김명남 옮김 | 사이언스북스

구달이 이런 사례들을 발표했을 때 과학자들은 이것이 변칙적 발작인지, 병리학적 징후인지, 영장류학자가 관찰을 위해 침팬지에게 먹이를 제공했기 때문인지 의심했다. 그러나 30년이 지난 지금은 치명적 공격성이 침팬지의 정상적인 행동이라는 데 하등의 의혹이 없다. 그동안 영장류학자들이 관찰하거나 증거를 통해 짐작한 경우만 꼽아도 다른 사회 간의 공격에서 50마리 가까이 죽었다.

　침팬지의 폭력성은 인간 본성에 대해 무엇을 말해줄까? 침팬지가 보여준 동족 살해 본능은 인간에게 어두운 그림자를 드리우는 게 사실

이다. 침팬지와 가까운 유인원인 인간 역시 원래 동족 살해자라는 명백하고 무서운 진실을 재확인시킨다. 프란스 드 발은 《내 안의 유인원》에서 "구달은 자신이 발견한 침팬지 폭력성이 어느 한쪽 견해를 지지하는 걸 내심 우려했다. 구달은 침팬지가 가진 긍정적인 면, 그중에서도 동정심을 부각시키려 노력했다. 하지만 별 소용이 없었다"라고 말한다. 과학계는 이미 마음을 정했고, 침팬지는 도살자로 낙인이 찍힌 이상 그 굴레에서 벗어날 수 없었다.

고생물학자 스티븐 제이 굴드는 다르게 봤다. 그는 《인간의 그늘에서》 개정판에서 "침팬지는 그저 침팬지일 뿐"이며 "(침팬지 연구를 통해) 인간 본성의 피할 수 없는 어두운 면을 이해했다고 생각하면 큰 오해"라고 말한다. 그는 "인간 역시 선과 악 모두에 훨씬 광범위한 가능성을 갖고 있다는 점을 알게 되었다"고 생각하면 된다고 강조한다.

제인 구달이 처음 곰비에 들어갈 때는 완벽한 아마추어였으나 몇 년 뒤 영국 케임브리지대학 박사가 된다. 케임브리지에서 공부할 수 있게 도운 것도 루이스 리키 박사였다. 그는 제인 구달에게 세계적인 동물학자 로버트 하인드 교수를 연결해줬다. 제인 구달은 케임브리지 박사가 되면서 전문가로 인정받았고, 세계 제일의 침팬지 연구자로 자리매김한다.

나는 침팬지가 인간과 공유하는 많은 특징을 접하고 가슴 뭉클했다. 엄마 침팬지의 자식 사랑, 젊은 암컷의 아기에 대한 높은 관심, 고아 침팬지의 힘든 삶, 형제애, 수컷 간의 갈등과 화해, 만났을 때 나누는 포옹과 키스, 상대를 위로하기 위해 껴안는 행동은 사람과 똑같다. 이런 침팬지를 어떻게 동물원 우리에 잡아넣고 구경거리로 삼겠는가?

4
보노보 좌파와 침팬지 우파

인간의 가장 가까운 친척 보노보

보노보라는 유인원이 있다. 침팬지와 함께 인류에 가장 가까운 진화상의 친척이다. 침팬지와 생긴 게 같아 알아보지 못했다. 낯선 사촌의 등장이 나로서는 놀랍다. 550만 년 만에 만난 그의 행동이 상상을 뛰어넘는다. 특히 섹스 체위 대목에서 내 턱이 떨어졌다. 프란스 드 발의《내 안의 유인원》에 자세하게 나온다. 보노보는 정상위正常位, 즉 암컷과 수컷이 얼굴을 빤히 보고 섹스한다. 정상위는 인간 고유의 체위이고, 문명화된 인간의 특징이라고 했다. 나는 기가 막혀 읽던 책을 덮고, 동영상을 찾아봤다. 포르노 장면 같아 얼굴이 뜨겁다. 보노보는 숨어서 하지도 않는다. 카메라를 들이대도 개의치 않고 보란 듯이 한다. 인간의 드높은 자존심, 보노보 때문에 또 한구석이 무너진다. "인간만이 할 수 있다"는 말, 쉽게 할 게 아니다.

　섹스 체위 다양성에서 보노보는 챔피언이다. 드 발에 따르면, 보노보는 인도의 힌두교 성전性典인《카마수트라》에 나오는 모든 체위를 알고 있는 듯하며 상상을 초월하는 체위도 보여준다. 보노보 두 마리가 두 발로 나뭇가지를 잡고 거꾸로 매달린 채 섹스하는 것도 목격되었다. 보노보는 인간의 특권이라던 오르가슴을 즐긴다. 기존 학계는 인간만이 성적 만족을 느낀다고 말했다.《털 없는 원숭이》의 저자인 동물학자 데즈먼드 모리스도 그렇게 말했다. 인간만이 이렇다는 이야기는 사람의 자부심을 끌어올릴지는 모른다. 하지만 그런 말을 뱉는 사람은 이제 회의적인 시선으로 봐야 한다.

프란스 드 발은 스스로를 침팬지와 보노보를 모두 연구한 유일한 학자라고 소개한다. 그는《침팬지 폴리틱스》에서 침팬지의 권력욕을 보여주었는데,《내 안의 유인원》에서는 두 영장류와 비교하면서 인간 본성을 탐구한다. 생물학자가 인간 본성에 관해 발언한다는 점에서 전 세대 진화생물학자인 에드워드 윌슨과 같다.

보노보는 침팬지와 공통 조상을 가졌다. 250만 년 전 일이다. 신생대의 5번째 지질 시대인 플라이스토세가 시작되었을 즈음이다. 이후 두 종은 헤어졌지만, 보노보와 침팬지는 생김새가 흡사하다. 보노보 몸집이 침팬지보다 좀 작다는 게 눈에 띈다. 이 때문에 보노보는 한때 '피그미 침팬지'라고 불렸다. 보노보는 다리가 좀 길고, 때로 허리를 펴고 직립보행하는 모습도 보여준다. 침팬지보다 인간에 가까워 보인다. 앞머리를 두 갈래로 빗어 넘긴 듯한 게 특징적이다. 드 발은 "보노보는 피아노 연주자 같은 손에 상대적으로 작은 머리와 함께, 우아하고 세련돼 보인다"라고 말한다. 보노보-침팬지 공통 조상이 진화 계통도를 타고 300만 년을 올라가면 인간과 만난다. 3종의 공통조상은 550만 년 전에 살았다.

보노보가 침팬지와 다른 종이라는 걸 알게 된 건 불과 얼마 전이다. 1930년대 동물학자 에른스트 슈바르츠가 콩고의 한 동물원에서 보노보를 처음 발견했다. 보노보는 아프리카 대륙 한복판을 흐르는 거대한 콩고강 유역에 산다. 콩고강 남부이자 강의 오른쪽에는 보노보가 살고, 콩고강 북쪽이자 왼쪽에는 침팬지가 산다. 콩고강이라는 자연장애물이 종 분화 원인이 된 걸로 생물학자들은 보고 있다. 콩고강은 강폭이 넓은 곳은 16킬로미터나 된다고 한다. 보노보는 숲에 살고, 침팬지는 부분적으로 숲에 산다. 인간은 숲을 떠나 산다.

보노보는 침팬지와 왜 이리 다른가?

보노보와 침팬지는 사는 방식과 사회가 너무 다르다. 한 배에서 나온 형제라고 이야기할 수 없을 정도다. 드 발에 따르면 보노보는 영장류 세계의 히피족이다. 보노보 세계에는 생명을 위협하는 전쟁도, 사냥도, 수컷의 지배도 없다. 성행위만 넘친다. 보노보는 존재 자체가 초현실적인 유인원이다. 평화 만들기에 능하고, 동성애도 즐긴다.

보노보가 싸우는 건 보기 힘들다. 충돌 직전까지 가도 결코 싸우거나 폭력을 쓰는 법이 없다. 대신 섹스를 통해 거의 모든 갈등을 해소한다. "침팬지는 권력으로 성 문제를 해결하고, 보노보는 성으로 권력 문제를 해결한다." 폭력적인 침팬지의 권력 다툼은 결국 암컷을 차지하기 위한 투쟁이다. 보노보는 문제가 있으면 성으로 푼다. 프란스 드 발이 미국 샌디에이고 동물원에서 목격한 '섹스로 평화 만들기'에는 어린 암컷과 수컷도 등장한다.

섹스로 평화 만들기 장면은 수없이 많이 보고되었다. 서로 다른 보노보 그룹이 정글에서 조우했는데, 평화롭게 어울리는 모습이 1980

년대 처음으로 목격되었다. 콩고민주공화국의 왐바 숲에서 두 보노보 그룹이 만났다. 이들은 꼬박 일주일 동안 섞여 지내다가 나중에 다시 갈라졌다. 인근의 다른 보노보 서식지인 로마코 숲에서도 비슷한 광경이 목격되었다. 처음에는 숲이 떠날 듯이 요란한, 전쟁을 방불케 하는 고함과 비명소리가 났다. 그러나 잠시 후 누구도 다치지 않은 채 두 집단은 평화롭게 섞였다. 팽팽한 긴장감은 흐르지만, 얼마 지나지 않아 보노보들은 화해를 하고, 섹스와 털 고르기에 몰두했다. "섹스와 전쟁은 동시에 하기가 힘들기 때문에 이들의 풍경은 급속히 봄 소풍처럼 바뀐다."

동물학자들은 인간과 가까운 유인원 친척으로 침팬지밖에 몰랐다. 그랬기에 침팬지의 폭력성과 무자비한 권력추구에 기겁했다. 진화상 형제가 그러니, 우리 인간도 그렇게 생물학적으로 조건 지워졌나보다 생각하고 우울했다. 인간은 어쩔 수 없이 폭력적이고, 동족을 죽이며, 권력을 탐하는 동물이라는 생각이었다. 드 발은 리처드 도킨스의 《이기적 유전자》와 로버트 라이트의 《도덕적 동물》도 그런 시대의 산물이라고 말한다. 경쟁을 강조하던 마거릿 대처 영국 총리와 로널드 레이건 미국 대통령이 이끌던 신자유주의 시대에 영향받았다는 주장이다.

보노보 발견 이후 변화가 왔다. 보노보는 인간의 자기 이해에 도움이 되는 좀 더 넓은 시야를 제공했다. 잊힌 사촌의 색다른 사회 만들기와 본성을 보고 인간 종의 가능성과 잠재성을 새롭게 보게 되었다. 보노보와 침팬지라는 두 사촌이 제공하는 거울에 자신을 비춰보고, 우리는 스스로가 누구인가를 더 알 수 있게 되었다. 프란스 드 발의 통찰력이 빛나는 문장은 다음 한 줄이다. "침팬지보다 더 잔인하고, 보노보보다 공감 능력이 더 뛰어난 우리는 양극성이 가장 심한 유인원이다."

침팬지가 권력을 얼마나 사랑하며, 그걸 얻기 위해 폭력을 사용하는지를 앞에서 보았다.《침팬지 폴리틱스》에서 침팬지 집단의 두목이 되기 위해 수컷들이 경쟁자를 어떻게 제거하는지를 확인했다. 권력과 수직적 사회구조, 서열, 질서, 폭력성 추구가 인간이 본 침팬지 사회의 특성이다. 반면 프리섹스와 친절, 공감, 평등주의는 보노보 사회에서 우리 눈에 들어온 요소다. 이 두 사촌은 추구하는 이데올로기가 다르다. 다른 행성에서 온 유인원 같다. 침팬지는 우파 이데올로기로 무장되어 있고, 보노보는 좌파 이념에 충실하다. 인간 사회에 이들을 투영하면 침팬지 우파와 보노보 좌파로 나눠볼 수 있겠다는 생각이 든다.

동성애가 일상인 보노보 사회

보노보 사회에서는 동성애가 일상이다. 암컷과 암컷이 클리토리스를 서로 비벼대고, 수컷과 수컷이 성기를 서로 대고 비빈다. 수컷끼리 성기를 비비는 행위를 '페니스-펜싱', 암컷끼리 음핵과 음핵을 비비는 행동은 'GG 마찰genito-genital rubbing'이라고 한다. 보노보는 동성애 문제도 폭을 넓혀 사고할 수 있음을 가르쳐준다. 동성애를 튀는 행동으로 볼 게 아니다. 여러 가지 성 취향 중의 하나일 뿐이다. 인간의 동성애는 여러 문화권에서 오래도록 비도덕적이라고 비난받아 왔다. 하지만 모든 사회가 그랬던 건 아니다.

보노보가 들려주는 놀라운 이야기는 끝나지 않았다. 보노보는 암컷이 사회를 이끈다. 알파 암컷이 족장이다. 수컷이 지배하는 보노보 사회는 본 적이 없다. 암컷의 평균 체중은 수컷의 85퍼센트 정도다. 수컷과 암컷의 몸집 차이가 인간과 비슷하다. 그런데 인간은 오래도록 남성 우위 사회였다. 이를 감안하면 암컷 우위인 보노보 사회는 놀랍다. 보노보 수컷은 암컷에게 없는 날카로운 송곳니도 있는데 그렇다. 암컷은 어떻게 권력을 유지할 수 있을까? 그 답은 연대에 있다. 미국 샌디에이고 동물원의 작은 보노보 무리가 수컷의 지배를 받은 적이 있다. 이 수컷의 통치 기간은 그리 길지 않았다. 보노보 사회의 권력 변동 특징을 보여준다.

보노보 집단 내 수컷은 마마보이다. 그것도 지독한 마마보이로, 태어나고 자라난 무리 속에서 살아야 제대로 살아갈 수 있다. 야생 자연에서는 암컷 보노보가 다른 무리로 떠나간다. 또 다른 무리에서 암컷이 시집을 온다. 발정이 됐음을 알리는 엉덩이가 새 그룹에 들어올 수 있는 입장권이다. 대신 수컷은 그냥 무리에 남아서 어미 보호를 받으며 산다. 다른 그룹에서 '시집'온 암컷 중에 한 마리가 나이를 먹으면 알파 암컷이 된다.

이 시대에 필요한 유인원 보노보

프랑스 드 발은 "보노보야말로 우리 시대가 필요로 하는 유인원"이라고 말한다. 그는 "공감, 배려, 협력의 유인원인 보노보를 침팬지보다 먼저 인간이 발견했다면 인간의 진화에 관한 논의 방향은 달라졌을 것"이라며 "폭력성과 전쟁과 남성의 지배보다는 섹슈얼리티, 공감, 배려, 협력을 중심으로 전개되었을 것"이라고 말한다.

침팬지가 악마의 얼굴로 보인 반면, 보노보는 천사의 얼굴을 갖고 있다. 두 유인원 친척은 밤과 낮처럼 다르고, 하늘과 땅처럼 차이 난다.

인간은 두 유인원 중 누구와 더 닮았을까? 그게 아닌 듯하다. 내 몸 안에 두 유인원 모두가 살고 있음을 확인할 수 있다. 보노보와 침팬지의 두 가지 성격이 내 안에 불안하게 결합되어 있다. 어떤 때는 보노보 얼굴이, 어떤 때는 침팬지 얼굴이 도드라진다. 프란스 드 발의 말마따나 우리는 침팬지보다 더 잔인하고, 보노보보다 공감 능력이 더 뛰어나다. 인간은 양극성이 심한 유인원이다. 중요한 건 이 인간의 양극성을 어떻게 평평하게 만들 것이냐 하는 거다.

빅토리아 시대 계관시인 앨프레드 테니슨은 자연을 "피로 물든 이빨과 발톱"이라고 표현했다. 약육강식 원리에 따라 약자는 강자의 먹이가 되어 이빨과 발톱으로 뜯겨 피를 뚝뚝 떨어뜨리는 모습을 테니슨은 그렸다. 이는 자연선택, 적자생존 원리에 들어맞는다. 하지만 자연은 이빨과 발톱 외에 '공감'과 '친절'이라는 능력을 만들었다. 보노보의 발견은 특히 이런 자연의 최신 작품을 도드라지게 보이게 한다.

침팬지도 마찬가지다. 공감 능력이 뛰어나다. 동물원의 침팬지는 사육사나 연구자를 오랜만에 만나면 가족을 만난 것처럼 손을 붙잡고 반가워한다. 네덜란드 아른험 동물원의 알파 암컷 침팬지 마마는 2017년 어느 날 음식도 거부하고 죽음을 기다리고 있었다. 59살. 마마가 어느 순간 환한 미소를 지었다. 자신이 이끄는 침팬지 그룹을 오래 연구한 영장류학자 얀 판 호프 교수가 찾아왔다. 마마는 손을 들어 오래된 친구의 머리를 쓰다듬었다. 이 동영상은 유인원의 공감 능력을 다시 생각하게 했고, 사람들에게 깊은 울림을 줬다. 우리가 유인원 형제를 재발견하는 순간이다.

유인원을 지나 원숭이 세계로 가면 공감 능력을 확인하기 쉽지 않다고 한다. 드 발은 "감정적으로 의미가 있는 순간에 유인원은 상대방

입장에서 생각할 수 있다. 이런 능력을 지닌 동물은 매우 드물다. 원숭이에게서 위로를 찾으려고 시도했던 과학자는 모두 빈손으로 돌아왔다"고 말한다. 드 발은 미국 사회는 침팬지 사회와 비슷하고, 유럽은 보노보 사회와 가깝다는 식으로 말한다. 유럽인이 미국에 가서 살면 이 사회의 폭력성과 경쟁 문화에 놀란다고 한다. 반면 유럽은 경쟁보다는 협력을 강조하는 정서가 강하다고 한다. 한국은 어디쯤 있을까? 미국식 가치관을 집중적으로 주사 맞은 한국이다. 한동안 경쟁과 성장이라는 가치를 중시했지만 최근에는 협력과 공감, 평등의 목소리가 더 많이 들린다. 함께 잘 살아야 한다는 공감대가 커지고 있다. 하지만 일정한 시기가 지나면 시계추는 또다시 침팬지 쪽으로 갈수도 있다. 세상은 보노보 좌파와 침팬지 우파 사이에서 균형점을 찾는 것 같다.

3장.

이토록 다채로운
성性의 세계라니!

1
찰스 다윈의 런던 집 순례기

30년 근속휴가, 런던으로 달려가다

30년 근속휴가를 받아 영국 런던에 갔다. 런던을 택한 건 찰스 다윈의 자취를 찾아보고 싶어서였다. 다윈의 집은 런던 동남쪽 방향이고, 런던 도심의 피카딜리 서커스에서는 28킬로미터 떨어진 다운Downe 마을에 있다. 템즈강을 건너고 복잡한 시내 길을 차로 한참 달렸다. 구불구불한 길을 한 시간쯤 달렸을까? 런던 교외가 끝나고 시골에 들어섰다. 깊은 숲이 보인다. 숲 사이로 난 좁은 2차선 도로에 안개도 살짝 끼었다. 마침 다윈 생일인 2월 12일이었다. 이날은 국제 다윈의 날이기도 하다. 다윈은 1809년생이다.

다윈은 '나는 어디서 왔는가'에 대한 답을 알려줬다. 그는 《종의 기원》에서 단순한 하나의 생명체에서 다른 모든 생물이 진화했으며, 자연선택이 그 방법이라고 주장했다. 다윈 집을 찾은 건 과학 성지 순례인 셈이다. 기독교인이 예루살렘을 찾듯, 나는 내 오랜 족보를 가르쳐준 19세기 영국인에 합당한 존경심을 표하려고 한다. 다윈은 결혼 3

년 후인 1842년 9월 셋째 아이를 가진 뒤 런던에서 이 집으로 이사했다. 런던 시내 블룸즈베리보다 공기가 좋았다. 다윈이 이사 왔을 때 다운 마을은 500명 정도가 사는 작은 동네였다. 다윈은 1859년 《종의 기원》을 이곳에서 냈고, 1882년 이 집에서 죽었다.

찰스 다윈 집인 다운 하우스에는 날이 춥고 흐린데도 수십 명의 방문객이 보였다. 주차장을 지나 문 안으로 들어가니 과수원이 있다. 집은 또 다른 담장에 난 문을 지나가야 한다. 회색빛 3층 건물. 대저택은 아니지만 시골 지주가 여유 있게 사는 규모다. 다윈의 처가가 도자기 명가 웨지우드이고, 다윈 집안도 여유가 있었다고 들었지만, 짐작했던 그 정도는 아니었다. 다윈 자신도 집에 대한 첫인상이 그리 좋지 않았는지 "낡고 흉하다oldish and ugly"라고 표현했다. 1층과 2층이 박물관으로 일반에 공개되어 있다. 1층 입구에 기념품 가게가 있고, 그곳을 지나면 거실과 식당이 있다. 다윈의 서재는 거실 건너편에 3평 남짓한 크기다. 2층 방들에는 다윈의 삶과 연구 관련 전시물이 놓여 있다. 3층은 공개하지 않는다.

조용하고 겸손한 다윈은 이곳에서 성찰과 깨달음, 집필, 침묵, 그리고 번민의 시간을 보냈다. 19세기 중반 영국은 빅토리아 여왕 시대로, 자유로운 생각과 경제적 부로 풍요로웠다. 하지만 '창조론'이 지배했고, 그걸 거스르는 생각을 밝히는 건 쉽지 않았다. 더욱이 부인 엠마는 독실한 기독교인이어서 찰스는 사랑하는 아내의 마음을 아프게 하고 싶지 않았다. 그래서 '자연선택' 관련 글을 써놓고도 세상에 공개하지 않았다. '다윈의 불독'이라는 별명을 갖게 될 생물학자 토머스 헉슬리, 지질학자 찰스 라이엘, 식물학자 조지프 돌턴 후커에게만 보여주고 의견을 주고받았다. 그는 《종의 기원》을 내기 15년 전인 1844년 1

월 친구인 후커에게 쓴 편지에서 이렇게 말한 바 있다. "살인을 고백하는 것 같다." 다운 하우스 2층 전시실 벽면 문구이기도 한데, 자연선택 원리를 깨달은 그는 신의 살해를 고백하기 힘들었다. 책상 속에 논문을 넣어두고 먼지를 뒤집어쓰게 했다.

1858년 6월 18일 동남아시아 말레이제도에서 날아온 편지와 논문 한 편이 모든 걸 바꿔놓았다. 알프리드 러셀 월리스라는 젊은 박물학자가 다윈에게 자신의 논문을 발표할 수 있도록 도와달라고 연락을 해왔다. 〈변종이 원형에서 끝없이 멀어지는 경향에 대하여〉라는 제목의 자연선택론 논문이었다. 다윈은 소스라치듯 놀랐다. 저작권은 논문을 써서 먼저 발표한 사람에게 있다. 아이디어를 누가 먼저 떠올렸느냐가 중요한 게 아니다. 어찌할 것인가? 자연선택이라는 생각을 알프레드 월리스가 독차지하도록 놔둬야 하는가? 다운 하우스 2층 전시실 자료는 말한다.

"다윈은 곤란한 상황에 처했다. 신사로서 명예가 달려 있다고 느낀 그는 친구인 찰스 라이엘과 조지프 후커에게 조언을 구했다. 그들은 월리스의 논문과 다윈의 설명이 린네학회에서 함께 낭독되도록 주선했다."

1858년 7월 1일 런던 벌링턴 하우스에 열린 린네학회에서 세상을 바꾼 논문 〈자연선택론〉이 낭독되었다. 다윈과 월리스 두 사람은 자연선택의 동시 발견자로 역사에 남았다. 두 사람은 현장에 없었다. 다윈은 아이가 아팠고, 월리스는 동남아에 있었다. 역사는 다윈을 편애했다. 오늘날 사람들은 월리스 이름을 잘 모른다. 월리스는 합당한 명예를 받지 못했다. 2017년 월리스의 저서 《말레이 제도》가 처음 한국에 번역 소개된 것만으로 위안 삼아야 할까?

월리스 때문에 서두른 《종의 기원》 출간

《종의 기원》은 비글호 항해(1831~1836) 당시 받은 충격 이야기로 시작한다. 다윈은 영국 군함 비글을 타고 남아메리카와 남태평양, 인도양, 대서양으로 이어지는 5년간의 세계 일주 항해를 했다. 사람은 역시 낯선 곳으로 여행해야 성장한다. 《종의 기원》의 첫 문장이다.

> "박물학자 자격으로 비글호를 타고 항해하던 중 나는 남아메리카에 서식하는 동물의 분포 그리고 과거에 살았던 동물들과 현재 살고 있는 동물들의 지질학적 관계에 대한 일부 사실에 큰 충격을 받았다. 이러한 사실들은 종의 기원과 관련해 나에게 어떤 빛을 던져주는 것 같았다. 종의 기원은 이 시대의 아주 유명한 철학자 가운데 하나가 언급한 대로 신비 중의 신비였다." 종의 기원 | 찰스 다윈 지음 | 김관선 옮김 | 한길사

《종의 기원》은 비교적 읽기 쉽다. 전문용어가 거의 없고, 평이해서 다윈 문장을 따라가면 된다. 요즘 과학 논문과는 달리 일반인이 읽을 수 있게 글을 쓰는 게 19세기 논문 쓰기 방식이었다. 주옥같은 문장이 즐비할 정도로 다윈은 문장가이다. 나는 현대 생물학자들이 《종의 기원》에서 많은 문구를 따다가 자신의 글을 장식하는 걸 다수 봤다. 《종의 기원》을 읽을 생각이 없었지만 하도 많은 문장이 이 책 저 책에 나오길래 읽지 않을 수 없었다. 《종의 기원》이 1859년 11월 24일 나왔을 때 독

자 반응이 컸다. 초판 1,250부는 출간 당일 매진되었다. 다윈은 '종種은 불변한다'는 당대 상식에 도전하면서 책을 시작한다. 종은 신이 만들었고, 변하지 않는다는 게 그때까지 합의된 진리이었다.《종의 기원》을 몇 쪽 넘기면 서문에 다윈의 핵심 메시지가 나온다.

"나는 종이 변한다는 것에 충분한 확신을 품고 있다. 또한 한 종의 여러 변종들이 그 종의 후손이라는 원리와 마찬가지로, 한 속의 여러 종들은 아마도 과거에 멸종한 종의 직계후손이라고 믿는다. 더욱이 나는 자연선택이 변형을 일으키는 주요한 원인이라고 생각하지만, 확신하건대 자연선택만이 변형을 일으키는 단 한 가지 수단이라고는 생각하지 않는다. " 종의 기원 | 찰스 다윈 지음 | 김관선 옮김 | 한길사

다윈이 종의 기원이라는 비밀을 풀기 위해 책에 가장 먼저 등장시킨 건 비둘기와 개다. 이들 동물의 품종 개량을 예로 들며 '선택'이 우리에게 익숙한 풍경임을 말한다. 그는 비둘기를 집에서 키웠고, 런던 비둘기 클럽 두 곳의 회원이기도 했다. 다윈은 "가장 능숙한 육종가인 세브라이트 경은 비둘기를 언급하면서 깃털은 3년 안에 어떠한 형태로 만들 수 있다고 한다. 반면 머리나 부리의 원하는 모양을 얻으려면 6년 정도가 걸린다고 말했다"고 강조한다. 그는 개에 관해서는 '이탈리아 그레이하운드, 블러드하운드, 불독이나 블레넘 스패니얼과 같은 매우 닮은 동물이 자연 상태에서 생존했다고 믿을 수 있는가'라고 반문한다. 사람이 일부러 새로운 품종을 만들어냈다는 말이다.

그가 자연선택이라는 용어를 사용한 건 인간의 선택인 인위선택과 대비시키기 위해서다. 자연선택이 얼마나 광범위하게 작용하는 힘

인가는 4장 '자연선택'의 다음 문장에 잘 나타나 있다. "자연선택은 기척도 없이 조용하게 작동하며, 언제 어디서든 기회가 될 때마다, 각 유기체를 그 생명이 처한 유기적, 무기적 조건들에 맞추어 개량한다. 우리는 이런 느린 변화들이 진행하는 모습을 직접 볼 수 없다."

맬서스의 《인구론》과 '자연선택'

다윈의 위대한 발상은 '생존경쟁'과 '선택'을 연결한 데 있다. 다윈이 자연선택 원리, 즉 적자생존을 깨달은 건 당대 경제학자 토머스 맬서스의 《인구론》을 읽으면서다. 다윈은 자신의 자서전 《나의 삶은 서서히 진화해왔다》에서 이때 일을 이야기한다.

> "우연히 맬서스의 《인구론》을 재미 삼아 읽었다. 동식물 습성을 오랫동안 관찰해온 덕에 생존투쟁에 대해 공감하는 바가 컸던지, 이런 상황에서라면 유리한 변이는 보존될 것이며 불리한 경우라면 사라지고 말 것이라는 생각이 떠올랐다. 그 결과는 새로운 종이 만들어지는 일이라고 생각했다. 이로써 드디어 나는 궁구해볼 만한 이론을 얻었다." 나의 삶은 서서히 진화해왔다 | 찰스 다윈 지음 | 이한중 옮김 | 갈라파고스

다운하우스 2층 전시실에는 다윈 학문 계보의 출발점을 맬서스라고 그려놓았다. 다윈은 생물의 높은 출산율을 감안하면 생존경쟁은 필연적이라고 했다. "그렇지 않다면 한 쌍의 생물에서 유래된 자손이 지구를 모두 덮어버릴 것이기 때문이다. 아주 느리게 번식하는 인간조차도 25년 만에 그 수가 두 배로 늘어날 것이다. 그리고 이런 비율이라면 불

과 몇 천 년 만에 지구는 인간들로 발 디딜 틈도 없어질 것이다."

다윈은 이어 생존경쟁의 본질을 짚는다. "가장 치열한 경쟁은 같은 종의 두 개체 사이에서 일어난다. 왜냐하면 그들은 동일한 지역에 서식하고 동일한 먹이를 필요로 하며, 동일한 위험에 노출되기 때문이다." 초원에서 사자가 누떼 사냥을 한다고 하자. 이때 한 마리의 누 입장에서 볼 때 경쟁자는 누구일까? 자신의 목숨을 노리는 사자라고 생각할 수 있으나, 아니다. 최대 경쟁자는 다른 누다. 다른 누보다 빨리 뛰어 사자로부터 달아나면 된다. 사자는 나를 노리는 대신 나보다 걸음이 조금 느린 누를 점심으로 먹을 것이다.

다윈은 신이 선택한 인간임을 부인하고 자연선택이 생명을 빛내왔음을 깨달았다. 다윈은 오래 방황했다. 마음 둘 데가 없어 다운 하우스 앞의 벤치에 앉아 생각에 잠겼다. 나무 벤치에 앉아서 신이 사라진 세상을 내다봤다. 케임브리지대학에서 신학을 공부할 때 봤던 세상이 아니었다. 그는 아팠다. 어려서는 건강했으나 성인이 된 뒤 내내 몸이 편치 않았다. 부인 엠마는 남편이 마음속에 뭔가를 담고 있을 때 자주 아프다고 생각했다. 일부 역사가는 다윈이 자기 이론에 대해 느낀 두려움 때문에 아팠을 거라고 말한다.

《종의 기원》 6장에는 기독교 창조론자들이 좋아하는 메뉴가 나온다. 동물이 진화했다면 왜 우리 주위에는 수없이 많은 중간 단계의 생물이 존재하지 않는가? 종이 진화한다는 증거인 화석은 어디에 있나? 자연선택이 눈과 같은 복잡한 기관을 어떻게 빚어낼 수 있는가? 심오한 수학자의 발견을 앞지르는, 벌집을 짓는 벌의 본능은 자연선택에 의해 획득되고 바뀔 수 있는가?

다윈은 자연선택 이론의 약점을 고백한다. 중간단계 동물이 없는 이유에 대해서는 "자연선택 과정은 부모 생물과 중간 고리들을 계속 제거하는 역할을 했을 것"이라고 말한다. 화석 자료의 부재에 대해서는 "화석 기록은 극도로 불완전하며 끊어진 부분이 많다"고 말한다. 《종의 기원》 출간으로부터 160년이 지난 이 시대에 사는 우리는 '중간 화석', 즉 '잃어버린 고리missing link'가 더 이상 문제가 되지 않음을 안다. 가령 물고기가 물에서 뭍으로 올라왔다는 한 증거는 고생대 화석인 '틱타알릭Tiktaalik'이다.

특히 눈이라는 복잡한 기관의 출현 관련 논쟁은 오래되었다. 다윈은 케임브리지대학 크라이스트 칼리지에 다닐 때 신학자 윌리엄 페일리의 《자연신학》을 탐독했다. 페일리는 복잡한 시계와 같은 기계를 보면 누군가 이를 만든 사람이 있다고 생각해야 한다며, 시계를 창조론의 근거로 들었다. 하지만 다윈은 충분한 시간이 있다면 자연선택이 눈을 만들 수 있다고 《종의 기원》에 썼다. 시계공 논쟁은 127년 후에도 가라앉지 않아 리처드 도킨스는 《눈먼 시계공》에서 창조론자의 시계공 논리를 공박해야 했다.

다윈 서재는 1층 거실의 반대쪽, 즉 대문이 보이는 방향에 있었다. 다윈의 지적 산실이라 생각하니 압도당하는 느낌이었다. 흰색 대리석 테두리를 두른 벽난로가 있고, 그 앞에는 네모난 탁자, 둥근 탁자가 하나씩 놓여 있었다. 다윈이 몸을 기댔던 등이 높은 낡은 가죽 의자, 테이블에서 《종의 기원》과 《인간의 유래》를 썼을 때 앉았을 딱딱한 나무 의자가 테이블 주위에 놓여 있다. 책장에는 낡고 오래된 책이 수십 권 꽂혀 있다. 다윈은 편지를 많이 썼다. 다윈이 쓰거나 받은 편지 1만 4,500통이 남아 있다. 그는 분명 그 이상의 편지를 썼음에 틀림없다고 다운하우스 전시 자료는 말했다.

다윈의 정원

다윈은 마당과 온실, 산책로를 좋아했다. 집 앞에는 다윈이 연구를 위해 가꿨던 텃밭이 있고, 텃밭 뒤로는 아주 작고 낮은 동산이 있다. 1층 기념품 가게에서 빌린 오디오 가이드에 따르면 다윈은 집 쪽으로 불어오는 바람을 막기 위해 이사한 뒤 낮은 동산을 만들고 그곳에 나무를 심었다. 그 뒤로 널찍한 잔디밭이 있다.

텃밭 오른쪽으로 해서 앞쪽으로 걸어 나가니 온실과 널찍한 밭이 나왔다. 수백 평방미터 규모의 밭은 '영국의 갈라파고스 섬'이라고 불린 자연선택 실험장이었다. 다윈이 열대작물을 키우기 위해 만든 온실도 있었다. 붉은 벽돌 건물 온실에 들어가 잠시 몸을 녹였다. 다윈의 그 유명한 산책로는 밭의 끝에 있는 담장 모서리에 숨어 있었다. 샛문을 밀고 나가니 오솔길이 있었다. 토머스 헉슬리, 조지프 후커가 찾아오면 같이 산책했다는 곳이다. 길을 따라 높이 자란 나무는 다윈이 심었다. 오솔길의 전체 길이는 500미터쯤 될까. 길 끝에는 지붕이 있는 벤치가 나왔다. 다윈은 이 길을 하루 몇 차례씩 왔다 갔다 하며 사색했다. 다윈의 위대한 생각이 잉태되고 자라난 곳이다.

《종의 기원》 마지막 문장이고, 이 책에서 가장 유명한 문장은 산책길 사유에서 나왔다. 신이 아니라 단순한 생명체로부터 고등동물을 자연선택이 빚어냈으며, 이는 먹고 먹히는 슬픈 관계가 지속되며 만들어진 우주의 질서라고 한다. 리처드 도킨스는 이 문장에 대해 "다윈은 시인이 아니었지만 마지막 문단은 시적인 크레센도가 돋보인다"라고 《지상 최대의 쇼》에 썼다.

다윈은 《종의 기원》에서 인간도 자연선택 산물이라고 하지 않았다. 조심스러워했다. 그는 "인간과 그의 역사의 기원에도 빛이 비칠 것이다Light will be thrown on the origin of man and his history"라고 살짝 언급하기만 했다. 그런 그는 12년 뒤 자신의 삼부작 중 한 권으로 불리는《인간의 유래》에서 인간이 자연선택의 결과라고 명확히 말했다.

4시간 가량 다운하우스에 머물며 내 마음은 분주했다. 보물이 발견된 땅을 찾아온 순례자의 심정이었다. 다윈의 숨결을 느껴보고 싶고, 그의 생각을 낳은 분위기에 푹 젖어 들고 싶었다. 같이 갔던 아내와 큰아들은 그런 나를 기다려줬다. 오후 3시 반쯤 다운하우스를 떠나올 때 큰 아이가 말했다. "아빠가 다윈을 그렇게 좋아하는 줄 몰랐어요."

2
'협력'이 나를 만들었다

생물학 중심에 블랙홀이 있다

찰스 다윈은 자연선택, 즉 '경쟁'이 종을 만드는 방법이라고 했다. 그런데 종의 기원으로 '협력'을 말하는 사람이 나타났다. 천문학자 칼 세이건의 첫 번째 부인 린 마굴리스다. 린 마굴리스는 1967년 〈체세포 분열하는 세포들의 기원〉이라는 제목의 논문에서 '공생발생설symbiosis'을 주장했다.

논문 제목 속의 '체세포 분열하는 세포'는 진핵세포를 가리킨다. 진핵세포는 핵이 있는 세포다. 그러니 린 마굴리스의 논문은 '진핵세포의 기원'을 말하는 거다. 세포에는 핵이 없는 세포도 있다. 원핵세포라고 한다. 진핵세포가 두 세포 간의 공생으로 발생했다는 게 린 마굴리스의 대담한 주장이다. 원핵세포는 DNA는 갖고 있으나 핵이 뚜렷하지 않고, 세포소기관도 없다. 세균(박테리아)과 고세균이 원핵세포에 속한다.

진핵세포의 기원은 큰 미스터리다. 복잡하지 않은 세포에서 복잡

한 세포인 진핵세포가 어떻게 출현했을까를 놓고 생물학자들은 전전
긍긍했다. 생화학자 닉 레인은 이를 "생물학 중심에 블랙홀이 있다"라
고 표현한다. 닉 레인은 《바이털 퀘스천》에서 "진핵세포 탄생은 도저
히 불가능한 일이었기 때문에 두 번 다시 반복되지 않았으며, 설사 시
도되었다 해도 성공하지 못했다"고 말한다. 그는 "지구상 모든 복잡한
생명체의 공통조상인 한 세포는 단순한 세균 조상으로부터 지난 40억
년 동안 단 한 번 등장했다"라면서 "이것은 기이한 사고였을까? 아니
면 다른 복잡성의 진화 실험들이 실패한 결과였을까? 우리로서는 알
길이 없다"라고 말한다. 닉 레인은 《생명의 도약》 《미토콘드리아》 《산
소》 등으로 한국에도 꽤 알려진 과학자다.

　《내 속엔 미생물이 너무 많아》의 저자 에드 용의 설명은 진핵세포
탄생의 극적인 순간을 잘 전달한다. 그는 "세균 및 고세균이라는 단순
한 세포와, 진핵생물의 복잡한 세포 사이에는 엄청난 갭이 존재한다.
생명은 지난 40억 년 동안 단 한 번 그 간격을 뛰어넘는 데 성공했다"
고 말한다.

　　지상에는 진핵세포 말고, 원핵세포가 있다고 했다. 원핵생물인 세
균과 고세균은 단순한 형태를 오래도록 유지하고 있다. 이들은 40억
년째 그 모습을 바꾸지 않고 살아가고 있다. "세균만큼 보수적인 건 없
을 것"이라고 닉 레인은 말한다. 물론 내부 기능은 바뀐다. 외모는 바
뀌지 않았다.

고세균과 세균의 평화로운 인수합병
린 마굴리스는 1967년 논문에서 '공생 발생'으로 진핵세포가 만들어

졌다면서, 그 근거로 진핵세포 내의 미토콘드리아 예를 들었다. 진핵세포는 원핵세포가 갖고 있지 않은 핵, 미토콘드리아, 엽록체를 갖고 있다. 린 마굴리스는 미토콘드리아와 엽록체의 생김새가 세균과 비슷하다고 생각했다. 그는 20억 년 전 한 세균(박테리아)이 다른 고세균 몸 안에 들어갔는데 죽지 않고 살아남았으며, 그 공생의 결과 복잡한 세포가 만들어졌다고 주장했다. 고세균 한 마리가 세균을 삼켰을 때다. 세균을 맛있게 먹었으면 '진핵세포의 탄생'은 없었다. 고세균이 소화시키지 않았는지, 세균이 소화되는 걸 거부했는지 모르지만 두 개체는 공생을 시작했다. 고세균은 내가 고등학교를 다닐 때는 책에 나오지 않았던 생물이다. 1977년 생화학자 칼 우즈가 뜨거운 물속에 사는 '고세균'을 찾아냈으며, 세균과 고세균은 확연히 다르다는 걸 확인했다. 예컨대 미국 옐로스톤 국립공원의 뜨거운 간헐천 물웅덩이에 고세균이 산다. 우리는 고세균을 오래도록 세균인 줄 잘못 알고 있었다.

이 세균은 오늘날 진핵세포 속에서 볼 수 있는 미토콘드리아가 되었다. 미토콘드리아는 세포 내 에너지 공장이다. 산소호흡을 하는 동물이 살아갈 수 있게 한다. 식물세포에 들어있는 엽록체도 마찬가지다. 두 미생물의 합병으로 엽록체가 생겼다. 엽록체는 태양에너지를 화학 에너지로 바꾸는 시아노박테리아(남세균)와 비슷하다고 학자들은 말한다.

하버드대학 자연사 교수인 앤드류 H. 놀은《생명 최초의 30억 년》에서 "(다윈이 말한) 약육강식의 생존경쟁이 빅토리아 시대의 가치관과 잘 맞았다면, 평화로운 인수합병은 21세기 경제에 어울리는 관점"이라고 재치 있게 말한다. 고세균과 세균의 공생을 인수합병으로 표현했다.

다윈의 자연선택론과 린 마굴리스의 공생발생론을 생명의 계통수라는 진화의 은유로 생각해 보자. 자연선택론은 진화를 가지치기 과정으로 본다. 공통 조상을 가진 자손들이 달라지면서 새로운 종이 태어난다. 생명의 계통수는 가지를 계속 뻗어가며 무성하게 자란다. 잘 자라는 가지가 있고 그렇지 못한 가지가 있다. 자연선택은 정원사가 되어 가지치기를 한다. 린 마굴리스는 이 생명의 계통수 나뭇가지들이 서로 만날 때가 있다고 봤다. 서로 다른 나무의 가지가 합쳐져 한 몸이 되는 연리지連理枝다. 그는 이 생명의 계통수에 연리지 비슷한 게 생겨나면 새로운 종이 생긴다고 주장했다.

린 마굴리스의 이론은 '연속 세포내공생 이론Serial Endosymbiosis Theory, SET'이라고 한다. 그는 진핵세포의 탄생이 단 한 번의 인수합병으로 완성된 게 아니라고 주장한다. 융합이 여러 번 순서대로 진행됐다는 것이다. 그는 《공생자 행성》에서 3단계 연속 공생을 설명한다. 1단계에서 황과 열을 좋아하는 발효성 '고세균(또는 호열산세균)이 헤엄치는 세균과 융합했다. 2단계에서는 산소호흡을 하는 세균과 합해졌다. 이로써 세포는 핵을 지니고 헤엄치고 산소호흡을 할 수 있게 됐다. 3단계는 산소호흡을 하게 된 이 세균이 초록색 광합성 세균을 삼키고 소화시키는 데 실패하면서 일어났다.

앤드류 놀은 대학원생 시절 "린 마굴리스의 논문을 읽고 감전된 듯한 자극을 받았다"고 말한다. 닉 레인에 따르면, 생명에 대한 우리의 관점을 완전히 뒤바꾼 진화의 3대 혁명이 지난 50년 새 일어났다. 린 마굴리스의 1967년 공생발생론은 3대 혁명 중 가장 앞자리에 해당한다. 다른 두 혁명은 칼 우즈의 유전자 계보를 밝힌 계통학 혁명 (1977년 고세균 발견)과 세포 혁명이다.

《이기적 유전자》에도 미토콘드리아의 기원에 대한 언급이 나온다. 리처드 도킨스는 이렇게 말했다. "미토콘드리아의 기원이 진화의 아주 초기 단계에서 우리의 유사 세포와 힘을 합친 공생 박테리아일 것이라는 논의가 설득력을 얻고 있다. 이 가설도 다른 혁명적인 사고와 마찬가지로 그 사고에 익숙해지기까지 시간이 걸릴 것인데, 이 가설은 이제 인정받을 때가 도래한 듯하다."

린 마굴리스의 세포 합병 이론은 처음에는 강한 배척을 받았다. 마굴리스는 자신의 논문이 학술지에 실리기까지 15번쯤 거절당했다고 《공생자 행성》에서 밝혔다. 그는 29살이었다. 논문을 바탕으로 책을 출간할 때도 어려움을 겪었다. 계약한 출판사가 이유를 명확히 밝히지 않은 채 원고를 돌려보내왔다. 그는 나중에 '우상 파괴자'라는 별명을 얻었는데, 그에 어울리게 린 마굴리스는 포기할 줄 몰랐다. 그리고 그는 승리했다. 마굴리스 논문이 발표되자 한 해 동안 논문 인쇄 요청을 800회나 받는 유례없는 일이 벌어졌다. 1971년 예일대학교 출판부에서 출간한 《진핵세포의 기원The Origin of Eukaryotic Cells》은 20세기에 가장 영향력 있는 생물학 저서 가운데 하나로 손꼽힌다. 마굴리스의 설득력 있는 증거 덕분에 한때는 이설異說로 취급되던 세포 합병 이론이 이제는 정설로 받아들여지고 있다. 1980년대 이후 공생발생론은 교과서에 실리는 주류 이론이 되었다.

후학들은 린 마굴리스가 절반은 맞고 절반은 틀렸다고 말한다. 1980년대 중반 생물학자 톰 캐벌리어-스미스는 미토콘드리아가 세포내공생체였던 세균에서 유래했다는 데는 동의했으나, 마굴리스의 연속 세포내공생설은 내켜 하지 않았다. 1998년 생화학자 빌 마틴은 고세균과 세균 사이에 한 번 일어났던 세포내공생으로 복잡한 생명체가 나타났을 것이라는 예측을 내놓았다. 여러 번이 아닌 한 번 공생이 일어났다는 주장이 현재 다수설이다. 닉 레인은 마굴리스 이론에 대한 오늘날 평가를 이렇게 전한다. "린 마굴리스는 2002년 작 《유전체의 획득: 종의 기원에 관한 이론Acquring Genomes: A Theory of the Origins of Species》에서 식물과 동물이 새로운 종을 형성하는 방법도 다윈이 생각한 점진적인 분기分岐가 아니라 세균처럼 유전체 융합 방식이라고 주장했다. 유전체 융합에 관한 이 가설은 들어맞는 경우도 있다. 하지만 대부분의 경우 1세기에 걸쳐 이뤄진 면밀한 유전학 분석 결과에 어긋난다."

그는 진화생물학자 에른스트 마이어의 린 마굴리스 이론에 대한 비판적 평가도 다음과 같이 소개한다. "에른스트 마이어는 마굴리스 책에 기고한 추천사를 통해 세균의 진화를 바라보는 그녀의 통찰력을 높이 사면서도 동시에 자신의 전문 분야인 조류 9,000종을 포함해 압도적인 대다수 다세포 생물에는 마굴리스의 개념이 적용되지 않다는 점을 독자에게 주지시켰다. 유전자가 염색체 위에 자리를 차지하기 위해 경쟁을 해야 한다는 것이 유성생식의 실체다. 진핵생물에서 포식성이 나타났다는 것은 진핵생물 수준에서 자연은 정말 이빨과 발톱이 피로 물들었다는 의미다."

세포 공동체의 출현

진핵세포 출현 이후 세포 공동체가 나타났다. 복잡하지만 단세포인 진핵세포가 이번에는 다세포생물로 바뀌었다. 진핵세포 출현과 다세포생물의 출현은 거의 동시라고 학자들은 생각한다. 동물과 식물 대부분이 다세포 생물이다. 다세포 생명의 출현은 세포 간의 협력이 있어야 가능하다. 사람 몸은 수많은 세포로 만들어져 있다. 세포들은 자유롭고 독립적인 생활을 포기하고 모여 세포 공동체를 만들어냈다. 왜 만들었는지 그 이유를 학자들은 모른다. 단세포는 그 자체로 완성된 생명체로 영원히 살 수 있다. 다른 생물에 잡혀 먹지 않는 한 영생한다. 세포 분열을 통해 딸세포를 만들어내는 방식으로 번식한다. 많은 박테리아가 수십억 년 전 그 모습 그대로 살고 있다. 고생물학자 스티븐 제이 굴드는 《풀하우스》에서 박테리아가 지구상에서 가장 성공한 생물이라고 말한 바 있다. 그런데 이 영생과 자유를 포기한 세포들이 나타났다. 다세포 생물이 출현한 건 5억 년 전이라고 알려졌다.

'협력'을 진화의 원리로 말하는 사람은 수리생물학자 마틴 노왁이다. 그는 2011년 《초협력자》에서 "협력이야말로 가장 능숙한 진화의 설계자"라며 "경쟁이 아닌 협력이 혁신의 기초"라고 말한다. '협력'을 '변이'와 '선택'에 이어 제3의 진화 동력으로 받아들여야 한다는 것이다. 마틴 노왁에 따르면, 진핵세포 탄생에서부터 다세포 생물, 그리고 유기체, 언어, 복잡한 인간의 사회 행동이 모두 '협력'을 통해 창발創發, emergence했다.

특히 다세포 생물의 출현 대목은 흥미롭다. 신경과학자 로돌포 R. 이나스는 《꿈꾸는 기계의 진화》에서 "생명이 단세포에서 다세포 형태로 이동하기까지 어째서 그렇게 엄청난 시간이 걸렸을까"라고 물으면서 그중에서도 통신 수단의 개발이 가장 어려웠을 것이라고 말한다. 그는 "진화적으로 보기에는 최초의 단세포 생명을 만드는 일보다 단세포들에게 의사소통 능력을 불어넣어 생물학적으로 의미 있게 정보를 교환하도록 하는 작업이 훨씬 더 복잡했다"고 주장한다. 통신 수단혹은 통제 수단은 신경계가 대표적이다. 동물의 경우 중추신경계다.

로돌포 R. 이냐스에 따르면, 세포 공동체가 만들어지기 위해서는 합의된 공통성과 구성원 간 의사소통, 그리고 구성원 중 최소한의 다수가 지지하는 포괄적인 한 벌의 규칙이 있어야 한다. 합의된 공통성이란, 단세포에 대한 헌신이 아니라 세포 공동체에 대한 총체적 헌신을 말한다. "세포 공동체에 대한 헌신은 다세포로 된 우리 존재의 핵심이다"라고 이냐스는 말한다. 몸을 구성하는 대부분 세포, 일명 체세포는 자신의 유전자를 직접 전달하지 못하고 구경만 하면서 생식세포의 번식을 돕는다. 유전적으로 동일한 세포이지만 세포 사이의 충돌이 발생할 수 있다. 이를 막으려면 스탈린 시대의 러시아를 연상시키는 경찰국가를 도입하는 수밖에 없다고 닉 레인은 《미토콘드리아》에서 주장한다. "이런 가혹한 체제를 확립한 결과, 개체를 구성하는 세포 사이에서는 자연선택이 중단되었다. 이제 자연선택은 좀더 새롭고 높은 단계, 즉 개체 사이에서 작용하기 시작했다."

　　다세포생물이 창안한 건 세포 자살이다. 예정된 세포 죽음을 아포토시스apoptosis라고 한다. 의견이 다른 세포, 필요 없는 세포를 제거하기 위한 방법이다. 세포 안에 있는 미토콘드리아가 자살 버튼을 누른다. 사람 몸속의 세포 중에서 매일 100억 개가 죽고 새로운 세포가 만들어진다. 이 세포는 예기치 못한 공격을 받아 죽는 게 아니라, 아포토시스에 의해 소리 없이 제거된다. 세포 자살은 사람 몸이 어머니 몸속에서 발생할 때도 주요한 역할을 한다. 사람 손가락과 발가락 사이가 벌어져 있는 것은 그 자리에 있었던 세포가 자살 명령에 의해 죽음을 선택했기 때문이다. 뇌가 발생하는 과정에서도 어떤 영역에서는 신경세포의 80퍼센트 이상이 출생 전에 없어지며, 이 뉴런들의 죽음으로 뇌의 배선은 대단히 정밀해진다고 한다.

개체들의 단합은 어렵게 이뤄졌다. 하지만 이기적인 세포는 언제든지 나타날 수 있다. 암세포는 이 다세포공동체에서 나타난 배신자다. 닉 레인은 "개체 안에서 암은 싸늘한 충돌의 유령이다"라며 "한 세포가 신체의 중앙통제를 벗어나 한 마리의 세균처럼 증식을 하는 것"이라고 말한다. 암세포는 주변 세포로부터 전해진 증식하지 말라는 언어를 무시하고 무한 복제를 한다. 닉 레인은 "오늘날 진화생물학자는 세포 집단을 진정한 개체가 아닌 조금 느슨한 연합의 형태로 생각한다"라고 말한다. 《비글호 항해기》는 찰스 다윈이 '종의 기원'에 대한 영감을 얻은 세계 일주 항해를 마치고 쓴 책이다. 남미 파타고니아에서의 고대 화석 발견, 종의 변화를 깨달은 갈라파고스 제도, 산호초의 진화를 발견한 코코스 제도(인도양의 호주령) 부분이 많이 인용된다. 하지만 이 책의 마지막 문장에 나는 시선이 갔다. 다윈의 이 책 끝 문장은 협력과 공생의 진화 법칙을 예언하는 문구와 같다.

　　"여행을 통해 사람은 불신 또한 얻을 수 있다. 하지만 그와 동시에 진실하고 친절한 마음을 지닌 사람이 얼마나 많은지도 발견하게 될 것이다. 이전에 전혀 몰랐고 앞으로도 다시 만나게 될지 어떨지 모르는 사람들이지만, 그들은 누구보다 사심 없는 마음으로 기꺼이 그를 도와줄 것이다." 비글호 항해기 | 찰스 다윈 지음 | 장순근 옮김 | 리잼

3
아내가 만든 내 몸

다윈의 삼부작

찰스 다윈의 삼부작 중 마지막 책인《인간의 유래》는 1871년에 나왔다. 앞서 나온 두 권은《비글호 항해기》와《종의 기원》이다.《인간의 유래》는 '인간의 유래'와 '성선택'이라는 두 개의 주제를 다룬다. 다윈은 1859년에 내놓은《종의 기원》에서는 인간의 기원에 관해서는 침묵했다.《종의 기원》출간 12년 뒤에야 이 책에서 '사람은 어디서 왔는가' 하는 이야기를 다루었다. 여건이 성숙했기 때문이다.

책의 두 번째 주제인 '성선택sex selection'은 얼핏 보면 첫 번째 주제와는 상관없어 보인다. 그럴까? 나는 '성선택' 이야기가 흥미로웠다. 성선택은 낯선 용어다. 새로운 유전형질을 만들어내는 자연의 연장으로 '자연선택' 외에도 '성선택'이 있다는 사실을 처음 알았다. 진화학자인 헬레나 크로닌은《개미와 공작》에서 다윈이 1871년 성선택 관련 책을 출간했으나 학계는 그다지 주목하지 않았다고 말한다. 진화생물학자들은 수컷들이 살아남기 위해 뒤엉켜 싸우는 자연선택에 몰입했다. 자연선택을 새로운 종을 만들어내는 제1의 원리로 확고하게 세우기 위해 곁가지는 무시했다. 이로 인해 성선택은 100년 동안 묻혀 있었다. 리처드 도킨스는 좀 다르게 이야기한다. "다윈이 암컷의 변덕을 단지 천성으로 받아들였기 때문"에 학계가 수긍하지 않았다고 한다. 성선택에 관한 다윈의 설명을 직접 들어보자.

> "(동물의) 여러 신체 구조와 본능은 성선택을 통해 발달된 것이 틀림없다. 다른 경쟁자들과 싸우고 그들을 몰아내기 위한 공격 무기와 방어 수단, 수컷의 용기와 호전성, 갖가지 장식들, 성악이나 기악 장치들, 냄새를 발산하는 분비샘이 그렇게 해서 발달했다. 뒤에 열거한 구조 대부분은 암컷을 유인하고 자극하려는 데 목적이 있다. 이들 특징이 자연선택이 아닌 성선택 결과라는 사실은 분명하다." 인간의 유래 | 찰스 다윈 지음 | 김관선 옮김 | 한길사

영국 과학저술가 매트 리들리는 《붉은 여왕》에서 "오늘날 성선택론이 유행"이라며 학계가 진화사에서 성性이 한 일에 주목하고 있음을 강조했다. 그는 성선택론을 "각각의 성은 상대방 성을 만들어간다. 여자가 모래시계와 비슷한 몸매를 갖고 있는데, 이는 남자가 그 모습을 좋아하기 때문이다. 남자는 공격적인 성격을 가지는데, 그 이유는 여자가 그런 성격을 선호하기 때문이다"라고 표현한다.

리들리는 인간의 지능도 자연선택이 아니라 성선택의 산물이라고 주장한다. 사람의 큰 두뇌는 남자가 다른 남자를 속이거나(여자도 다른 여자를 속이거나) 이성을 유혹하여 짝을 찾는 데 이용되었기 때문에, 생식적 성공에 기여했다고 대부분의 진화인류학자는 믿는다. 나는 그

간 살아남기 위해 경쟁자보다 더 빨리 뛰어야 한다고 생각했다. 하루 종일 종종거리며 바쁘게 움직인 건 생존을 위해서라고 생각했다. 그런데 나의 행동 중 많은 건 '생존'이 아닌 '짝짓기'를 위한 것이라고 진화 생물학자들은 말한다. 남자인 나의 몸을 여자인 아내가 빚었고, 아내의 몸은 내가 빚었으며, 좋은 아내를 맞아들이기 위해 나의 뇌 또한 키웠다는 것이다.

매트 리들리는 "(다윈의) 성선택 가설은 근본적으로 동물의 목표가 단순히 생존하는 것이 아니라 번식임을 통찰하였다"면서 '성' 역할에 대한 다윈의 통찰력을 높이 평가했다. 그는 "생존과 번식이 부딪히면 번식이 우선권을 갖는다"라며 연어를 보라고 말한다. 태평양 연어는 번식 후 먹지 못해 기운이 빠져 죽는다. 태평양 연어는 번식 성공에 몰두하지 자신의 생존을 앞세우지 않는다. 사람도 위기에 처했을 때 자식을 살리기 위해 자신을 희생하는 경우가 흔하며, 대부분 사회는 그런 부모의 선택에 박수를 보낸다.

공작 수컷의 긴 꼬리는 성선택의 마스코트이다. 헬레나 크로닌은 《개미와 공작》에서 이 공작 수컷의 꼬리가 다윈을 괴롭혔다고 지적한다. "눈은 완벽해 보이는 외양 때문에 다윈을 몸서리치게 만들었다. 공작 꼬리는 그의 내적 평화를 크게 위협했다." 다윈의 내적 평화가 흔들린 건 그가 1860년 4월 3일 미국 하버드대학의 식물학자 아사 그레이에게 보낸 편지에서 확인된다. "공작 꼬리의 깃털을 보는 것, 그걸 볼 때마다 넌더리 납니다."

공작꼬리에 넌더리 난다고 한 게 1860년이니 《종의 기원》을 내놓은 다음 해이다. 《인간의 유래》를 내놓기까지는 11년이 남아 있을 때다. 다윈이 넌더리 난 공작 수컷의 꼬리를 십수 년 붙잡고 연구를 했다는 이야기가 된다. 공작 수컷의 꼬리는 펼치면 화려하기 그지없다. 하지만 너무 커서 골칫거리로 보였다. 화려한 꼬리는 자연선택에 위배된다. 포식자 눈에 잘 띌 수 있고, 포식자가 나타났을 경우 달아나기 어렵게 한다. 자연선택만 생각하면, 공작은 꼬리를 왜 없애지 않았을까 의심스럽다. 그런데 공작 수컷은 꼬리를 진화의 역사에서 더욱더 크고 화려하게 만들어갔다. 공작 암컷의 몸이 자연선택 원리에 들어맞는 것과 다르다. 헬레나 크로닌에 따르면, 공작 암컷은 비용에 민감한 공학자가 설계한 것 같다.

서울 상암동의 '노래하는 네안데르탈인'

내가 일하는 서울 마포구 상암동에는 미디어 기업이 많다. 그곳에서 나는 아침에는 '자연선택' 현장을 보고, 낮에는 '성선택' 현장을 본다. 출근길 한 방송사 주차장으로 들어가는 입구 양쪽에 남자 아이돌 그룹으로 보이는 7~8명이 서 있었다. 이들은 주차장으로 들어가는 이 회사 임직원 출근 차량을 향해 고개를 숙여 인사했다. 결성된 지 얼마 되지 않은 아이돌 그룹으로 보인다. 몇 개의 방송 채널을 갖고 있는 엔터테인먼트 회사는 이들에게 갑이다. 목줄을 쥐고 있는 갑에게 잘 보여 살아남으려는 몸부림은 자연선택을 떠올린다.

　자연선택의 현장 바로 옆에 성선택 현장이 있다. 장소는 인접해 있으나 시간대가 좀 다르다. 성선택은 주로 오후에 볼 수 있다. 방송사들 사옥 인근을 맴도는 10대 소녀들이 주인공이다. 망원렌즈를 단 카메라를 든 여학생도 보인다. 소녀들의 시선을 따라 건물 안을 들여다보면 남자 아이돌 그룹이 안에서 춤을 추고 있다. 10대 소년들이 컴퓨터 게임에 빠져있다면, 10대 소녀들은 아이돌 그룹에 빠져있다. 소년들이 '죽여라 죽여'하는 '자연선택'에 더 매료돼 있을 때, 소녀들은 '매력적인 남자'와의 로맨스를 꿈꾸며 '성선택'에 빠져있다.

고고학자 스티븐 미슨은 아이돌 현상을 《노래하는 네안데르탈인》에서 설명한다. 초기 인류는 180만 년 전 호모 에르가스테르Homo ergasther 때 남자와 여자의 몸집 크기(성적 이형성) 차이가 줄어들었다. 현대 인류의 남녀 몸집 크기 비율인 1.2:1과 같이 되었다. 이전의 오스트랄로피테쿠스는 남녀의 몸집 차이가 컸다. 이게 의미하는 바가 크다. 몸집 차이가 크면 한 수컷이 암컷들을 독차지하는 경향이 있다. 몸집 차이가 작아지면 한 수컷이 다른 수컷과의 경쟁에서 이긴다고 해서 암컷들을 그냥 얻을 수 없게 된다. 호모 에르가스테르 시절부터 남자는 여자를 유혹해야 했다. '알파 수컷'이라도 몸집과 완력 외에 다른 과시 수단이 필요했다. 노래와 춤, 주먹 도끼가 그런 과시 수단이라고 스티븐 미슨은 말한다.

진화심리학자 제프리 밀러는 《연애》에서 특히 노래가 성선택 수단임을 꽤 설득력 있게 설명했다. 그는 왜 남자 가수가 여자 팬을 몰고 다니는가를 말한다. 제프리 밀러는 음악이 성선택의 산물이라는 단서를 동시대의 미국 기타리스트 지미 헨드릭스에서 찾는다. 지미 헨드릭스가 수백 명의 광팬과 성관계를 가질 수 있을 정도로 인기였음을 강조하며 제프리 밀러는 "그가 피임을 하지 않았다면 그의 (노래하는 호모 사피엔스) 유전자는 음악활동의 직접적인 결과로서 후대에 더욱 널리 퍼졌을 것"이라고 말했다.

성선택이 빚어낸 아름다운 수컷들

극락조bird of paradise 암컷이 초현실적인 수컷의 구애 춤을 가만히 지켜보고 있다. 수컷은 암컷 한 마리 앞에서 몸의 아름다운 패턴을 드러내며 유혹한다. 수컷을 길들여 아름다운 몸을 빚어낸 암컷만이 즐길 수 있는 공연 감상의 순간이다. 극락조의 구애 영상을 찾아 보았는데, 참으로 압권이다.

극락조를 내게 가르쳐준 건 다윈이다. 다윈은 새의 미적 감각에 탄복했다.《인간의 유래》에서 공작의 아름다운 꼬리도 그렇고, 뉴기니의 외딴 정글에서만 사는 극락조 수컷의 아름다운 모습은 암컷의 미적 감각이 있기 때문에 가능했다고 말한다. 암컷이 그런 미적 감각을 갖고 있지 않았다면 수컷 극락조가 그토록 멋진 긴머리 털장식이나 환상적인 깃털 색깔을 만들어낼 필요가 없었다. 검은색 양쪽 날개를 부채꼴로 펴고 암컷 앞에서 구애의 춤을 출 필요가 없었다.

다윈은 "일반적으로 조류는 인간을 제외한 모든 동물 중에서 가장 미적 감각이 뛰어난 것으로 보이며, 아름다운 것에 대한 취향이 우리 인간과 거의 같아 보인다"라고 말했다. 이어 "사람이 새의 노래를 즐기고 문명화 여부를 떠나 새에게서 빌려온 깃 장식으로 머리를 꾸미며 여성이 일부 조류의 피부와 턱볏보다 결코 아름다운 색깔이라고 볼 수 없는 보석을 이용하여 치장하는 걸 보면 이 사실을 알 수 있다"고 찬미한다. 새는 암컷이 수컷을 성선택하지만 포유류는 수컷 간 경쟁으로 성선택이 이뤄진다. "포유류 수컷은 암컷을 차지하기 위해 자신의 매력을 과시하기보다 전투를 한다"라고 다윈은 말했다. 그에 따르면 전투하는 데 필요한 무기가 전혀 없는 겁이 많은 동물도 사랑의 계절에는 치열한 전투를 벌인다. 두 마리의 수토끼는 둘 중 한 마리가 죽을

때까지 싸우는 걸로 알려져 있다

　인간은 다르다. 다윈은 문명국가에서 남자 간 경쟁으로 성선택은 이뤄지지 않는다며 "오늘날 남자가 아내를 얻으려고 전투를 벌이지는 않으므로 힘에 따른 선택은 사라졌지만 성인 시절에 자신과 가족을 부양하기 위해 치열한 경쟁을 치르는 것은 여전히 남자의 보편적인 몫으로 남아 있다"라고 말한다. 여자를 둘러싼 남자 간 경쟁의 역사는 인류의 오래전 기록에 뚜렷하다. 서구문명이 정신의 원류로 섬기는 호메로스의 서사시《일리아드》는 한 여자를 둘러싼 그리스와 트로이 두 남자의 싸움이 모티브이다. 트로이 왕자 파리스는 스파르타 왕비 헬레네를 유혹해 납치해 갔고, 이로 인해 두 문명세계 간 10년 전쟁이 벌어졌다. 여자 때문에 일어난 전쟁은 옛날이야기만은 아니다. 인류학자 내폴리언 섀그넌이 1960년대 찾아간 남미 베네수엘라의 야노마뫼 부족은 여자 때문에 인근 부족과 전쟁을 벌이고 있었다. 매트 리들리는《붉은 여왕》에서 "영토 문제로 전쟁을 벌이는듯했으나, 실제로는 여자를 얻기 위한 전쟁이었다"며 유전자를 후대에 많이 전하기 위한 유전자 전쟁이었음을 강조한다. 지금도 전쟁이 일어나는 곳에서 여성에 대한 집단 강간이 일어난다. 제2차 세계대전 종전이 가까워졌을 때 베를린에 근접한 러시아군이 독일 여성을 수도 없이 강간했다. 패자의 아픈 역사라서 주목받지 못했을 뿐이다. 2017년 말 미얀마가 소수민족 로힝야 부족을 인종청소할 때도 많은 여성이 강간당했다.

　다윈에 따르면 지구상 인종이 서로 다른 얼굴 모양을 갖고 있는 것도 성선택 결과다. "머리와 얼굴 모양, 튀어나온 광대뼈, 돌출된 코나 눌린 코, 피부색, 머리털 길이, 털이 사라진 얼굴과 몸, 잘 발달된 턱수염이 모두 이러한 (성선택에 따른) 특징이 될 수 있다."

성이 이처럼 다채로운 세계인줄 몰랐다. 성은 번식에 관한 것일 뿐이라고 생각했다. 내 마음과 몸을 만든 게 성이라는 건 생물학자들 이야기를 듣고서야 알게 되었다. 매트 리들리는 "성은 번식에 관한 것이 아니며, 성별은 남성이나 여성에 관한 것이 아니고, 구애는 설득이 아니며, 유행은 아름다움에 관한 것이 아니고, 사랑은 애정에 관한 것이 아니다"라고 말한다. 알듯 말 듯, 심오하기까지 하다.

4장.

내 몸을 공부하는 시간

1
신의 문자를 발견한 두 괴짜

이렇게 빨리, 재미있게 읽은 과학책은 없었다. 24시간이 지나기 전에 끝장을 보았다. 제임스 왓슨의 《이중나선》. 저자는 DNA 이중나선 구조의 발견자 두 명 중 하나로, 이중나선 구조를 발견한 이야기를 책에 썼다. 1951년 10월 왓슨이 영국 케임브리지대학의 캐번디시 연구소에 들어가 프랜시스 크릭을 만나고, 두 사람이 이중나선을 발견한 1953년 2월 말까지를 다룬다. 1년 5개월간 DNA 이중나선 구조를 찾는 드라마틱한 여정이다. 등장인물의 캐릭터가 적나라하게 묘사되고, 생명의 본질을 경쟁자보다 먼저 알아내려는 두 사람의 조바심으로 인해, 책을 읽는 내가 손에 땀을 쥘 정도였다. 저자 왓슨은 집필 이유에 대해 "일반 대중이 과학 발전이 어떻게 이뤄지는가를 너무 모른다"라며 "나는 DNA 이중나선구조를 발견한 과정도, 반대를 위한 반대와 정정당당한 경쟁, 그리고 개인 야심이 뒤얽힌 과학계에서 벌어지는 일반적 현상을 답습했다고 생각한다"라고 말한다.

천재 프랜시스 크릭을 위한 헌사

두 사람 중 매력적인 인물은 내가 보기에는 프랜시스 크릭이다. 왓슨은 크릭에 관해 많은 이야기를 한다. 크릭의 천재성, 번득이는 아이디어, 다변, 가족사 등등. 이 책을 읽으면 저자인 왓슨보다도 크릭에 관해 더 많이 알게 된다. 두 사람이 캐번디시 연구소에 만났을 때 왓슨은 23살이고, 크릭은 35살이었다. 왓슨은 미국인이고, 크릭은 영국인이다. 왓슨은 미국 시카고대학에서 학부를, 박사는 인디애나대학에서 했다. 이후 DNA 연구를 하고 싶어 유럽으로 건너갔다. 덴마크 코펜하겐에 갔다가 영국으로 옮겨온다.

크릭은 그 나이까지도 박사학위를 받지 못했다. 제2차 세계대전 참전도 있었고, 그 뒤에도 뛰어난 재주에도 불구하고 박사학위를 따려고 하지 않았다. 《이중나선》은 크릭 이야기로 시작한다. "내가 보기에 프랜시스 크릭은 그리 겸손한 사람이 아니었다." 왓슨은 이렇게도 말한다. "그는 색다른 것을 발견하면 흥분을 이기지 못해, 누구나 붙잡고 큰소리로 떠들곤했다. 그러다 하루쯤 지난 뒤, 자신의 이론이 먹혀들지 않는다는 것을 깨달으면 실험을 다시 시작했다.

이내 실험이 지루해지면 다시 새로운 이론 해석에 몰두했다." 프랜시스 크릭의 천재성도 빼놓을 수 없다. 왓슨은 크릭이 "어느 누구보다도 크고 빠르게 말했다"고 전한다. 빠르게 말한다는 건 천재의 전형적인 특징이다. 캐번디시 연구소는 '과학의 성지'로 불린다. 지금까지 노벨상 수상자가 29명이나 된다. 1962년 노벨생리의학상을 받은 크릭과 왓슨도 포함되어 있다.

왓슨이 캐번디시 연구소에 간 건 DNA 구조 연구를 위해서였다. 한국전쟁이 한창이던 1951년 10월이었다. 왓슨과 크릭은 궁합이 잘 맞았다. "실험실에 간 첫 날, 나는 이곳을 쉽게 떠나지 않으리라고 내심 다짐했다. 프랜시스 크릭과는 몇 마디 나눠보지도 않고 이내 말이 통하는 사이가 되었다. DNA가 단백질보다 중요하다는 것을 아는 사람과 만나다니! 시작부터가 기분이 좋았다."

당시 DNA 연구에 대한 학계의 분위기에 관해 왓슨은 이렇게 말한다. "캐번디시 동료들은 DNA에 그다지 관심을 갖고 있지 않았다." 당시 연구의 진전으로 유전자가 DNA로 구성되어 있다는 추론이 나왔고, 이게 사실이라면 DNA는 생명의 비밀을 여는 '로제타석'이 될 거라는 게 왓슨 생각이었다.

두 사람은 연구소 지도교수들의 따가운 시선을 피해서 DNA에 대한 의견을 나눴다. 크릭은 학위논문 주제인 단백질 연구에 2년째 매달리고 있어서 한눈을 팔 처지는 아니었다. 왓슨도 캐번디시 연구소에 DNA 연구를 위해 간 게 아니었다. 1962년 노벨화학상을 받게 되는 존 켄드루 교수 밑에서 다른 연구를 하겠다며 갔다. 편법이었다. 왓슨과 크릭 두 사람은 시간이 날 때마다 DNA 이중구조에 대한 이야기를 나눴고, 아이디어를 발전시켜 나간다.

그들은 복잡한 구조 연구에 매달리기보다는 분자 모형을 만들어 이리저리 끼워 맞춰 보기로 한다. 나선형 구조가 단순하고 우아하며, 나선형이 아니면 구조가 복잡해진다, 자연은 단순한 걸 선호한다고 이들은 생각했다. 처음에는 외줄 나선 구조를 만들어봤다. 나선의 뼈대는 당糖과 인산기燐酸基일 것이라고 전제했다. DNA 분자 모형을 외줄 나선으로 조립해 보니 문제가 생겼다. 직경이 너무 컸다. 이 지점에서 크릭은 DNA 분자 구조가 복합 나선일지 모른다는 아이디어를 떠올린다. 삼중 나선으로 모형을 만들어봤는데 아주 그럴듯했다.

경쟁은 발전을 추동한다

여기서 두 사람의 경쟁자가 등장한다. 모리스 윌킨스와 로절린드 프랭클린이다. 두 사람은 런던 킹스칼리지에서 DNA 분자구조를 연구했다. 실험실에서 DNA 분자 사진을 촬영하며 자료를 축적하는 등 크릭과 왓슨보다 내공이 깊었다. 윌킨스는 DNA 분자구조를 연구하는 영국의 대표적인 학자였다.

윌킨스와 프랭클린은 크릭과 왓슨으로부터 DNA 분자구조 모형이 완공됐으니 와서 봐달라는 초청을 받고 케임브리지로 찾아온다. 케임브리지는 런던 북쪽으로 100킬로미터 거리에 있다. 1950년대 초반, 런던에서 기차를 타고 캐번디시 연구소를 찾아온 두 사람의 반응은 시큰둥했다. 프랭클린은 DNA 분자구조가 나선이라는 증거가 없다, 당신들의 모델은 특히 수분 함량치를 제대로 반영하지 못했다, 마그네슘 이온이 인산기를 붙들고 있으면 튼튼한 구조물이 될 수 없다고 지적했다. 윌킨스와 프랭클린의 말은 어린이 장난감 같은 모형을 갖고 놀기보다는 공부를 더하라는 식으로 들렸다. 왓슨과 크릭의 참패였다. 나선 모형 연구가 실패하자 캐번디시 연구소의 로렌스 브랙 소장은 두 사람에게 연구 중단을 지시했다. DNA 나선구조 연구는 런던 킹스칼리지에 맡겨두라는 식이었다. 특히 크릭에게는 박사학위 주제인 단백질 연구에 전념하라고 지시했다.

왓슨은 기초부터 다시 파고들었다. 《화학결합의 본질》과 같은 교과서와 논문들을 탐독했다. X선 사진 촬영법도 공부한다. 당시는 X선 회절법이라는 방식이 분자구조 내부를 들여다볼 수 있는 가장 좋은 방법이었다. 왓슨이 오스트리아 출신의 생화학자 어윈 샤가프의 연구를 접한 것도 이때다. '샤가프의 법칙'이라고 하는데, DNA 시료를 보면 아데닌A과 티민T 염기의 수가 같고, 구아닌G과 시토신C 염기의 수가 같다는 내용이다. 이게 무얼 뜻하는지 이제 우리는 안다. 이들이 쌍을 이루니 수가 같을 수밖에 없다. 하지만 당시 발표를 주도한 샤가프도 아데닌, 티민 염기의 숫자가 같다는 게 무엇을 뜻하는지 그 의미를 알지 못했다. 왓슨과 크릭은 이걸 파고들었고, 결국 네 개의 염기쌍이 각기 두 개의 세트로 서로 결합한다는 걸 알아냈다.

왓슨은 또 DNA, RNA, 단백질 합성의 상호 관계에 관한 생화학 논문을 읽는다. DNA가 RNA를 만드는 주형이라고 믿게 되었고, RNA는 단백질을 합성하는 거푸집이 아닐까 생각하게 된다. 그는 'DNA→RNA→단백질'이라고 쓴 종이를 책상 앞 벽에 써놓았다. 핵산과 단백질의 상호 관계를 알게 된 것이다.

1952년 당시 또 한 사람의 경쟁자가 왓슨과 크릭의 마음을 조급하게 했다. 미국인 라이너스 폴링은 이온의 구조화학에서 당시 세계 일인자였다. 그는 1954년 노벨화학상과 1962년 노벨평화상을 수상하게 되는 대단한 이력의 인물인데, 아들인 피터 폴링이 캐번디시 연구소에서 일하고 있었다. 어쩌면 왓슨과 크릭을 하늘이 도왔다고도 할 수 있다. 라이너스 폴링은 아들 피터에게 편지를 보내 자신의 DNA 구조 연구 논문이 거의 완성되었다고 적었다. 왓슨은 마음이 조급했다. 1953년 2월 라이너스 폴링의 논문이 케임브리지에 도착한다. 다행히도 잘못된 연구였다. 그는 DNA 구조가 삼중나선 구조라고 주장한다. 왓슨과 크릭이 1951년에 시도했던 모델이었다. 두 사람은 안도했다.

세계적인 석학의 어이없는 실수에 안정을 되찾은 두 사람은 연구를 계속해 1953년 2월 28일 DNA 이중나선 구조를 완성했다. 중심에 세웠던 DNA 이중나선의 뼈대를 밖으로 빼고, 두 뼈대는 염기쌍으로 연결한다. 마지막 터치는 두 나선이 어떻게 돌아가느냐였다. 서로 마주 보며 돌아가는 구조라는 걸 알아낸 건 크릭이었다. 크릭은 점심시간에 캐번디시 연구소에서 가장 가까운 이글 레스토랑으로 날듯이 달려가 생명의 비밀을 알아냈다고 선언했다. 이글은 당시 캐번디시 연구소 건물 앞 골목길을 빠져나오면 바로 보이는 레스토랑이다. 케임브리지에 가보니 레스토랑 외벽과 안에 왓슨과 크릭 두 사람 관련 기념 표지판 등이 붙어 있다. 크릭과 왓슨 그리고 윌킨스는 1962년 노벨 생리의학상을 공동으로 수상했다.

왓슨은《이중나선》을 출간해 크릭보다 더 이름을 날렸다. 크릭도 당시 이야기를《열광의 탐구》라는 책에 남겼지만 대중의 인기를 끌지는 못했다. 저술 시기가 왓슨보다 20년이 늦은 탓이 크다. 왓슨과 크릭의 DNA 이중나선 구조 발견으로 분자생물학 시대가 본격적으로 열렸다. 왓슨은 이중나선 구조 발견 2년 뒤 미국 하버드대학 생물학과 교수로 부임했고, 유전학-분자생물학자로 승승장구했다. 인간게놈프로젝트(1990~2003)의 첫 책임자를 맡기도 했다. 크릭은 DNA 후속 연구를 했다. 케임브리지대학은 크릭에게 교수직을 제공하지 않았다. 크릭은 미국으로 건너갔고, 이후 의식이라는 난공불락의 영역에 도전했다. 사후인 2016년 영국 정부는 런던에 프랜시스 크릭 연구소를 열었다. 크릭의 기여에 대한 뒤늦은 평가였다.

마지막으로 하나, 왓슨과 크릭은 로절린드 프랭클린의 X선 촬영 자료를 도둑질했다는 비난을 받고 있다. 연구 자료를 연구자의 허락을 받지 않고 자기 연구에 사용했다는 것이다. 로절린드 프랭클린은《이중나선》에서 자아가 강한 여성으로 나온다. 왓슨과 크릭의 '도둑질'과 관련한 강한 암시가《이중나선》의 맨 앞에 나온다. 영어판 책에는 그걸 알 수 있는데, 한글판은 번역을 잘못해서 알 수 없게 되어 있다.

책의 관련 대목은 이렇다. 왓슨이 이중나선구조 발표 2년 뒤인 1955년 알프스에 갔다가 아는 영국 학자를 만난다. 그가 왓슨에게 "How's Honest Watson?"이라고 말한다. 한국말로는 "정직한 왓슨은 어떻게 지내시나?"쯤 된다. 비꼬는 말투다. 로절린드 프랭클린의 자료를 사용했으면서도 논문에 인용 등을 기록하지 않은 행위를 비난한 것이다. 그런데 한글판 책은 "어이, 요즘 잘 지내시는가?"라고 번역했다. 번역이 어려운 일이기는 하지만, 이건 잘못이다.

로절린드 프랭클린은 난소암으로 1958년 사망했다. 불운한 과학자다. 참고로 로절린드 프랭클린 이야기는 《로절린드 프랭클린과 DNA》에 자세하게 나와 있다.

2
초파리에게서 배우는 내 몸

체코 브르노의 멘델 수사

'유전학'하면 멘델법칙이고, 법칙을 발견한 그레고어 멘델이 떠오를 수밖에 없다. 멘델은 체코 제2의 도시 브르노의 한 수도원에서 살았다. 당시는 합스부르크 제국 영토였는데, 그는 1865년 수사로 일할 때 완두콩 실험으로 유전자가 다음 세대로 전달된다는 걸 알아냈다. 구글 지도로 브르노를 검색해 거리 보기로 수도원을 구경했다. 수도원은 도심에서 약간 왼편에 있고, 붉은 벽돌 외벽인 성당 본당 건물이 예쁘다. 3층 높이의 노란색 벽과 주황색 지붕의 부속 건물들이 꽤 크다. 멘델 박물관이 수도원 경내에 있다. 체코를 방문하면 가보고 싶다. 멘델이 논문을 발표하고 100년이 지났을 때 이 수도원에서 열린 기념 행사에 참석했다는 프랑스 생화학자 프랑수와 자콥(1965년 노벨생리의학상)의 글이 생각난다. 당시는 공산당 치하였고 러시아는 유전학을 탐탁하지 않게 생각해, 이 100주년 기념행사는 매우 어색했다고 자콥은《파리, 생쥐, 그리고 인간》에서 전한다. 체코 사람들은 공산권 종주국인 러시

128

아 눈치를 보느라 대 놓고 축하할 수도 없었다.

완두콩은 유전학의 첫 장을 화려하게 장식했지만 거기까지였다. 유전학 2장부터는 초파리가 나온다. 1900년 미국에서 실험동물로 데뷔했고, 이후 도처에 초파리가 출몰했다. 지난 120년 동안 초파리는 유전학의 최고 실험동물이 되었다. 2017년 노벨생리의학상도 초파리 연구자들이 차지했다. 초파리는 1900년 미국 실험실에서 본격 활동을 시작했다. 관찰과 표본 수집을 하던 박물학자(찰스 다윈) 시대가 끝나고, 20세기의 실험 생물학자 시대가 열린 것이다. 박물학이 생물을 분류하며 그것들 사이의 차이를 찾았다고 한다면 생물학은 생물 간의 공통점, 즉 보편성을 추구했다. 초파리 과학자 족보의 맨 앞에 나오는 이름은 토머스 헌트 모건(1866~1945)이다. 그는 멘델이 수도원 텃밭에서 완두콩으로 한 일을 실험실에서 초파리로 확인했다. 이어 1915년 유전자가 염색체에 있다는 걸 알아내 노벨생리의학상(1933년)을 받은 최초의 초파리 유전학자가 되었다. 초파리는 모건을 포함 지금까지 여섯 번의 노벨상을 받는 기록을 세웠다.

초파리 연구는 요즘 더 뜨거운데, 각국의 주요 연구 센터가 매달리고 있다. 영국 케임브리지대학 유전학과는 초파리 사육센터Fly Facility를 직접 운영한다. 2017년 기준으로 무려 500만 마리를 키운다(초파리가 든 플라스틱 시험관 기준으로는 6만 개). 학과 내 초파리 연구 그룹 수가 30개나 된다.

연구자가 키우는 초파리는 '노랑초파리' 종으로, 학명은 '드로소필라 멜라노가스테르drosophila melanogaster'이다. 아무 종의 초파리나 쓰지 않는다. 이는 유전학자로부터 사랑을 받는 또 다른 실험생물인 예쁜꼬마선충의 경우 영국 브리스톨에서 채집된 것만 쓰이는 것과 같다. 표준종을 정해 연구해야 효율적인 방식으로 연구가 축적될 수 있다. 초파리는 무엇보다 키우기가 쉽다. 몸 크기가 작고, 생활 습성이 까다롭지 않다. 가둬 키우고 먹이기가 편하다. 생애 주기가 2주일로 짧아 변이 연구에 좋다. 수컷과 암컷 두 마리를 같이 플라스틱 시험관에 썩어가는 바나나와 함께 넣고 2주 뒤에 보면 새롭게 연구할 다음 세대가 태어나 있다.

유전학은 특히 초파리에 의존해 왔다.《자연의 유일한 실수, 남자》의 저자인 유전학자 스티브 존스는 "초파리는 과학자를 돕기 위해 디자인된 듯하다"라고 말하기도 했다. 인간의 질병 유전자 75퍼센트가 초파리에게도 발견된다. 다운증후군, 알츠하이머, 자폐증, 당뇨병, 그리고 모든 형의 암 관련 유전자를 초파리도 갖고 있다. "대장균에서도 진실인 것은 코끼리에서도 진실이다"라는 프랑스 생화학자 자크 모노(1965년 노벨생리의학상)의 명언이 있다. 초파리에서 진실인 건 사람에게도 진실이다.

초파리는 생물학의 근본적인 질문들에 답했다. 유전자는 한 세대와 그 다음 세대를 어떻게 연결하는가(토머스 모건 헌트 연구), 새로운 종은 어떻게 진화하는가(테오도시우스 도브잔스키 연구), 우리는 정보를 어떻게 학습하고 기억하는가(시모어 벤저 연구), 세포인 난자가 어떻게 수십억 개의 세포로 이뤄진 개체로 성장하는가(에드워드 루이스, 뉘슬라인 폴하르트, 에릭 위샤우스 연구), 왜 수컷과 암컷은 늘 짝짓기를 놓고 실랑이를 벌이는가이다. 이 밖에 오늘날 유전자 치료에서 인간 게놈 프로젝트까지 현대 유전학의 모든 건 20세기에 이뤄진 초파리 연구에 바탕을 두고 있다.

김우재의《플라이룸》과 틴 브룩스의《초파리》, 조너던 와이너의

《초파리의 기억》은 초파리가 내 몸에 관해 얼마나 많이 가르쳐주는지를 알려주는 책이다. 《초파리》는 아시아태평양이론물리센터APCTP 선정 '과학고전 50선'에 포함돼 있어 읽게 되었다. APCTP는 포항공대 내의 국제이론 물리학 연구 기관이다. 《초파리의 기억》은 행동유전학자로 유명한 시모어 벤저(1921~2007)의 전기다. 행동유전학은 유전자가 동물 행동에 어떻게 연관되어있는지를 연구한다. 이 두 책에는 특히 2017년 노벨생리의학상을 받은 미국 초파리 과학자 3인의 스토리가 나와 있어 흥미롭다.

파리 방에 등장한 흰색 눈

1910년 초 뉴욕 맨해튼의 컬럼비아대학교 셔머혼 홀 꼭대기 층. 훗날 초파리 생물학자의 대부가 되는 토머스 헌트 모건은 깜짝 놀랐다. 흰 눈을 가진 초파리가 그를 쳐다보고 있었다. 흰색 눈 초파리는 처음이었다. 그간 키워온 초파리는 모두 빨간색 눈이었다. 흰색 눈이 어떻게 나타났는지 궁금했다. 흰색 눈 돌연변이를 빨간색 눈의 형제 초파리와 교배시켜 봤다. 그랬더니 다음 대에서 흰색 눈이 사라졌다. 이 세대끼리 또 교배시켰다. 12일 후에 다음 세대가 나타났다. 3세대에서는 흰색 눈이 다시 나타났다. 눈 색깔과 성별로 초파리 개체 수를 셌다. 빨간색 눈을 가진 암컷과 수컷이 각각 2,459마리와 1,011마리였고, 흰색 눈을 가진 수컷이 782마리였고, 암컷은 한 마리도 없었다.

숫자가 색깔 별로 다르고, 암수 별로 다르다. 색깔과 성이라는 변수 두 개가 얽혀있다. 눈 색깔만 보면 멘델의 유전법칙이 작동하고 있는 걸 알 수 있다. 멘델은 완두콩 유전형질에 열성과 우성 유전자가 있고, 일정한 법칙에 의해 유전 특성이 발현된다는 걸 알아낸 바 있다. 초파리의 경우, 흰 눈이 빨간 눈에 비해 열성이면 나타나는 현상이었다. 3세대에서 빨간 눈과 흰 눈 비율은 3 대 1이라는 게 그 증거다. 멘델은 양자택일식 유전형질을 파고 들어 유전자가 다음 세대로 전해진다는 걸 입증했다. 콩과 식물은 키가 크거나 작고, 노란색이 아니면 초록색이라는 양자택일식 특징을 갖고 있다. 우성유전자와 열성유전자가 있고, 두 개가 합해지면 우성유전자의 특성이 나타난다. 열성유전자는 열성유전자와 만나야만 특성이 발현된다.《초파리》에서 마틴 브룩스는 "멘델의 재능은 단순화에 있었다. 그는 양자택일 방식으로 나타나는 특성의 유전에 연구를 한정했다"고 말한다.

멘델이 알려준 건 거기까지다. 멘델 논문은 1865년 합스부르크제국의 변방 도시인 브르노에서 발간되는 학술지에 실렸으나, 학문 중심지에는 전혀 영향력을 행사하지 못했다. 찰스 다윈은 서재에 논문을 갖고 있었으면서도 죽을 때까지 읽지 않았다. 1900년 우연히 세 명의 후학이 각각 재발견할 때까지 멘델은 묻혀 있었다.

모건은 멘델보다 더 나아가 유전자가 성염색체, 즉 염색체 위에 있다는 걸 알아냈다. 멘델이 유전자가 있다는 걸 증명했다면, 모건은 유전자 위치를 확인했다. 초파리 눈 색깔이 성별로 다르게 나온다는 데 착안, 눈 색깔을 결정하는 유전자가 암수의 성염색체에 있다고 판단했다. 1915년 모건은 현대 유전학의 문을 열었다. 컬럼비아대학 셔머혼 홀 316호는 '파리 방$_{fly\ room}$'이란 이름을 얻었다. 수백 마리이던 초파리는 수십만 마리로 늘어났다. 연구에 필요한 돌연변이가 나오려면 모집단이 많아야 했다. 모건은 후속 연구에서 눈 색깔 외에 다른 돌연변이를 본 결과, 특정 유전형질이 쌍으로 발현되는 걸 알았다. 유전자들이 가까이 붙어 있으면 나타나는 현상이라고 생각했다. 그는 유전자가 염색체 위에 직선으로 배열되어 있고, 각각의 유전자는 염색체 위에 정해진 위치를 차지한다는 아이디어를 제시했다. 추론은 정확했다.

토머스 헌트 모건의 존재감은 제자 그룹이 방대한 데서 확인할 수 있다. 1946년 노벨생리의학상 수상자인 허먼 조지프 멀러는 X선을 쪼이면 돌연변이가 나타나는 걸 확인했고, 1958년 노벨상을 수상한 조지 비들은 유전자가 단백질을 만드는 명령문을 가진다는 걸 알아냈다. 멀러의 연구는 유전자 변이가 유전병 원인이라는 상상력을 가능하게 하는 발견이었다. 《초파리》에 등장하는 나머지 연구자는 모두 모건의 제자라고 해도 될 정도다. 생물학 학술지인 〈커런트 바이올로지Current Biology〉 1996년 호에 "족보: 모건 가계Pedigree: The Morgan Lineage"라는 제목의 기사가 있을 정도다. 그 글은 "모건이 컬럼비아대학교의 파리 방에서 시작한 초파리 커뮤니티'는 65년이 지났으나 여전히 번성하고 있다"고 강조한다.

눈앞에서 확인한 진화

진화유전학자 테오도시우스 도브잔스키(1900~1975)는 소비에트 러시아 시절 우크라이나 키에프 출신이다. 그는 컬럼비아대학에 있는 모건 연구실에 1년 예정으로 박사후 연구원으로 갔다가 미국에 눌러앉았다. 그는 다윈의 진화이론과 멘델의 유전법칙을 연결하는 실험적 증거를 제시했다고 평가된다.

다윈은 자연선택 이론을 제시했으나 그 증거가 충분하지 않았다. 비둘기와 개 육종과 화석 자료를 《종의 기원》에 제시했을 뿐이다. 다원은 죽을 때까지 자연선택론을 설득할 수 없었고, 자연선택이 무엇을 선택하는지를 보여줄 수 없었다. 동시대인인 그레고어 멘델이 구대륙의 브르노에서 유전법칙을 발견한 줄을 몰랐다. 그가 멘델의 논문을 읽었더라면 자연선택은 유전적 기초를 얻었을 것이다. 그는 비둘기를 기를 게 아니라 완두콩을 재배했어야 했다. 멘델의 법칙이 재발견된 뒤에도 유전학자와 자연선택을 말하는 진화론자 사이에는 벽이 있었다. 대표적인 유전학자 토머스 헌트 모건도 진화에는 무관심했다. 유전학자는 생물 종내 개체들이 유전적으로 동일하다고 생각했다.

도브잔스키는 미국 캘리포니아주 요세미티 국립공원 주변에 작은 통나무집을 갖고 있었다. 모건이 뉴욕을 떠나 LA에 있는 캘리포니아공대로 자리를 옮기면서 그도 따라왔다. 도브잔스키는 현장으로 나가 조사하는 걸 즐겼다. 그가 조사한 모든 초파리 종의 개체들은 유전적으로 매우 달랐다. 초파리 종의 유전자 리스트는 역동적이며 유동적이었다. 짧은 시간에 놀라울 정도로 크게 변했다. 유전 변이란 특별한 경우에 일어나는 게 아니라 일상적인 일이었다. LA 동쪽에 있는 샌하신토산에 사는 초파리 집단은 일부 염색체형의 빈도가 1년 주기로 변화했다. 도브잔스키는 그것이 바로 다윈이 주장한 자연선택이라는 결론을 내렸다. 자연선택은 어떤 유전자를 다른 유전자보다 선호한다는 것이다.

"샌하신토산에서 얻은 결과가 진화생물학에 신기원을 열었다고 해도 지나친 표현이 아니다. 전통적으로 진화는 실험을 통해 검증하기가 아주 어려울 정도로 느리게 일어난다고 생각했다. 샌하신토산의 결과는 진화가 일어나는 것을 보여주는 완벽한 사례였다. 이것은 다리

뼈가 겨우 2밀리미터 자라기까지 수백만 년을 기다려야 하는 그런 진화가 아니었다. 여기서는 진화가 일어나는 것을 눈앞에서 볼 수 있었다." 초파리 | 마틴 브룩스 지음 | 이충호 옮김 | 갈매나무

도브잔스키는 집단유전학population genetics 창시자 중 한 명이 되었다. 도브잔스키가 1937년《유전학과 종의 기원Genetics and the Origin of Species》에서 밝힌 진화의 정의는 유명하다. "진화란 유전자 풀 속에 있는 대립유전자 빈도의 변화이다." '유전자 풀'은 한 종이 갖고 있는 유전자 전체를 가리킨다. '대립유전자'라는 열성인자, 우성인자와 같이 몸의 형질로 나타나려고 염색체 안에서 경쟁하는 유전자다. 생명체 게놈에는 특정 유전자가 있고, 이 특정 유전자와 경쟁하는 다른 유전자가 있다. 그 대립하는 유전자 중 특정 유전자가 더 많이 자리를 차지하는 쪽으로 변할 수 있다. 이런 일이 일어나는 게 진화다.

도브잔스키는 다윈의 진화론을 자신이 연구한 유전학과 통합하여 진화유전학이라는 분야를 탄생시켰고, 진화생물학의 1930년대 '근대적 종합'을 이뤄냈다는 평가를 받는다. 근대적 종합 이후 시들어가던 다윈의 자연선택은 새로운 동력을 얻어 진화생물학에서 확고한 지위를 얻었다.

아인슈타인 초파리

아인슈타인이라는 별명을 가진 초파리가 출현했다. 1970년대 미국 캘리포니아공대 유전학자 시모어 벤저(1921~2007)의 실험실. 이 초파리는 일반 초파리보다 학습 능력이 뛰어났다. 시모어 벤저는 위대한 유

전학자다. 일급 과학 저술가인 조너던 와이너가 그에게 《초파리의 기억》이라는 책을 헌정할 정도다. 벤저는 물리학자에서 생물학자로 변신했고, 특히 '행동유전학Behavioral Genetics' 분야를 개척했다. 행동유전학은 '행동의 뒤에는 유전자가 있다, 그러니 유전자로 그 행위를 설명할 수 있다'는 생각이다.

벤저는 아인슈타인에 앞서 얼간이dunce 돌연변이 초파리를 만들어 냈다. 시험관 속에 강한 냄새를 주입하면서 70볼트 정도의 전기충격을 가한다. 1분 뒤 전기 충격을 멈춘다. 두 번째 냄새를 1분 정도 주입한다. 전기충격은 가하지 않았다. 한 냄새는 전기충격이 있고, 다른 냄새는 전기충격이 없다. 15분 간격으로 전기충격 훈련을 열 차례 반복하고 살펴봤다. 훈련 학습에 노출된 초파리는 7일이 지나도 좋은 냄새와 나쁜 냄새를 기억했다. 얼간이 초파리는 학습 수준이 지지부진했다. 냄새와 전기충격을 기억하지 못했다. 벤저는 바보 초파리 말고도 건망증amnesiac, 무raddish, 양배추cabbage, 순무turnip, 새대가리linotte 초파리를 만들었고, 이들은 초파리 얼간이 집단을 이뤘다. 시모어 벤저는 결국 학습과 기억에 유전적 요인이 있다는 것을 입증했다.

벤저 팀과 일한 팀 털리는 한 단계 더 나아갔다. 팀 털리는 당시 뉴욕주 롱아일랜드에 있는 콜드스프링하버 연구소 교수였다. 털리는 학습 능력이 떨어지는 새대가리 초파리의 학습 장애를 유전적으로 치료할 수 있음을 보여줬다. 원리는 이렇다. 새대가리 초파리 몸속에 유전공학 기술을 이용해 열 충격 촉진제를 집어넣는다. 열 충격 촉진제는 새대가리 유전자 스위치를 켜고 끄는 제어 스위치 역할을 한다. 새대가리 유전자는 실온에서는 유전자 스위치가 꺼져있지만, 주변 온도가 35도 이상으로 올라가면 유전자 스위치가 켜진다. 관련 단백질을 생산하기 시작한다.

실험실에서 새대가리 초파리들이 들어 있는 병을 뜨거운 물속에 담근다. 뜨거운 물의 열기가 초파리 체내로 스며들면, 정상적인 새대가리 유전자가 작동하기 시작한다. 이 초파리를 대상으로 실험하니 학습 수준이 정상적인 초파리 집단의 90퍼센트까지 올라갔다. 유전자 스위치 한 번 켜진 것만으로 초파리의 학습 능력이 다시 살아났다. 이 유전자 말고 신경세포의 성질을 변화시킬 수 있는 CREB 유전자는 장기기억 스위치를 켠다. CREB 유전자를 추가로 투입하면 사진처럼 정확한 기억력을 가진 초파리가 생겨났다.《초파리》저자 마틴 브룩스는 "행동도 유전학적으로 분석할 수 있음을 보여주는 살아있는 증거였다. 느리지만 분명하게, 행동 원자들은 유전 원자들로 해석되고 있다"고 말한다. 에드워드 윌슨은 "벤저가 프로이트보다 낫다"고 조너던 와이너에게 말한 바 있다.

윌슨은 1970년대 중반 생물학으로 동물의 사회적 행동, 심지어 사람의 사회적 행동을 설명할 수 있다고 주장했다. 바로 '사회생물학'이다. 그는 이 발언으로 박수와 비판을 동시에 받았다.《사회생물학》《인간 본성에 대하여》에 대한 비판의 대부분은 "사람의 행동은 단순한 유전자로 환원해서 설명할 수 있는 게 아니다. 매우 복잡하다"는 것이었다. 윌슨은 부분으로 쪼개면 전체를 알 수 있다고 하는 소위 환원론자라는 비판을 받았다. 윌슨은 학회 행사장에서 진보 학생들로부터 얼음물 세례를 받기도 했다. 시간이 지나 시모어 벤저가 초파리 유전자로 자신의 주장을 입증했으니, 에드워드 윌슨이 시모어 벤저를 극찬할 만하다.

2017년 노벨생리의학상을 받은 세 사람도 시모어 벤저의 후학이다. 행동유전학자 제프리 홀, 마이클 로스배쉬, 마이클 영은 24시간 신체 활동 주기 분자 메커니즘을 발견한 공적을 인정받았다. 초파리도 사람처럼 잠을 자는데 그것의 유전적 바탕인 피리어드 유전자의 작동 방식을 알아냈다. 이들은 벤저와 그의 제자 로널드 코노프카(1947~2015)가 1971년에 뿌린 씨앗을 수확했다. 코노프카는 생체리듬이 깨진 돌연변이 초파리를 찾아냈고, 이 변이를 일으킨 유전자에 피리어드 유전자라는 이름을 붙인 바 있다. 벤저나 코노프카는 노벨상을 받지 못했다. 2017년 노벨상 수상자는 1984년 피리어드 유전자를 분리해냈고, 그 작동 메커니즘 규명에 성공했다. 시모어 벤저의 실험실에서 박사후연구원으로 일한 바 있는 김창수 전남대 생물과학기술부 교수는 "코노프카가 받아야할 노벨상이다"라고 내게 말한 바 있다.

초파리는 생명이 수정된 후 어떻게 발생이 일어나는지를 알려주기도 했다. 이 분야에서는 에드워드 루이스와 뉘슬라인폴하르트, 에릭 위샤우스가 분투했다. 이들 세 사람은 1995년 노벨생리의학상을 받았다.

초파리 연구자들은 스스로 초파리의 노예라고 말한다. 초파리를 관리하고 연구하느라 휴일이 없다.《초파리》에 따르면, 초파리는 영원하다. 하지만 초파리 연구자는 영원하지 않다. 마틴 브룩스는 인간에게 많은 걸 가르쳐준 초파리, 그 초파리가 처음 본격적으로 연구됐던 컬럼비아대학의 셔머혼 홀을 찾아갔다. 초파리 대부인 토머스 헌트 모건의 그 유명했던 '초파리 방'을 보고 싶었다. 하지만 어디에도 흔적은 남아 있지 않았다. 셔머혼 홀 어디에도 초파리가 살았다는 표식도 없었다. 모건의 이름을 기억하는 사람도 찾지 못했다. 초파리는 유구하나 연구자는 온데간데 없었다.

3
내 몸 조립 매뉴얼 구경하기

유전자 오케스트라

어려운 시절이었다. 아버지는 법대 재학 중 입대했다가 복학하지 못했다. 어머니는 중학교를 졸업하고 여고에 가지 못했다. 경남 통영 출신인 아버지와 전북 군산 출신인 어머니는 중매로 만나 결혼했다. 아버지와 어머니가 만나 내 삶의 출발에 총성을 울렸다. 단세포로 시작한 나는 열 달을 엄마 몸속에 있다가 머리통이 큰 아기가 되어 산도_{産道}를 통해 빠져나왔다. 두상이 크면 아이 지능이 좋다는 속설이 있었다. 어머니는 초산_{初産}의 고통이 컸으나 두상이 크니 똑똑한 아이일 거라며 그걸 위안으로 삼았다.

옛일을 새삼 되짚어보는 건 호기심 때문이다. 내 몸이 단세포에서부터 사람으로 어떻게 만들어졌을지 궁금하다. 학교 다닐 때 생물 교과서에서 본 해마 같은 그림들이 생각난다. 사람, 물고기 등 생물 여러 종의 초기 배아 상태를 비교한 삽화였다. 독일 생물학자 에른스트 헤켈(1834~1919) 솜씨였다. 사람이나 다른 생물이 발달 초기에 얼마나 비숫한지를 알게 한다. 생물 선생님은 이 삽화가 인간이 어떤 진화 경로를 거쳐 오늘날과 같은 몸을 갖게 됐는지를 보여준다고 설명했다. 그러면서 "개체 발생은 계통 발생을 되풀이한다" "발생하는 배아는 자신의 가계도를 기어오른다" 같은 헤켈의 어려운 말도 들려줬다. 사람 배아가 단세포에서 시작해 분열을 거쳐 신생아로 만들어지는 과정이 '개체 발생'이다. 진화사의 수십억 년간 사람 몸이 변해온 걸 계통 발생이라고 한다. 사람은 엄마 뱃속에서 수십억 년에 걸친 계통 발생을 10개월이라는 짧은 시간에 반복해 태어난다는 게 "개체 발생은 계통 발생을 되풀이한다"는 주장이다.

내가 기억하는 내용은 여기까지다. 내가 고등학교를 졸업한 후 생물학자들은 어디까지 더 알아냈을까? 발생유전학자 션 B. 캐럴은 내 호기심에 동의한다. 이 분야에서 당대 최고인 그는 《이보디보》에서 "수정란이 배아를 거쳐 완전한 동물로 변하는 과정만큼 경이로운 자연현상은 거의 없다"고 말한다. 제목 '이보디보EVO-DEVO'는 '진화발생생물학'의 영어 Evolutionary developmental biology의 약칭이다. 유전자가 동물의 발생을 어떻게 지휘하는지를 연구하는 게 발생생물학DEVO이고, 그 유전자가 진화의 깊은 시간deep time을 거치며 어떻게 다른 몸을 만들어 왔는지를 연구하는 분야가 진화생물학EVO이다.《이보디보》 말고도 그의 책《한 치의 의심도 없는 진화 이야기》《진화론 산책》《세렝게티 법칙》이 한글로 번역되어 있다.

생물 발달 과정을 미국 과학작가 샘 킨은 《바이올리니스트의 엄지》에서 압축해서 다음과 같이 들려준다. 그의 책은 문장 표현이 아름답고, 머릿속에 쏙 들어온다. "발달하는 태아는 모든 세포 속에 들어있는 유전자들의 오케스트라를 지휘해야 한다. 즉 때와 장소에 따라 어떤 DNA는 더 큰 소리로 연주하도록 북돋아 주고, 다른 악기들은 조용히 하게 해야 한다. 임신 초기에 가장 활발하게 활동하는 것은, 알을 낳던 도마뱀과 비슷했던 조상에게서 물려받은 유전자들이다. 몇 주 뒤 태아는 파충류 유전자를 침묵시키고 포유류 특유의 유전자를 작동시키며, 얼마 지나지 않아 태아는 비로소 여러분이 상상하는 모습을 닮기 시작한다." 샘킨은 이 책 외에도 《사라진 스푼》 《뇌과학자들》을 쓴 좋은 작가다.

초파리 배아 발생 700분의 중요성

내 몸 조립 방법을 알려준 건 초파리 연구자다. 학자들은 초파리의 발생을 집중 연구했다. 싯타르타 무케르지는 《유전자의 내밀한 역사》에서 "초파리 배아가 생긴 시점부터 최초의 체절이 형성되기까지의 700분은 생물학 역사에서 가장 집중적으로 조사된 기간"이라고 말한다.

《이보디보》에 따르면, 초파리는 발생이 시작되면 등과 배의 구분이 먼저 이뤄진다. 사람으로 말하면 앞뒤다. 그 다음에 머리끝에서부터 몸통 끝까지의 체절이 구획된다. 팔과 다리, 날개는 이 체절들에서 나온다. 사람의 경우도 머리와 목, 몸통과 같은 체절이 먼저 구획되고, 그 체절로부터 부속지에 해당하는 팔과 다리가 가지 쳐 나오는 방식으로 몸이 만들어진다. 캐럴은 "지구본에 경도와 위도가 있듯, 발생 운명 지도도 배아에 좌표를 부여한다. 좌표에 따라 미래의 조직들, 기관들, 부속지의 상대적 위치가 정해진다"라고 말한다.

유전학자 에드워드 루이스(1918~2004)는 1970년대 후반 초파리 날개, 다리와 같은 신체 부속지를 만드는 유전자를 알아냈고, 크리스티아네 뉘슬라인폴하르트와 에릭 위샤우스는 1980년대 초반 초파리 체절을 만드는 유전자를 확인했다. 세 사람은 '초기 배아 발달의 유전적 조절에 관한 연구' 공적을 인정받아 1995년 노벨생리의학상을 공동 수상했다. 초파리 과학자로는 세 번째 노벨상 수상이다. 스웨덴 카롤린스카대학 노벨상 생리의학상위원회는 시상식장에서 이들의 공적 사항에 관해 이렇게 말했다. 연구 실적을 행사장에 참석한 스웨덴 왕이 알아듣게 하기 위해서인지 카롤린스카대학 교수가 쉽게 풀어서 말한다.

"전하, 그리고 신사 숙녀 여러분.

삶이 시작되는 그 순간, 수정란은 분열하여 두 개가 되고, 그다음 네 개, 여덟 개로 계속 분열합니다. 처음에는 모든 세포가 똑같아 보입니다. 나중에는 모든 세포가 분화되어 어느 세포가 머리, 꼬리, 또는 앞과 뒤가 될 것인지 분명해집니다. 이와 같은 분화 과정은 유전자가 좌우합니다. 어떤 유전자가 이러한 역할을 하는 것일까요? 그 유전자들은 몇 개나 될까요? 그리고 그들은 어떻게 작용하는 것일까요?

올해 노벨생리의학상 수상자들은 이 궁금증을 풀어주었습니다. 그들은 연구가 간단하다는 장점 때문에 초파리를 실험동물로 사용하였습니다. 초파리가 낳은 알은 10일 만에 유충이 되고, 그다음 번데기를 거쳐서 성적으로 성숙한 파리가 됩니다. 곤충 유충은 각각의 체절로 나뉘어집니다. …… 크리스티아네 뉘슬라인폴하르트 박사님과 에릭 위샤우스 박사님은 정확히 14개의 체절로 발달하는 유충에서 그 모든 유전자들을 찾아보기로 했습니다. …… 그들은 간단하면서도 독창적인 실험으로 연구를 시작했습니다. 초파리 유전자 2만 개 중 절반 이상을 시험하고 그중에서, 체절 분할을 좌우하는 세 종류의 유전자를 찾아 냈습니다.

첫 번째 유전자는 몸통의 축을 따라 체절 분할의 기반을 마련하고, 두 번째 유전자는 두 번째 체절의 발달을 결정하며, 세 번째 유전자는 개별적인 체절들의 구조를 제한하고 있었습니다. ……오늘의 노벨상 수상자들이 발견한 초파리 유전자에 상응하는 유전자는 우리 인류에게도 있습니다. 그리고 이 유전자들은 태아 발생기에 중요한 기능들을 수행하였습니다. 에드워드 루이스 박사님이 발견한 유전자들은 실제로 인류의 DNA와 동일한 배열입니다. 따라서 초파리의 발생연구는 현재 척추동물의 발생 과정을 이해하기 위해 필수적입니다.

에드워드 루이스 박사님, 크리스티아네 뉘슬라인폴하르트 박사님, 그리고 에릭 위샤우스 박사님. 박사님들이 발견한 유충 발생에 관련된 유전자들은 우리에게 어떻게 하나의 세포가 다세포의 복합적인 유기체로 발달하는지를 쉽게 이해시켜 주었습니다" 당신에게 노벨상을 수여합니다 | 노벨재단 엮음 | 유영숙 외 옮김 | 바다출판사

초파리 연구는 다른 동물 몸의 발생에 관한 통찰을 주었다. 동물들의 발생 초기 모습이 비슷하니 초파리 유전자의 작동 방식이 다른 동물에서도 들어맞을 것이라는 생각은 자연스러웠다. 연구자들은 다른 동물에서 초파리 발생 유전자가 있는지를 찾기 시작했다. 스위스 바젤대학의 발터 게링 교수 연구실에서 연구하던 빌 맥기니스와 마이크 리바인은 지렁이, 개구리, 소, 그리고 사람에서도 초파리에서 확인된 혹스 유전자를 발견했다. 초파리의 혹스 유전자를 제거하고 사람의 혹스유전자로 바꿔 넣으니 놀라운 일이 벌어졌다. 초파리는 정상적으로 몸이

만들어졌다. 두 생명체는 5억 년 이전에 헤어져 따로 진화했다. 그런데도 이 발생유전자는 그 오랜 세월에도 불구하고 변하지 않은 것처럼 보인다. 션 B. 캐럴은 "이보디보 혁명의 첫 개가는 모든 동물이 공통의 마스터 유전자들을 갖고 있음을 밝힌 것"이라며 "곤충의 몸과 내부 기관 형성을 통제하는 그 유전자들이 인간의 몸 형성도 통제하고 있으리라 짐작한 생물학자는 한 명도 없었다"라고 말한다.

동물 전체를 만드는 과정은 몹시 복잡하다. 앞에서 과학저술가 샘 킨은 파충류 유전자, 포유류 유전자 하는 식으로 두루뭉술하게 발생 순서를 묘사한 바 있다. 실제로는 수많은 툴킷(공구) 유전자가 동시에 그리고 차례차례 작동한다. 한 시기 한 장소에 영향을 미치는 유전자만 해도 수십 개가 되고, 그 시기 다른 장소에 활약하는 유전자들이 또 수백 개가 있다. 그것들이 병렬로, 또한 순차적으로 작동함으로써 복잡성을 만들어낸다. 유전자를 순차적으로 가동시키는 메커니즘은 무엇일까? 여기서 또 다른 영웅들이 등장한다. 이들은 유전자와 함께 몸을 만드는 또 다른 도구를 발견했다.

유전자 스위치의 발견

자크 모노(1910~1976)와 프랑수와 자콥(1920~2013)은 '유전자 스위치'의 발견자다. 1961년 박테리아의 일종인 대장균을 연구해 알아냈고, 이 공로로 1965년 노벨생리의학상을 받았다. 당시는 박테리아 연구가 인기였다. 모노와 자콥이 주목한 건 '효소 유도' 현상이었다. 동물 장에 사는 대장균은 글루코스라는 당을 좋아한다. 그런데 글루코스를 구할 수 없고 대신 락토스라는 당이 주위에 있으면 대장균은 락토스를 분해해서 글루코스를 뽑아낸다. 대장균이 락토스를 분해할 때 필요한 효소(단백질)가 베타-갈락토시다아제이다. 그러니까 박테리아는 글루코스가 있을 때는 베타-갈락토시다아제를 만들지 않고, 먹을 게 락토스만 있으면 베타-갈락토시다아제를 만든다. 박테리아라는 단순한 세포가 언제 어떻게 이 효소를 만들어야 하는지 아는 것일까. 이것이 프랑스 생물학자 모노와 자콥이 가진 의문이었다.

두 사람은 박테리아내 베타-갈락토시다아제 유전자에 있는 어떤 스위치가 이 효소 생산을 통제한다는 걸 알아냈다. 스위치는 락토스가 감지되지 않으면 꺼지고, 감지되면 켜진다. 스위치는 두 가지로 구성되는데, 베타-갈락토시다아제 유전자 서열 근처에 있는 짧은 DNA 서열과 한 개의 단백질(락토오스 억제물질)이 그것이다. 이 짧은 DNA 염기 서열 영역에, 떠돌아다니던 락토스 억제 단백질이 결합하거나 떨어지면서 스위치로 작동한다.

《이보디보》에서 캐럴은 "유전자 스위치는 암흑 DNA 속에 숨어 있었다"라고 말한다. 암흑 DNA는 염색체에 들어있는 염기서열인데, 하는 일이 무엇인지 정체가 불분명하다고 해서 그런 이름이 붙었다. 단백질을 만들어내는 유전자는 사람의 경우 전체 DNA 중 1~2퍼센트이고, 나머지 DNA 염기들은 무슨 역할을 하는지 모른다. 그래서 '쓰레기 유전자'라고 불렸다. 그런데 쓰레기 유전자로 알았던 그 염기서열 속에 '유전자 스위치'가 숨어 있었던 것이다.

유전자 스위치는 단독으로, 혹은 여러 개가 조합을 이뤄 특정 유전자를 끄고 켠다. 스위치를 켜면 해당 유전자는 일련의 과정을 거쳐 단백질을 만들어낸다. '유전자'가 단백질을 만들라는 명령어 문구라면, 특정 단백질을 언제 만들라 하고 유전자에 지시하는 건 '유전자 스위치'다. 신체 부속, 조직, 다양한 종류의 세포는 무수히 많은 스위치와 단백질이 만들어낸 산물이다. 션 B. 캐럴은 자크 모노의 팬이다. 그는 《용감한 천재A Brave Genius》라는 자크 모노 전기까지 썼다. 아쉽게도 한 글판은 나오지 않았다. 자크 모노는 제2차 세계대전 때 레지스탕스로 활약했고, 1970년 출간한 《우연과 필연》으로도 유명하다. 캐럴은 "모노의 《우연과 필연》은 생물학계에서뿐 아니라 문학계나 철학계에서도 평가받는 작품"이라고 극찬한다.

몸 만들기 3대 원칙

유전자가 몸을 만드는 원칙은 무엇일까? 캐럴은 모듈성과 반복성, 대칭성, 극성이라고 말한다. 서로 연관관계에 있는 동물들, 예컨대 척추동물 몸은 엇비슷한 부속들로 구성돼 있다. 척추동물의 등뼈는 다수의 척추로 구성된 모듈식 설계다. 레고블록을 서로 맞게 끼어넣은 듯 하다. 예컨대 사람의 팔과 다리도 모듈식 설계다. 팔다리 각각이 몸통에서부터 시작해 팔다리 끝까지 여러 조각으로 구성되어 있다.

사지동물의 앞다리와 사람의 두 팔은 처음에는 같은 부위였지만 시간이 지나면서 다르게 변화했다. 이를 상동기관homolog이라고 한다. 도롱뇽, 초식공룡, 쥐의 앞다리와 사람의 팔은 모두 공통 선조의 앞발로부터 진화했다. 사람의 다리나 네 발을 가진 척추동물의 뒷다리 역시 상동기관이다. 앞다리와 뒷다리는 연속 상동기관serial homolog이라고 불린다. 한 구조가 반복해서 나타났다는 뜻이다. 손·발가락, 이빨, 절지동물의 더듬이와 다리, 곤충의 앞날개와 뒷날개 역시 연속 상동기관이다. 이 연속 상동기관의 수와 종류가 변하는 것이 동물 진화에서 제일 중요한 주제라고 캐럴은 말한다. 또 동물은 같은 종류의 부속이 여러 개 반복된 구조를 지니고 있다. 집에 자주 출몰해 아내를 기겁하게 만드는, 그리마(일명 돈벌레)를 보자. 그리마의 다리들은 같은 게 수십 개 나 된다. 반복성은 동물 몸을 만드는 큰 원칙이다. 동물 신체와 부속 만들기에 적용되는 또 다른 두 가지 특징은 대칭성과 극성이다. 대칭성 중 가장 친숙한 건 좌우대칭형이다. 사람 몸이 대표적이다. 극성의 경우, 대부분 동물은 극성을 드러내는 축이 세 개가 있다. 머리에서 꼬리까지, 몸 위에서 아래쪽 배까지(사람의 경우 등에서 몸 앞까지가 된다), 몸통에서 가까운 쪽에서 먼 쪽으로까지다.

새로운 종은 유전자 측면에서 보면 어떻게 만들어지는 걸까? "새 동물 탄생에는 새 유전자가 필요하다"는 주장이 한때 있었다. 1995년 노벨상을 받은 에드워드 루이스가 그중 한 사람인데, 그는 틀렸다. 새로운 유전자는 그다지 필요하지 않았다. 답은 유전자 스위치의 진화다. 화석을 보면 5억 2,500만 년 전에서 5억 500만 년 전 사이에 복잡한 생물이 갑자기 쏟아져 나온다. 지질시대 기준으로 캄브리아기에 일어난 일이라 하여 이를 '캄브리아 대폭발'이라고 한다. 캐럴은 "이보디보가 알려준 가장 놀라운 메시지는 복잡한 동물 몸을 만들기 위해 필요한 유전자가 캄브리아 대폭발 이전부터 있었다는 사실이다. 유전자 수준에서의 잠재성은 갖춰져 있었다. 캄브리아기에 벌어진 사건은 스위치들의 진화였다"라고 말한다. 형태 진화는 오래된 유전자에게 참신한 재주를 가르쳐줌으로써 이뤄졌다. 오래된 공통의 유전자가 존재한다는 건 모든 동물이 하나의 공통 선조에서 출발한 것임을 보여주는 증거이기도 하다.

초파리 발생 연구는 발생학의 의문점을 많이 풀었다. 하지만 유전자들이 어떻게 조율되어 하나의 세포가 절묘하리만큼 복잡한 생물로 만들어지는가는 여전히 어둠 속에 있다. 유전자(단백질)와 분자스위치가 생명체 조립을 마무리하기까지 보이는 이인무二人舞의 실체는 미스터리다.《이보디보》에서 캐럴은 "이 수수께끼는 여전히 생물학에서 가장 난해한 질문으로 남아 있다"라고 인정한다. 인간은 모태에서만 만들어진다. 인공자궁이 있는 생명공학 공장은 〈마이너리티 리포트〉 같은 영화에서나 볼 수 있다. SF 영화가 그런 장면을 즐겨 보여준다는 건 인간 만들기가 현 세대 능력 밖이라는 이야기다. 몸 조립법의 전체 매뉴얼을 알아내려면 갈 길이 멀다.

한 가지, 헤켈의 "개체 발생은 계통 발생을 되풀이한다"는 말은 틀렸다고 한다. "발생반복이론은 호소력은 있으나 유행에서 멀어졌다. 아니 틀릴 수도 있다"라고 리처드 도킨스가《조상 이야기》에 써놓았다.

4
유전병, 그 무거운 짐

생선 비린내를 풍기는 아이

어머니 친구는 잘 사는 집 외아들과 결혼했다. 손이 귀한 집이라 시부모는 20살도 안 된 아들을 서둘러 장가보냈다. 남편은 키가 크고 인물이 훤칠했다. 그 아주머니, 아들·딸 둘씩 자녀를 넷 낳았다. 달콤했던 결혼생활은 남편 나이 20대 후반에 무너졌다. 남편이 조현병에 걸렸다. 조현병은 20~30대에 주로 발병한다고 한다. 잘 생기고 다정하던 남편이 주먹을 휘두르기 시작했다. 보다 못한 시집 식구들은 그를 정신병원에 보냈다. 이후 젊은 부인은 혼자 살았다.

비극은 남편으로 끝나지 않았다. 네 자녀가 크는 걸 보면서 이들의 발병 여부를 걱정했다. 조현병은 유전병은 아니지만 유전 경향이 있기 때문이다. 아들들은 괜찮았지만 딸들은 피하지 못했다. 조현병이 딸들을 덮쳤다. 결국 딸 하나는 죽었고, 다른 딸은 폐인처럼 지낸다. 아주머니는 수십 년간 남편을 찾지 않았다. 남편과 딸들 2대에 걸친 기나긴 고통 끝에 아주머니는 감정이 메말랐다. 어머니가 어느 날 그 아주머니를 만났을 때 말했다. "자네 그러면 죽을 때 후회하네." 그 말을 듣고 그 아주머니는 시설에 있는 남편을 찾아갔다. 남편은 아내를 알아보지 못했다.

유전병 사례는 주변에 넘친다. 똑똑하고 잘 생겼던 동네 대학생 창호 형은 간질이 있었다. 그에게 과외도 잠시 받았는데, 지금은 어디서 어떻게 사는지, 살아 있기는 한지, 모른다. 고교 시절 잠시 세들어 살던 기와집 건너방에는 기동을 못하고 누워있는 중증장애 아들이 있었다. 신음 소리와 악취만이 그의 존재를 확인해주었다. 주인집이 말하지 않는데 물을 수도 없었다. 수십 년이 지났으나 그 악취 기억은 선명하다. 도대체 인간 유전자는 왜 그리 불안정한가?

싯타르타 무케르지는 《암: 만병의 황제의 역사》로 퓰리처상을 받은 인도계 미국인 의사다. 그는 2016년 《유전자의 내밀한 역사》를 썼는데, 유전학의 첫 문을 연 그레고어 멘델 이야기로 시작해 현대 유전학의 주요 대목을 짚는다. 이 책에 빅터 매커식(1921~2008)이라는 미국인 의사가 등장한다. 그는 임상유전학-의학유전학 아버지로 불린다. 미국 존스홉킨스대학 임상유전학센터장으로 일했다.

매커식은 병아리 의사 시절인 1940년대, 인간 유전병에 관심을 갖고 목록을 작성하기 시작했다. 당시 알려진 유전질환은 혈우병, 낫 모양 적혈구 등 불과 몇 가지였다. 혈우병은 유럽 왕실에 있는 질환으로 유명했다. 매커식이 파고 들어가 보니 유전병 세계는 생각보다 더 넓고 기이했다. 마르판 증후군 환자는 팔과 손가락이 길고 키가 유달리 큰데, 대동맥이나 심장 판막이 찢어졌다. 염화물을 처리하지 못해 설사병과 영양실조에 시달리는 사람도 있었다. 목에 물갈퀴가 있거나 생선 비린내를 풍기는 아이도 있었다. 인간이 물에서 뭍으로 올라온 지 3

억 6,500만 년이나 지났는데 아직도 물갈퀴와 비린내라니! 1957년 그는 존스홉킨스대학에 유전병 치료·연구 전문 병원인 무어 클리닉을 설립했다.

매커식은 단일 유전자 유발 질환에 이어 여러 유전자가 만드는 질환 조사에 나섰다. 다多유전자 증후군은 유전체에 흩어져 있는 여러 유전자가 문제를 만드는 경우다. 당뇨병, 관상동맥병, 고혈압, 조현병, 불임, 비만 등 흔한 질환이 이에 속한다. 때문에 고혈압은 유전병이지만 "고혈압 유전자 같은 것은 없다"고 말한다. 고혈압은 다양한 유전자가 조절하는 데, 그 중 하나 혹은 여러 개가 고장 나면 고혈압이 나타난다.

매커식은 유전병에 대한 기존 관념도 바꿨다. 돌연변이가 병리적인 게 아니라 통계적인 실체라는 걸 깨달았다. 돌연변이체의 반대말은 '정상 개체'가 아니고 '야생형'이다. '야생형'은 야생에서 더 흔히 발견되는 유형 또는 변이체를 말한다. 야생 초파리처럼 인간에게도 유전적 변이가 풍부하다. 우리 모두는 돌연변이체다. 인간게놈프로젝트Human Genome Project를 이끌었던 프랜시스 콜린스 미국 국립보건원 원장은《생명의 언어》에서 "우리는 모두 오류를 갖고 있다. 당신이 스스로 유전적으로 완전한 표본이라고 생각한다면 나는 당신에게 나쁜 소식을 전해줄 수밖에 없다"고 말한 바 있다.

유전질환에 대한 연구가 일반인 삶에 미친 큰 변화 중 하나는 태아 유전질환 검사다. 미국에서는 1970년대 중반부터 이 검사가 확산되었다고 한다. 터너 증후군, 클라인펠터 증후군, 테이색스병, 고셔병 등 거의 100가지에 이르는 염색체 장애와 23가지 대사 장애를 산전 유전자 검사로 확인했다. 테이색스병은 유대인에 비교적 흔한 질병이다. 유대인은 역사적으로 족외혼이 흔치 않아 유전적 다양성이 떨어져 유전병이 많다. 미국 정부의 유전질환 검사 도입에 따라, 특히 다운증후군 환자 수는 격감했다. 미국 일부 주에서는 1971~1977년에 많게는 40퍼센트나 줄었다.

정치력이 남다른 제임스 왓슨

제임스 왓슨과 프랜시스 크릭이 1953년 DNA 이중나선 구조를 발견하고 33년이 지났다. 왓슨은 58세로 전성기를 맞고 있었다. 그는 민간 기초과학 연구기관인 콜드스프링하버연구소 소장이자 하버드대학 생물학과 교수로 일하고 있었다. 하버드대학에는 1956년 부임했다. 영국 케임브리지대학의 캐번디시 연구소에서 DNA 이중나선 구조를 알아내고 3년 후였다. 이로부터 12년 후인 1968년 뉴욕주 롱아일랜드에 있는 콜드스프링하버연구소 소장이 되었다. 이 연구소는 분자생물학과 유전학에서 특히 명성이 높다. 2017년까지 무려 7명의 노벨상 수상자를 배출했다. 왓슨의 정치력과 특유의 웃음 소리는 유명했다. 프랜시스 크릭이 연구에 집중해 실험실에 머무른 것과 달리, 그는 1968년 《이중나선》을 내는 등 대중과 정치권에 다가갔다.

왓슨은 1986년 5월 28일 콜드스프링하버연구소의 연례 유전학 심포지엄을 개최했다. 봄에 열리는 이 유전학 학술회의에는 당대 최고의 학자들이 몰려든다. 왓슨은 '인간게놈프로젝트'를 밀어 붙여야겠다는 야심을 갖고 있었다. 인간 유전자에 무엇이 들어있는지를 모두 알아내겠다는 구상이다. 이날부터 개최된 콜드스프링하버연구소의 연례 유전학 심포지엄은 '인간유전체계획' 실행으로 가는 주요한 이정표로 기억된다. 1986년 심포지엄 제목은 '호모 사피엔스의 분자생물학'

이었다. 심포지엄에 참석한 생화학자 유전학자들은 인간 유전체 서열을 전부 읽어내는 게 시간문제라고 생각했다. 다만 아폴로 달 탐사선 프로젝트와 같이 막대한 투자가 필요하다고 보았다.

왓슨에게는 인간게놈프로젝트를 추진해야 할 개인적인 이유가 있었다. 둘째 아들 루퍼스 왓슨이 조현병 환자였다. 루퍼스는 콜드스 프링하버연구소 모임 전날인 5월 27일 뉴욕주 화이트 플레인스의 한 정신병원을 탈출했다. 세계무역센터 건물에서 뛰어내리겠다며 창문을 깨려고 한 적도 있었다. 왓슨은 조현병이 유전적인 원인으로 발병하기 때문에 인간 유전체를 읽어내면 문제 유전자를 찾아낼 수 있을 것이라고 믿었다.

왓슨은 이 세미나로부터 3년이 지난 1989년 미국 정부가 추진하는 인간 유전체 계획의 책임자로 뽑혔다. 영국 정부 내 바이오헬스 부분 R&D 투자기관인 의학연구위원회MRC와 웰컴 트러스트도 이 프로젝트에 합류했다. 또 프랑스, 일본, 중국, 독일 과학자가 참여했다. 이는 '거대 과학'이었다. 연구실에서 한 고독한 천재가 독창적인 사고와 실험으로 자연의 숨겨진 비밀을 캐내던 과거 방식과 달랐다. 수천, 수만 명이 달라붙어 수행하는 새로운 규모의 과학연구였다.

100달러 게놈 진단 시대 온다

큰 프로젝트는 큰 인물을 낳는다. 인간게놈프로젝트는 크레이그 벤터라는 천재의 등장을 세상에 알렸다. 인간게놈프로젝트는 민간과 정부 차원에서 경쟁적으로 진행됐는데, 크레이그 벤터는 민간 부문을 이끌었다. 그는 미국 국립보건원에서 일하던 무명의 신경생물학자였다.

외골수에다가 호전적인 성격의 반항아였다. 파도타기와 요트를 좋아하고 베트남 전쟁 참전 용사이기도 했다. 신경생물학을 전공한 그는 1980년대 중반 인간 유전자 서열 분석에 흥미를 느꼈다. 그의 유전체 서열 분석 전략은 급진적인 단순화였다. '유전자 파편' 전략이라고 불리었고, 나중에는 '샷건' 서열 분석이라는 기술로 진화했다. 유전체를 샷건(산탄총)으로 쏘듯이 조각내고 그 조각들을 끼워 맞춰서 조각 그림을 맞추려고 했다. 그는 1992년 6월 국립보건원을 떠나서 TIGRThe Institute for Genomic Research이라는 개인 연구소를 차렸다. 정부 기관 내의 소모적인 언쟁에서 벗어나 자기 길을 가기 위해서였다.

벤터와 다른 접근법을 택한 건 프랜시스 콜린스였다. 인류유전학자인 그가 인간게놈프로젝트의 책임자가 된 것은 1993년이다. 전임자 제임스 왓슨은 프로젝트 주관 기관과 몇 차례 충돌한 뒤 물러났다. 프랜시스 콜린스는 유능한 협상가이자 행정가였고, 일류 과학자이면서도 외교 수완이 있었다. 벤터가 지름길로 바로 치고 나갔다면, 콜린스는 인간 유전체 전체를 하나하나 짚어가며 분석하는 고집스런 방식을 밀고 나갔다. 정부라는 돈줄이 든든했기에 가능한 일이었다.

당시 대통령이 빌 클린턴이다. 매끄러운 협상가로 유명했던 빌 클린턴 측의 중재로 크레이그 벤터와 프랜시스 콜린스의 불꽃 튀기는 경쟁은 부드럽게 마무리되었다. 백악관은 두 집단 중 하나가 일방적으로 승리하기보다 모두 승자가 되는 공동 행사를 희망했다. 새로운 밀레니엄을 맞이하면서 '인간게놈프로젝트'의 성공적인 마무리가 인류에게 새로운 시대를 여는 이벤트로 어울린다고 클린턴은 생각했다. 크레이그 벤터와 프랜시스 콜린스 두 사람은 과학저널《사이언스》에 나란히 자신들의 논문을 싣는 데 동의했다. 빌 클린턴은 2000년 6월 26일 백악관에서 크레이그 벤터와 프랜시스 콜린스를 자신의 양 옆에 세운 채 인간 유전체의 1차 조사가 끝났다고 발표했다. 벤터는 이 자리에서 여자 3명과 남자 2명의 유전 암호를 자신의 회사 셀레라가 파악했다고 밝혔다. 벤터의 이야기는 《크레이그 벤터, 게놈의 기적》에, 프랜시스 콜린스의 이야기는 《생명의 언어》에서 각각 읽을 수 있다.

우리는 인간 유전병 치료를 위한 결정적인 문턱을 넘었는가? 그렇다고 말할 수 없다. 산 너머 산이고, 공부하면 할수록 모르는 게 더 많다는 걸 알게 된다. 인간게놈프로젝트를 미국 정부 차원에서 이끈 프랜시스 콜린스는 "생명의 언어인 30억 이상의 철자를 해석해내는 능력이 아직 초보적일 뿐만 아니라, 이런 엄청난 정보의 바다를 이해하려면 더 많은 정보 원천이 필요하다"고 말한다.

인간게놈프로젝트는 2003년에 최종 완성되었다. 이 프로젝트가 준 최고의 놀라움은 '인간 유전자 수가 이 정도밖에 안 되었나'이다. 2만여 개. 지구상 최상위 포식자임을 자랑하는 인간의 유전자 수는 초파리나 예쁜꼬마선충의 유전자 수와 대동소이했다. 학자들은 이후 깨달았다. 유전자 수가 중요한 게 아니라 오래된 도구를 얼마나 잘 사용하느냐가 중요하다는 것을. 발달유전학자 션 B. 캐럴은 "재능이 있어도 노력을 하지 않으면 안된다는 이야기"라고 비유적으로 말한다.

인간게놈프로젝트 이후 '개인 유전자 정보 시대'가 열렸다. 자신의 유전체를 가장 먼저 읽어낸 사람은 제임스 왓슨과 크레이그 벤터이다. 제임스 왓슨의 유전체 서열은 2007년 5월 31일 미국 휴스턴에서 공개됐다. 개인 유전자 정보 시대를 연 상징적인 이벤트였던 왓슨 유전체는 읽어내는 데 불과 13주가 걸렸고, 비용은 100만 달러가 들었다. 4년 전에 끝난 인간게놈프로젝트가 10년이라는 시간과 30억 달러라는 비용이 든 걸 생각하면 놀라운 혁신이었다. 그리고 이후 혁신은 계속돼 1,000달러 게놈 시대가 열렸다. 게놈을 읽는 건 유전자 진단이지 치료가 아니다. 앞으로 어떤 질환에 감염될 가능성이 몇 퍼센트있다고 이야기한다. 반드시 발병하는 건 아니고, 유전요인 외에 어떻게 살고 있느냐는 환경이 중요하게 작용한다는 의미다.

미국 배우 안젤리나 졸리의 2013년 가슴 절제 수술은 '유전자 진단'의 대표적인 사례다. 졸리는 어머니가 유방암으로 투병했기에 유전자 진단을 받았다. 그 결과 유방암을 일으키는 유전자 BRCA1의 발병 확률이 80퍼센트로 나왔다. 그는 선제 조치를 취했다. 그러나 암은 한 가지 유전자가 아닌 여러 개의 유전자가 말썽을 일으켜야 발병하는 경우가 많다. 유방암처럼 선제적인 조치를 취할 수 있는 암의 종류는 제한돼 있다. 인간 유전체를 읽어냈다 해서 만병을 치료할 비방을 손에 쥔 것은 아니다. 글자는 읽어냈으나 인간 유전체에는 뜻을 모르는 문자열이 태반이다. 인류는 게놈이라는 책을 읽었으나 책 내용은 파악하지 못한 것이다. 유전체 내에는 흔히 과학자들이 '암흑 물질'이라고 불리는, 그 뜻을 모르는 유전서열이 산처럼 쌓여 있다.

한국 연구자도 일반인에게 생명공학의 신세계를 알리려는 노력을 부쩍 기울이고 있다.《벌레의 마음》은 서울대 유전학과의 김천아 박사 등 예쁜꼬마선충 연구팀의 젊은 연구자 5명이 내놓은 책이다. 《생명과학, 신에게 도전하다》는 송기원 연세대 생화학과 교수가 중심이 되어 생명공학 연구의 현주소와 그것이 갖는 민감성을 신학자 등 다른 부문의 학자들과 같이 이야기하고 내놓은 책이다. 송기원은 이 책에서 생명공학의 현주소를 이렇게 말한다. "생명과학은 인간 유전체 프로젝트가 끝난 이후부터 발전 속도가 더 빨라지면서, 인간이 생명체를 설계하고 필요한 형태로 만들어내는 '합성 생물학' 시대를 이미 맞고 있다."

　최근 크리스퍼 가위 등 유전자 가위 기술이 새로운 유전학 시대를 열고 있다. 2013년 이후 모든 생물체에서 특정 유전정보를 마음대로 교정하거나 편집할 수 있는 '크리스퍼'라고 불리는 유전자 가위 기술이 확산되어 대부분 생명체에 적용되었거나 진행 중이다.《김홍표의 크리스퍼 혁명》《생명의 설계도, 게놈 편집의 세계》《크리스퍼가 온다》는 크리스퍼 가위가 가져오는 변혁을 다룬다. 일부 학자는 인간유전자 복제를 넘어 생명 창조까지 가고 있다고 주장한다. 크레이그 벤터는 자신의 이름을 따서 연구소를 만들고 인공합성생물을 만들고 있다. 그는 최초의 인공생물을 만들어냈다. 생명의 비밀을 알기 위해서는 만들어봐야 한다고 벤터는 말한다. 연료 생산에 특화된 생물을 만들어내는 연구에도 힘을 쏟고 있다.

　유전학이 어디로 가는지 일반인은 따라가지 못하고 있다. 놀라운 시대를 우리는 살고 있다. 그럼에도 유전질환 치료와 관련해서는 어떤 극적인 신호는 보이지 않는다. 최초로 자신의 인간게놈 서열을 알아낸 사람 중의 한 명인 제임스 왓슨이 자신의 알츠하이머 발병 가능성에 대한 조사는 하지 말라고 요구한 게 그 증거 중 하나다. 알츠하이머 발병 가능성을 알아봤자 치료할 방법이 아직 없기 때문이다. 차라리 모르는 게 약이라고 그는 생각했다.

5장.

나는 나의 기억이다

1
나는 있나 없나?

숭산에 허를 찔린 현각

《만행: 하버드에서 화계사까지》저자인 미국 스님 현각이 하버드대학 신학대학원 재학 시절, 한국에서 온 숭산 스님을 보스턴에서 마주했을 때다. 숭산은 한때 쇼펜하우어의 책을 끼고 살았던 하버드생에게 "너는 누구냐?"라는 질문을 던졌다. 서양 사람은 대개 이 지점에서 당황한다. 이런 질문을 받아본 적이 없다. 보통 "나는 ○○○입니다"라고 자기 이름을 댄다. "그게 네 이름이지, 너냐"라는 역공이 들어오면 곧바로 멘붕. 하버드대학원생으로 머리가 반짝반짝했을 현각 역시 이 평범한 질문에 무너졌다.

　　한국인은 스님이 이상한 질문을 던지면 함정이 있다 싶어서 쉽게 속을 드러내지 않는다. 하지만 동아시아의 선문답에 익숙하지 않은 서양인은 함정에 그냥 빠진다. 현각은 숭산에 넘어가 태평양을 건너 서울 화계사까지 왔다. 1999년《만행》을 써서 베스트셀러 작가로 한국에서 이름을 날렸다. 나중에는 돈에 혈안이 된 한국 불교를 비판하며

161

한국 불교를 떠나겠다고 말해 파장을 일으키기도 했다. 그의 한국 불교 비판은 백 번 옳다.

'너는 누구냐', 즉 '자아란 무엇인가'는 빅 퀘스천 중에서도 빅 퀘스천이다. 철학자들은 2,500년 이상 이 문제에 매달렸다. 자아 문제는 사람들을 매료시켰고, 때로 미혹했다. 고대 그리스 델피 신전에 '너 자신을 알라'라는 말이 써 있었다고 전해지며, 고대 인도의 철학자들은 자아 문제를 묵상했다. 반면 중국 철학자 펑유란에 따르면 "중국 사상에는 한 번도 '나'에 대한 뚜렷한 자각이 없었다"고 한다. 세 번째 밀레니엄에 접어든 지금은 어떨까? 신경과학자 빌라야누르 라마찬드란은 《마음의 과학》에서 "우리는 자아의 문제를 해결해왔을까? 아니다. 아직 겉핥기 수준에서 벗어나지 못했다"라고 말한다.

인도공과대학을 졸업하고 미국에서 활동하는 과학저술가 아닐 아난타스와미가 쓴 《나는 죽었다고 말하는 남자》는 자아 문제를 생각하게 하는 신경과학 책이다. 그는 숭산 스님처럼 "너는 누구냐?"라는 질문을 독자에게 바로 던진다. 방법이 좀 다르기는 하다. 자아에 관한 질병 8개를 이야기하며 자아가 무엇인지를 생각해 보도록 한다. 자아 관련 신경질환은 '자아'의 여러 측면을 보여준다. 그는 여러 나라를 돌아다니며 다양한 연구자와 환자를 만났는데, 그 생생한 이야기가 담겨 있다. 아난타스와미는 종교의 나라 인도 출신답게 '자아'에 대한 사유의 시작을 인도 전통에서 찾는다. 불교 중관파 경전에 나오는 '자기 몸을 잃은 남자' 우화로 책을 연다.

한 남자가 버려진 집에 들어갔다가 도깨비들을 만난다. 도깨비들은 시체를 놓고 서로 자기가 그 집에 먼저 들어왔다고 주장하며 다투고 있었다. 도깨비들은 남자에게 당신은 우리가 각각 들어오는 걸 봤으니 진실을 말해달라고 요청한다. 위험한 심판을 요구받은 남자는 현명하지 못했다. 말을 잘못해 두 도깨비를 화나게 했다. 한 도깨비는 이 남자의 팔다리를 하나씩 떼어내기 시작하고, 그때마다 다른 도깨비는 시체에서 사지를 하나씩 떼어 이 남자에게 붙였다. 남자 몸은 시체의 몸으로 바뀌었다. 몸이 바뀐 이 남자, 혼란스럽다. 나는 누구인가?

그는 다음날 길에서 만난 불교 승려들에게 묻는다. "내가 존재합니까, 아닙니까?" 승려들은 답을 주지 않고 되레 반문했다. "당신은 누구입니까?" 이 남자는 2,000년 뒤 미국 하버드대학원생마냥 그 질문에 말문이 막혔다. 이름을 댄들 자기를 제대로 표현한 것이 아니었다. 아난타스와미는 묻는다. 이 남자가 오늘날 신경과학자에게 "나는 누구인가"라고 묻는다면 그들은 무엇이라고 대답할까? 신경과학자들은 그 승려들로부터 오랜 시간이 지났지만 여전히 "감질 나는 대답들을 몇 가지 내놓을 것"이라고 그는 말한다. 그는 그럼에도 "나란 무엇인지를 설명하기 위해 고군분투하는 바로 그 대답들에 주목한다"고 말한다.

자아에 관한 뇌질환 8가지

책이 다루는 자아 관련 뇌 질환 8개는 코타르 증후군, 신체통합정체성장애, 조현병, 이인증, 자폐스펙트럼장애, 유체이탈, 황홀성 간질, 알츠하이머이다.

코타르 증후군 환자 일부는 자아를 부정한다. "내 뇌가 죽었다"고 말한다. 뇌의 일부 조직이 손상돼 자기 몸에 대한 감각이 느껴지지 않는 경우, 이런 증상이 나타날 수 있다고 한다. 살아 있는 시체요, 관에 들어갈 날만 기다리는 사람 같다고 이 환자를 돌본 신경의학자들은 말한다. 이들은 자살을 시도하지는 않는다. 죽었다고 생각하니 자살할 이유가 없다. '나는 죽었다고 말하는 남자'라는 책 제목은 코타르 증후군 환자의 증상에서 딴 것이다. 다행히 이 병은 매우 드물고, 증상도 오래가지 않는다고 한다.

신체통합정체성장애는 내 몸의 경계선이 어디인가에 관해 생각하게 만든다. 이 질환은 환상지幻想肢 혹은 환상사지幻想四肢라고도 한다. 이 증후군을 앓는 사람들은 분명 자신의 팔다리인데, 자기 것이 아니라고 말한다. 남의 다리가 자신의 몸에 붙어있는 느낌같다는 것이다. 이물질이 달려 있으니 불쾌하고 고통스럽다. 반대 경우도 있다. 몸에 팔다리가 없는데도, 붙어 있는 걸로 잘못 아는 증후군이다.

이 증후군을 오래 앓았고, 몸 일부를 잘라내고 싶은 강박증으로 평생 괴로워하다가 아내에게 고백한 남자가 있다. 이 미국인은 아시아 어느 나라에 가서 끝내 자신의 다리 대퇴골 아래를 잘라내는 수술을 받고야 말았다. 아난타스와미는 수술받으러 가는 그를 따라갔고, 수술한 의사도 만났다. 수술 이후 몇 달이 지난 뒤 목발을 짚고 다니는 그는 아난타스와미에게 "다리를 잘라낸 걸 후회하지 않는다"고 말했다. 그는 난생처음 몸이 온전함을 느꼈다.

신경학자 V. S. 라마찬드란은 환상지 연구로 이름이 높다. 그는 팔다리 일부가 자기 것이 아니라고 주장하는 사람은 실제 몸과 뇌 속의 신경지도가 일치하지 않는다는 걸 알아냈다. 뇌 속에는 신체 감각을 반영하는 부위들이 있다는 것을 캐나다 맥길대학의 신경외과 의사 와일더 펜필드가 1930년대 확인했다. 펜필드는 발작을 일으키는 환자를 대상으로 뇌의 어느 부위 이상 때문에 그런지를 확인하기 위해 뇌에 전극을 심고 실험했다. 그 결과 신체 감각을 알아차리는 특정 뇌 부위가 있다는 걸 알아냈다. 그걸 근거로 뇌 신체지도를 그렸다. 사람 몸에서 감각이 예민한 곳일수록 뇌의 피질에서 더 많은 지역을 차지했다. 입술, 손, 성기가 그렇다.

조현병 환자는 스스로 간지럼을 태울 수 있다는 대목에서 나는 놀랐다. 보통 사람은 자기 손으로 자기 몸을 간지럽게 하지 못한다. 내 손, 내 몸을 내가 만지는데 무슨 특별한 느낌이 있겠는가? 다른 사람이 나를 만지면 모를까? 너무 당연한 느낌이 조현병 환자에 오면 뚜렷한 자아의 경계를 보여주는 특징으로 다가온다. 나와 나 밖을 구분하는 경계를 알아차리는 게 뇌가 하는 일 중 하나이다. 나와 외부 세계의 경계를 모르면 혼란에 빠질 수 있다. 조현병 환자 대개가 간지럼을 스스로 태울 수 있다는 것은 자기 행위와 그게 아닌 걸 구분하는 능력이 없다는 말이다. 조현병 환자는 외부 소리와 자기 목소리를 구분하지 못할 수도 있다. 건강한 사람은 자기 목소리는 작게 듣고, 외부 세계 소리는 잘 듣게 되어 있다. 뇌의 청각피질 활동을 보여주는 N1이라는 뇌전도 신호는 건강한 사람이 소리를 내고 난 뒤 100밀리초 동안은 약해진다. 그 소리에 내 목소리라는 꼬리표를 붙여 순간적으로 잘 들리지 않게 무시하도록 한다. 외부에서 온 소리에는 N1이 억제되지 않는다. 나보다는 외부 소리에 예민해야 자신을 지켜낼 수 있기 때문이다. 조현병 환자는 뇌의 N1 신호가 자기 발생적 소리에 대해서도 억제되지 않는다. 환청, 환각과 실재를 구분하기 힘들다.

이인증異人症, depersonalization은 내 생각, 신체 감각이 내 것으로 느껴지지 않는 경우다. 생명이 극단적인 위협에 처했을 경우, 고통을 덜 느끼기 위해 이인증이 나타나는 경우가 있다. 자동차 사고가 났을 때 영혼이 몸에서 빠져나와 자신의 몸을 지켜봤다든지, 사자에게 팔을 물린 미국 탐험가 데이비드 리빙스턴(1813~1873)이 당시 고통이 전혀 느껴지지 않았다고 말한 게 이인증에 해당한다고 신경과학자들은 풀이한다. 일부 학자는 "일시적인 이인증은 극한 위험에 진화적으로 적응한 것"이라고 말한다. 아난타스와미는 "이인증이 진화적 적응이라면, 우리 모두는 자기 자신이 낯설어지는 능력을 타고난다는 이야기가 된다"고 말한다. 다급하면 내 자신이 나에게 등을 돌린다.

알츠하이머는 익숙한 병이다. 자기 이야기를 더 이상 만들어내지 못한다. 기억을 망가뜨려, 끝내 사람을 무너뜨리고 만다. 좀비가 되는 병이다. 초고령화 사회로 접어들면서 많은 이가 자신의 미래에서 피하고 싶은 시나리오다. 신경학자 루돌프 탄지는 "알츠하이머병은 인간으로서 내가 누구인가를 규정하는 그 경계를 뜯어내 버린다"고 말한다. 이때 파괴되는 건 '서사적 자아'다.

알츠하이머는 기억 관련 신경망을 공격한다. 해마와 내후각피질을 포함한 중앙측두엽의 구조다. 알츠하이머는 이 지점을 기반으로 파괴의 행진을 시작하고 끝내 환자에게서 일관된 '서사적 자아'를 구성하는 능력을 지워버린다. 환자는 자기 이야기 중 가장 회복력이 좋은 부분으로 물러난다. 회복력이 좋은 부분은 청소년기 후기나 성인기 초기에 형성된다고 한다. 치매에 걸린 사람이 최근 이야기는 기억하지 못하고, 옛날 기억은 또렷이 하는 게 바로 이 때문인 듯하다. '서사적 자아'가 파괴되고 남는 것은 이야기 이전부터 존재하는, 자아를 경험하는 '주체로서의 자아'다.

나는 없나?

8가지 자아 관련 질환을 접하니 자아란 무엇이며, 나와 남의 경계란 어디이고, 그 구분은 어떻게 정해지는지, 그 미묘함에 감탄하게 된다. 동시에 혼란스럽기도 하다. 당연하게 생각했던 것들이 주의 깊게 들여다보니 다른 얼굴을 드러낸다. 나와 너의 경계가 희미해진 사례를 접하니 당혹스럽다. 아난타스와미는 자신의 통찰력을 이렇게 말한다. "이 책 등장인물들의 경험, 그리고 그 경험을 설명해주는 신경과학은 우리에게 어느 정도까지는 답을 준다. 자아의 여러 속성은 우리에게 공시적이고 통시적인 통일성을 주는 것처럼 보인다. 말하자면 우리의 이야기, 행동 주체이자 생각 발기인이라는 느낌, 신체 부위를 소유한다는 느낌, 내가 곧 정서라는 느낌, 몸이라는 일정 부피의 공간과 내 눈 뒤쪽에서부터 비롯되는 기하학적인 시점 속에 위치한다는 느낌, 이 모든 것은 대상으로서의 자아를 구성한다고 볼 수 있다. 문제는 이것들을 구성하는 구성자가 따로 있는가, 또는 그저 구성자처럼 보이는 것이 있는가 하는 것이다."

리처드 도킨스는 신경학자 라마찬드란을 "신경과학계의 마르코 폴로"라고 칭찬한 바 있다. 남들이 가지 않는 길을 가는 뇌 탐험가라는 말일 것이다. 라마찬드란은 《명령하는 뇌, 착각하는 뇌》 마지막 장에 자아 관련 신경질환을 압축 정리해 놓았다. 같은 인도계인 아난타스와미가 이 내용을 보고 아이디어를 얻어 《나는 죽었다고 말하는 남자》를 쓴 게 아닐까 싶기도 하다.

라마찬드란은 자아 관련 특징을 통일성, 지속성, 신체화, 프라이버시, 사회적 수용, 자유의지, 자기인식 등 7가지로 정리한다. 아난타스와미가 책에서 소개한 8개의 질환이 자아의 이런 측면들을 드러냄을 다시 확인할 수 있다. 사람이 스스로를 한 명의 인간으로 느끼는 것이 '통일성'이다. 통일성이 깨지는 게 조현병, 다중인격장애, 유체이탈이다. '지속성'은 한 사람의 정체성이 기억을 갖고 지속됨을 느끼는 것이다. '신체화embodiment'란 신체 소유감이다. 몸속에 들어 있는 느낌이며, 신체화와 관련된 질병은 신체정체성통합장애이다.

'프라이버시'는 자아가 내면과 외부, 현실과 환상의 경계를 구분하는 감각을 갖고 있다는 것이다. 이게 무너지면 무엇이 내 목소리인지 남의 목소리인지 구분이 안 되는 환청에 시달릴 수 있다. '사회적 수용'은 사회 환경과 연관 속에서 정의해본 자아의 특징이다. 나의 희로애락 등 감정은 모두 남과 연결되어 있다.

'자유의지'는 자기 행동은 자기가 일으킨다는 생각이다. 예컨대 '외계인 손 증후군'을 앓는 사람은 손이 자기 의지와 따로 논다. '자아인식'을 못하는 사람은 《나는 죽었다고 말하는 남자》 첫머리에서 접했다. 코타르 증후군 환자 일부는 자신이 죽었다고 믿고 있다. 라마찬드란은 7가지 특징이 자아를 튼튼하게 한다고 말한다. 그는 자아를 7가지 다리를 가진 탁자에 비교한다. "자아라는 이름의 탁자는 7개 다리 중 하나쯤 없어도 여전히 설 수 있지만, 다리가 없어지면 없어질수록 안정감을 잃는다."

자아 관련 신경과학 책들을 통해 자아가 탄탄하면서도 연약하다는 걸 알았다. 출발점으로 돌아와 《나는 죽었다고 말하는 남자》를 본다. 아난타스와미가 책 말미에 정리해놓은 글이 괜찮다. 도깨비에게 몸을 뜯어먹히고 남의 몸을 갖게 된 사람이 불교 수도승들에게 물었다는 서두의 질문을 다시 꺼낸다. 자아는 있나 없나? 철학자들이 3,000년 가까이 토론해온 내용과 20세기 후반 신경과학자의 연구를 두루

살펴본 그는 "철학자와 신경과학자는 두 개 진영으로 각각 나뉜다. 자아가 실재한다고 주장하는 쪽과 그렇지 않다고 말하는 쪽이다"라고 말한다.

'무아無我'파의 대표 인물에는 붓다가 있다. 18세기 영국 철학자 데이비드 흄과 미국 인지철학자 대니얼 데닛도 무아파다. 붓다는 "모든 것은 계속 변한다. 그러니 불변의 자아라는 게 어디 있겠느냐, 그걸 본다면 집착일뿐"이라는 식으로 말했다. 데이비드 흄도 자아는 없다고 했다. 그는 마음을 극장에 비교한다. 《오성에 관하여》에 나오는 대목이다. "마음은 일종의 극장이다. 거기서는 여러 지각이 계속하여 나타나고, 지나가며, 다시 날아가고 미끄러지듯 사라지며 무한히 다양한 자태와 상황을 만들어낸다. 마음을 구성하는 것은 차례로 등장하는 지각들이다."

데이비드 흄의 문장이 참 기가 막히다. "우리는 매순간 이른바 자아를 가까이 의식하고 있다고 한다. 항상되고 변하지 않는 관념은 없다. 따라서 자아와 같은 관념은 없다!"

현대 무아파 철학자 대니얼 데닛은 자아는 "걷잡을 수 없이 복잡한 행위와 말, 움직임, 불평, 약속 등 인간을 만드는 것들을 통합하고 이해하기 위해 사실로 상정된 허구"라고 말한다. 스웨덴 출신 물리학자 맥스 테그마크도 무아파다. 《맥스 테그마크의 유니버스》는 다중우주론을 설명하는 물리학 책. 미국 MIT 교수인 테그마크는 이 책에서 "우리를 둘러싼 세계의 성질이 그 궁극적 구성 요소의 성질로부터 기인하는 것이 아니라, 그것들 사이의 관계로부터 온다. 외적 물리 실체는 그 부분들이 아무런 내적 성질을 가지지 않는다 해도 그것이 많은 흥미로운 성질을 가진다는 의미에서 그 부분의 합보다 더 크다"고 말한다. 세상을 이루는 기본 물질은 특정 특질을 갖지 않으며, 그들이 모였을 때 나타나는 창발emergence 현상이 세상에 성질을 부여한다는 말이다. "나와 너는 없고, 나와 너를 이루는 관계만이 있다"고 한 붓다가 떠오른다.

무아 진영의 화려한 면면에 비해 유아有我 진영은 잘 보이지 않는다. 적어도《나는 죽었다고 말하는 남자》에서는 그렇다. 아난타스와미는 유아니, 무아니 하는 논쟁이 별다른 의미가 없다고 말한다. 그는 오늘에 와서 보면, 두 진영이 크게 불일치하는 게 없다고 말한다. 자기감, 주체감이 어디서 비롯되는지를 신경과학자가 알아내는 것만이 남았다는 의미일 것이다.

붓다는 기원전 5세기 북인도 힌두스탄 평원의 갠지스 강 인근에 있는 사르나트에서 무아를 강조했다. 위대한 스승의 이 말은 희로애락, 빈부귀천, 생로병사, 길흉화복의 집착 대상으로 자아라는 옷을 벗어던지라는 주문으로 내게는 들린다. 몸과 마음을 가볍게 해야 한다. 자아가 만병의 근원이다. 자아 혼란은 불치의 병이다. '나는 있는가 없는가' 토론에 깊게 빠지기보다는 자아 과잉에서 벗어나는 게 자아 공부의 출발점이다.

2
'내로남불'의 근원지 무의식

무의식을 넘어 새로운 무의식으로

내 안에는 변호사와 과학자가 산다. 변호사 이름은 무의식이고, 과학자 이름은 의식이다.《새로운 무의식》저자 레오나르드 플로디노프에 따르면 "뇌는 괜찮은 과학자이지만, 훨씬 더 뛰어난 변호사"이다. 이 변호사는 과학자보다 바쁘다. 하루 24시간 일한다. 처리하는 데이터도 과학자의 업무량과 비교할 수 없다. 뇌 에너지 소비량이 압도적으로 많다. 알게 모르게 나의 행동을 조종하는 건 변호사다. 내 일상을 굴리는 건 무의식이다. 변호사 없이는 살 수 없다.

    《새로운 무의식》은 20세기 초 정신분석학자 지그문트 프로이트의 '무의식'이 아니라 20세기 후반 이후 신경과학자가 알아낸 '새로운 무의식'을 말한다. 플로디노프는 "융과 프로이트를 비롯한 여러 인물이 인간 행동의 무의식적 측면을 탐구했지만, 애매하고 간접적인 지식만 탄생했을 뿐, 인간 행동의 진정한 기원은 모호했다"라고 말한다. '인간 무의식의 발견자'라는 영예로운 왕관을 쓰고 있는 프로이트를 한 칼에 베어버린다. 새로운 무의식 연구는 새로운 기술에서 비롯되었다. 1990년대 등장한 기능적 자기공명 영상fMRI은 뇌의 특정 부분이 활동적인지 아닌지를 드러나게 한다.

《새로운 무의식》에 따르면 무의식은 진화의 산물이다. 무의식은 생존에 긴요하다. 가령 갑자기 나타난 뱀이나 자동차를 피하게 하는 건 무의식이다. 무의식이 의식보다 위험을 빨리 알아챈다는 게 실험에서 확인된다. 수억 년간 진화사에서 버려진 무의식이 우리를 구한다. 내 안에 먼저 자리를 잡은 건 변호사다. 무의식은 진화 역사에서 의식보다 먼저 출현했다. 사람 뇌는 '파충류 뇌', '포유류 뇌', '영장류 뇌'로 나눠볼 수 있다. 이 구분은 뇌 진화의 역사, 뇌 기능 이해를 위해 좋다. 파충류의 원시적 뇌가 먼저 생겨났고, 이후 포유류 뇌(신피질층), 영장류 뇌(대뇌피질)가 진화의 나무에 차례로 등장했다. 사람 뇌는 이 세 종류 뇌가 층층이 쌓여 있는 구조다.

파충류 뇌는 호흡 조절 등 생명 유지 기능을 한다(생존의 뇌). 포유류 뇌는 변연계(해마, 편도체 등)이며, 감정과 욕구에 관여한다(감정의 뇌). 영장류 특징인 대뇌피질은 기획, 판단 기능을 한다(생각의 뇌). 파충류 뇌는 무의식 쪽에 가깝고, 인간 뇌는 의식을 갖췄다. 내 안의 변호사 사무실 위에 과학자 사무실이 위치한 모양새다. 이 과학자는 바로 아래에 변호사가 사는 줄 모른다.

"무의식은 모든 척추동물의 뇌에 표준으로 갖추어진 하부구조이지만, 의식은 선택사항에 가깝다. 인간이 아닌 대부분의 동물들은 의식적, 기호적 사고력이 거의 없거나 전혀 없어도 충분히 살 수 있고, 실제로 그렇게 산다. 반면에 무의식이 없다면 어떤 동물도 살 수 없다." 새로 무의식과 의식이라는 두 세계의 미묘한 관계를 자동차 운전 기술에서 확인할 수 있다. 처음 운전을 배울 때는 동작 하나하나를 머릿속으로 떠올리며 자동차를 조작했다. 시동 켜고, 브레이크 밟고, 기어를 바꾸고 하는 식이다. 운전이 익숙해지면 달라진다. 손발이 자동으로 움직인다. 운전 능력이 나의 의식세계를 떠나 무의식 세계로 옮겨간 것이다. 믈로디노프는 "의식과 무의식의 철도는 각각 조밀하게 뒤얽힌 수많은 노선으로 구성되어 있고, 두 체계는 여러 지점에서 서로 연결돼 있다. 우리는 그 지도 속 노선들과 정거장들을 차츰차츰 해독해가는 중이다"라고 말했다. 무의식에 대해 모르는 게 많다는 이야기다.

　내 안의 변호사, 즉 무의식이 얼마나 분주한지는 데이터를 보면 알 수 있다. 생리학 교과서에 따르면 인간 감각계는 초당 1,100만 비트의 정보를 뇌로 보낸다. 무의식이 거의 다 처리한다. 의식이 처리하는 정보량은 이중 불과 16~50비트다. 정신활동의 대부분은 무의식이 장악하고 있다. "의식이 빈둥거릴 때나 일할 때나, 무의식은 언제나 열심히 정신적 팔 굽혀 펴기, 쪼그려 앉기, 단거리 달리기를 하고 있다."

　무의식은 몸의 감각 기관을 통해 정보를 수집한다. 신경계, 시각, 청각, 후각, 피부 감각이 나의 몸 상태와 내 주변 정보를 모은다. 그런데 데이터 질이 나쁠 수 있다. 이 경우 무의식은 변호사 특유의 순발력을 발휘해 능숙하게 처리한다. 눈의 맹점을 보자. 맹점 때문에 시각의 오리지널 데이터에는 구멍이 나 있다. 뇌는 그 빈 곳을 주변 데이터에 근거하여 메운다. 우리는 이를 눈치채지 못한다.

뇌가 파악한 세계

내 안의 과학자는 자신이 삶의 주재자라고 생각하지만 진실은 그렇지 않다. 무의식의 끈이 나를 뒤에서 보이지 않게 조종한다. 과학자는 변호사의 보이지 않는 손의 존재를 모를 뿐이다. 의사결정에 있어 무의식의 발언권은 절대적인데, 90퍼센트라는 말도 있다. 행동경제학자들은 마트에 가서 내가 물건을 고를 때 이런 일이 빈번하다고 말한다. "파충류(의 뇌)가 시장을 지배한다"는 말은 그래서 나왔다. 파충류는 무의식을 가리킨다.

의식과 무의식은 늘 밀고 당기면서 자신과 세상에 대한 모형을 구축한다. 믈로디노프는 "자신과 세상에 대해 일관되고 설득력 있는 견해를 형성하려는 투쟁에서 열렬한 자기 옹호자가 진실 추구자를 이긴다"라고 말한다. 그러다 보니 물리적 세계(실체)와 나의 뇌가 파악한 세계는 다르다. 뇌가 세상을 때로 주관적으로 해석하고 창조하기 때문이다. 믈로디노프는 "현대 신경과학에 따르면 모든 인식이 어떤 면에서는 망상이나 다름없다"라고 말한다. 나는 이 대목에서 이마누엘 칸트(1724~1804)의《순수이성비판》을 떠올렸다. 칸트가 이 책에서 해낸 일은 '물리적 세계'와 '뇌가 파악한 세계'의 차이 문제를 어떻게 해소할 것이냐이다.

《순수이성비판》에 따르면 "형이상학은 한때 모든 학문의 여왕"이라고 불렸으나 이 책이 나왔을 시점에는 "내쫓기고 버림받은 늙은 여인"이 되었다. 영국 경험주의 철학자이자 회의주의자로 유명한 데이비드 흄이 그 얼마 전 '철학의 종말'을 선언했다. '감각이 파악한 세계'가 '물리적 세계'라는 실재와 다른 데 그걸 갖고, 진리를 어떻게 연구할 수 있느냐며 문제제기를 한 것이다. 이에 대해 칸트가《순수이성비판》

에서 내놓은 제안은 실재라는 '물리적 세계'에 매일 게 아니며 '뇌가 파악한 세계'를 철학의 연구 대상으로 하면 된다는 것이었다. 칸트는 사람은 선험적으로 양, 질, 관계, 양태라는 네 개의 범주 구분 능력을 갖고 있으며, 이에 따라 '뇌가 파악한 세계'를 분류한다고 말했다. 칸트의 궁리 이후 철학은 다시 굴러가기 시작했다.

칸트가 말한 범주화 능력, 이것은 바로 믈로디노프가 소개한 무의식의 정보 처리 방식 중 하나였다. 무의식은 사물을 그 자체보다는 특정 범주로 재빨리 분류하는 방식을 사용한다. 현실은 크고 복잡하고 순간적이므로, 가능한 단순한 모형으로 재구성할 필요가 있다. 범주적 사고 덕분에 우리는 야생에서 곰을 목격하면 비상경보가 작동하고 즉시 도망친다. 곰이 위협적인지 여부를 즉각 알아차리지 못하고 판단을 위해 추가 정보 수집을 하느라 꾸물거리면 위험에 빠질 수 있다. 빠른 정보 처리가 핵심이다. 그런데 범주화 사고에는 어두운 측면이 하나 있다. '고정 관념'이다. 특정 인종은 게으르고 지저분하다는 편견은 범주화 사고에서 나온다. 해법은 범주화 사고에서 벗어나 개인을 보는 것이라고 믈로디노프는 말한다. 일반화하지 말라는 주문이다.

인간 행동은 의식과 무의식이 추는 이인무舞이다. 무의식이 리드하며, 의식은 대체로 그에 따라 맞춘다. 의식은 무의식이 존재하는 줄 모르기에 삶은 일인무라고 잘못 생각한다. 하지만 변호사는 보이지 않는 손으로 과학자를 이끈다. 믈로디노프는 "무의식은 이따금 넘어질 때마다 나에게 필요한 지지를 주는 파트너"이고 "몸을 수면에 띄워주는 구명조끼"라고도 말한다. 자신을 긍정적으로 보고 애정을 갖도록 하며, 삶을 통제한다는 느낌을 갖게 하기 때문이란다. 무의식 예찬론이다.

《새로운 무의식》는 잘 읽혔지만 내 내면의 비밀의 방에 대한 많은 궁금증을 풀어주지 못했다. 무의식은 어떻게 작동하는지, 무엇인지에 관한 설명이 책에는 없다. 그 비밀의 방에는 인간이 영원히 접근할 수 없을 것일까? 의식 연구자의 책을 보면 좀 궁금증이 풀릴까? 크리스토퍼 코흐의 책들을 열어봐야 할 시간이다.

3
나의 의식은 물질 자체의 속성

다시 만난 프랜시스 크릭

프랜시스 크릭을 여기서 또 만날 줄 몰랐다. 그는 영국의 생물학자로 1953년 DNA 이중나선 구조를 발견했다. 그의 도드라지는 개성은 제임스 왓슨의 《이중나선》에 잘 나와 있다. 캐번디시 연구소 복도가 떠내려갈 정도로 큰 웃음소리와 넓은 오지랖, 넘치는 아이디어를 주체하지 못하던 사나이. 그래서인지 30대 중반이 되도록 박사학위도 못했다. 그런 크릭을 《의식》의 저자인 크리스토프 코흐는 "멘토"이자 "학문적 아버지"라고 부른다. 미국 시애틀의 앨런 뇌과학 연구소 수석과학자인 코흐는 의식의 생물학 분야 최고수 중 한 명이며, 《의식》은 그의 학문적 자서전이다. 그는 책에서 크릭에 대한 한없는 존경을 표하며, 2004년 타계할 때까지 크릭이 뇌과학 최고의 요새인 의식을 공략하기 위해 분투했다고 말한다.

크릭이 노벨생리의학상을 받은 건 46살인 1962년이다. 그는 이중나선 구조 발견 뒤 분자생물학 개척에 헌신했는데 DNA, RNA, 단백질로 이어지는 생명의 신비를 알아내는 작업을 주도했다.《이중나선》 속편에 해당하는 이야기는 왓슨이 쓴《DNA: 생명의 비밀》에 일부 나온다. 크릭은 커다란 업적에도 불구하고 케임브리지대학 교수로 자리 잡지 못했다. 크릭은 케임브리지에 새로 생긴 분자생물학연구소에서 1976년까지 연구원으로 일했다. 이와 관련 왓슨은 케임브리지대학 측의 협량狹量함을 비난한 바 있다.

크릭이 분자생물학에서 신경생물학으로 관심을 돌린 건 그의 나이 60이 되었을 때다. "예순 살이 되던 1976년, 그는 구대륙의 케임브리지에서 신대륙의 캘리포니아로 이주하자마자 이 새로운 분야에 뛰어들었다"라고 코흐는 전한다. 크릭은 또 이로부터 십수 년이 지나 크리스토퍼 코흐를 만나 '의식'을 함께 연구하기 시작했고, 두 사람이 첫 논문을 내놓은 건 1990년이다. 크릭 나이 74세 때다. 크릭은 미국에 와서는 샌디에이고 인근 라호야의 소크생물학연구소에 자리 잡았다. 크릭과 코흐는 16년 넘게 24편의 논문과 에세이를 공동 집필했다. 코흐가 일하던 캘리포니아 공과대학은 LA 인근 패서디나에 있다. 코흐는 패서디나에서 남쪽으로 자동차로 두 시간 거리인 라호야의 크릭 집에 가서 며칠, 많게는 몇달씩 머물렀다. 크릭은 의식의 연구 관련 대중서인《놀라운 가설》을 1994년에 썼고, 코흐가 2004년《의식의 탐구》를 썼을 때 이 책에 추천사를 썼다.

코흐는 학문의 아버지에 대해 이렇게 말한다. "나는 총명하고 대성공을 거둔 사람을 많이 만났지만, 진정한 천재는 거의 없었다. 프랜시스는 내가 만났던 사람 중 가장 명확하고 깊은 정신을 지닌 지적 거인이었다."《아내를 모자로 착각한 남자》를 쓴 올리버 색스가 크릭에 관해 한 말도 코흐는 소개한다. "지적 원자로 옆에 앉아 있는 듯한

…… 나는 누구에서도 그러한 격정을 느껴본 적이 없었다."

기억의 생물학자 에릭 캔델(2000년 노벨생리의학상)의 크릭에 대한 평가는 특히 놀랍다. "크릭의 엄청난 생물학적 공헌은 그를 코페르니쿠스, 뉴턴, 다윈, 아인슈타인과 어깨를 나란히 하게 만든다." 캔델은《기억을 찾아서》에서 이렇게 말하며, 크릭 업적으로 DNA 이중나선 구조 발견, 유전암호의 본성 규명, 전령 RNA 발견, 의식 생물학의 정통성 회복을 언급한다. 의식이라는 분야를 진지한 과학 분야로 만든 게 크릭의 공이라는 걸 확인할 수 있다. 의식 문제의 다른 이름은 몸-마음의 문제다. 몸-마음 문제는 오랜 탐구의 역사를 갖고 있다. 뇌라는 생체 기계와, 심상이라는 주관적인 느낌 사이를 어떻게 보고 연결시키느냐 하는 작업이었다. 코흐는 이 문제를 다음과 같이 표현했다.

"어떻게 뇌가 생체전기적인 활동을 주관적인 상태로 변환하는지, 어떻게 물에 반사된 광자가 마법처럼 무지갯빛으로 빛나는 옥색玉色 호수라는 지각으로 변형되는지는 수수께끼다. 신경계와 의식 간 관계는 본질을 규정하기 힘들고, 뜨겁고도 끝없는 토론 주제다." 의식의 탐구 | 크리스토프 코흐 지음 | 김미선 옮김 | 시그마프레스

크릭은 DNA 이중나선 구조 문제는 케임브리지대학의 캐번디시 연구소에서 3년 만에 공략한 바 있다. 그러나 의식은 공략해내지 못했다. 임종 직전에도 그는 코흐와 같이 쓴 논문 수정 작업을 했다. 초인적인 의지다. 크릭에게는 배울 점이 많다. 시대의 최고 난제에 도전하라, 학문의 최전선이 무엇인지 알아내고 그것에 매달리라는 것이다. 그렇지 않으면 영광은 어차피 없다. 학문 분야만 그런 게 아니라 세상의 모든

일도 비슷하다. 제임스 왓슨은 대중적인 책을 많이 썼다. 그는 자유분방한 글쓰기가 특징이다. 크릭도 왓슨 못지않게 책을 썼다. 하지만 대중적이지 못했다. 글쓰기가 갖는 힘을 왓슨 만큼 느끼지 못한 탓이다. 한국에 나와있는 책으로는 《인간과 분자》《생명 그 자체》《열광의 탐구》《놀라운 가설》이 있다.

의식 생물학의 풍경

의식 문제는 원래 철학자의 오래된 장난감이다. 기원전 5세기 플라톤부터 17세기 데카르트에 이르기까지 의식을 사유했다. 이들은 몸과 마음이 따로 있다는 이원론을 한결같이 말했다. 데카르트는 뇌 속에 몸과 영혼(마음)을 연결하는 솔방울샘(송과선)이 있다는 아이디어를 내놓은 바 있다. 현대에 와서는 몸 따로, 영혼 따로 식의 이야기는 더 이상 주류가 아니다. 그렇다 해도 몸에서 마음이 어떻게 만들어지는지 모른다. 의식은 정의하기도 힘들다. 이는 생명과 비슷하다. 생명에 대한 정밀한 정의도 내려진 바 없다. 크릭은 생명 정의를 내리지 못해도, 생명 연구를 할 수 있다는 말을 남겼다. 의식도 마찬가지였다. 코흐는 말한다. "재즈가 무엇인지 정의하는 것은 매우 어렵다. 그렇기 때문에 이렇게들 말한다. '이봐요. 당신이 그걸 물어봐야 알 수 있다면, 절대 알 수 없을 거요.' 같은 말이 의식에도 딱 들어맞는다."

　　1980년대 후반까지도 의식을 연구한다고 하면 노쇠의 징표라고 해석했다. 의식은 진지하게 파고들 자연과학 영역이 아니었다. 코흐는 "젊은 교수, 특히 아직 종신 재직권을 확보하지 못한 사람이 몸-마음 문제에 정신이 팔린 것은 무분별한 짓이었다"라고 당시 분위기를 전한다. '고깃덩어리에 불과한 뇌가 감각을 어떻게 불러일으킬 수 있을까' 하는 문제에 대해 철학자 그룹은 다양한 아이디어를 내놓은 바 있다. 에릭 캔델에 따르면, 의식을 과학적으로 살필 수 있느냐를 놓고 철학자가 셋으로 나뉜다. 연구 불가하다는 콜린 맥긴, 의식은 뇌의 계산 작업 결과이니 연구할 수 있다는 대니얼 데닛, 두 사람의 중간 입장인 존 설과 토머스 네이글이다.

세상이 바뀌었고, 의식이 과학의 연구 대상으로 떠올랐다. 기능성자기공명영상fMRI이라는 신기술 등장에 힘입었다. 뇌의 혈류 흐름을 측정해 어떤 뉴런이 활성화되는지를 알아볼 수 있다. 코흐는 수많은 동료와 함께 의식의 과학을 탄생시켰다. 의식의 생물학자들은 의식 공략을 위한 첫걸음으로 의식의 통일성을 매개하는 신경 시스템을 파고들었다. 의식 통일성을 위해 필요한 신경상관물neural correlates of consciousness, NCC이 만들어지는 위치가 어디인지를 확인하려고 했다. 여기서 '뇌의식 전역全域 출현론'과 '뇌의식 특정 지역 출현론'으로 갈렸다. 1972년 노벨생리의학상을 받은 제럴드 에덜만은 전역global 출현론자이고, 크릭과 코흐는 특정지역local 출현론자다.

크릭과 코흐는 의식의 통일성이 직접적인 신경상관물들을 가진다고 믿었다. 그 상관물은 특수한 특징을 가진 뉴런들이 포함될 가능성이 있고, 이 뉴런 덩어리를 뇌 속에서 찾아내면 된다고 판단했다. 두 사람은 '신경상관물'을 찾기 위해 시각時角을 조사했다. 시각 정보는 눈의 망막을 통해 들어오고, 망막 뒤 시세포는 이를 받아 디지털 데이터로 만들어 뇌의 1차 시각 영역으로 보내며, 이후 2차, 3차, 4차, 5차 시각 영역으로 정보는 차례차례 재전송된다. 그 과정 어딘가에서 시각의 의식 정보가 출현하는 게 분명하다. 하지만 시각 영역을 뒤지는 게 한계가 있어 의식 발현 지점을 두 사람은 확인할 수 없었다.

복잡성은 의식을 낳는다

2004년 크릭이 죽은 뒤, 크리스토프 코흐의 생각이 바뀌었다. 코흐는 자신의 생각 변화를 이렇게 고백한다. "나는 전에는 의식이 복잡한 신경계에서 발생한다는 생각을 지지했다. 먼저 내놨던 《의식의 탐구》를 읽어보라. 그러나 시간이 지나면서 생각이 바뀌었다." 코흐 마음을 사로잡은 새 의식 이론은 범심론汎心論에 가깝다. 범심론은 우주 만물에 영혼이 깃들어 있다는 오래된 생각이다. 동아시아에서는 정령 신앙이라고 했다. 코흐는 "의식은 생명체의 근본적이고 기초적인 속성"이며 "의식은 조직화된 물질 덩어리에서 기인한다"고도 말한다. 의식이 전하처럼 물질의 기본적인 속성이라는 것이다. 전하는 입자의 속성이며, 입자에서 나타난 창발 현상이 아니다. 코흐는 "더 크고 고도로 연결된 시스템은 더 큰 의식을 지닌다"라고 말한다.

코흐는 검증 가능한 이론을 만들어야 한다는 생각 아래, 정보이론에 기초한 호주 철학자 데이비드 차머스의 '이중 양상double aspect' 이론을 다듬었다. 차머스 생각을 요약하면 '물리적 상태를 가진 모든 것은 켬on/끔off 스위치처럼 두 가지 상태를 지니거나, 주관적이고 순간적인 의식적 상태를 내부에 포함한다'라고 할 수 있다. 더 많은 수의 구분되는 상태가 있을수록 의식 경험의 저장소는 커진다. 코흐는 차머스가 정보의 양에는 주목했지만 정보 간의 상호 연결이라는 '질'에는 주목하지 않아 한계를 지닌다고 보았다. 여기서 코흐가 찾은 새로운 접점이 줄리오 토노니다.

토노니는 의식의 생물학을 이끄는 주요 이론 중 하나인 '정보통합이론IIT, Integrated Information Theory' 모델의 주창자다. 이탈리아 출신으로 미국 위스콘신대학의 신경학자다. 코흐는 이후 10여 년간 토노니와 긴밀하게 일했다. 통합정보이론은 '정보'와 '통합' 두 가지를 강조한다. 의식적인 경험은 특별한 정보를 지니며(정보), 고도로 통합되어 있다(통합)는 주장이다. 통합정보이론은 파이ϕ라고 하는 의식의 정도 측정 단위를 갖고 있다. 파이는 0~1 값을 갖는다.

의식 출현에서 '통합'의 중요성은 소뇌와 대뇌의 비교에서 확인이 가능하다고 토노니는 말한다. 뇌에는 신경세포가 1,000억 개가 있고, 이중 소뇌에 800억 개, 대뇌에 200억 개가 있다. 소뇌가 4배나 뉴런이 많다. 그런데 의식은 뉴런 수가 더 많은 소뇌에서 나오지 않는다. 뉴런이 더 적은 시상-대뇌 피질 연합체에서 나온다. 그 이유는 소뇌는 내부의 모듈들이 제 일을 열심히 할뿐 서로 연결되어 있지 않은 탓이라고 토노니는 풀이한다. 소뇌와는 달리 대뇌에는 각 곳을 서로 연결하는 많은 끈이 달려 있다.

코흐는 "나는 어떤 네트워크는 통합정보를 지닌다고 조심스레 강조한다"면서 "0보다 큰 파이값을 내는 시스템은 적어도 약간의 (의식) 경험을 한다"라고 말한다. 살아 있는 모든 세포에서 발견되는 생화학적 분자 조절 네트워크, 반도체 장치, 구리 선으로 만든 전기 회로도 이에 포함된다고 주장한다. 코흐는 토노니와의 공동 논문에서 "인공지능이 인간 지능을 모방하는 일이 광대한 정보를 연결하고 통합하는 기계에 의해 달성될 것이다. 이러한 기계는 높은 파이 값을 갖게 될 것"이라고 말한다. 의식이 출현하는 문턱값이 얼마인지에 관해서는 말이 없다.

코흐는 "인터넷은 이미 지각을 지니고 있을 수도 있다"라는 깜짝 놀랄 주장도 마다하지 않는다. 그는 "의식이 갑자기 생겨난 단순한 요소가 아니라 우주의 근본적인 특징임을 상정하면, 통합정보이론은 정교한 형태의 범심론이다"라면서 "만물이 어느 정도 지각을 갖고 있다는 가설은 그 우아함과 논리적 일관성 때문에 대단한 호소력을 지닌다"라고 말한다. 그는 《인간현상》의 저자인 테야르 드 샤르댕(1881~1955)을 새로운 스승으로 떠받든다. 예수회 신부이자 철학자, 고생물학자였던 이 프랑스인은 "복잡성은 의식을 낳는다"라고 말한 바 있다. 코흐는 지구촌을 빽빽하게 연결한 거대 네트워크인 "인터넷의 수호성인이 있다면 바로 샤르댕일 것"이라고도 말한다.

의식이 없다면 아무것도 없다. 의식이 멈출 때 세상 또한 멈춘다. 의식은 코흐의 말대로 복잡성을 가진 물질의 기본 속성일까? 더 알기 위해 줄리오 토노니의 《의식은 언제 탄생하는가?》를 읽을 순서다.

'좀비 연합체'인 소뇌

나의 아버지가 혼수상태에 깨어난 건 일주일이 지나서였다. 뇌졸중으로 쓰러진 아버지는 신경외과 중환자실에 누워계셨다. 정신이 돌아온 뒤 병상을 지키던 어머니가 "내가 누구예요?"라고 묻자 말은 못하시고 눈만 깜빡깜빡하셨다. 50대 후반인 남편이 갑작스럽게 쓰러지자 충격을 받았던 어머니는 그나마 안도의 한숨을 내쉬었다. 중환자실에 있던 가족이 눈을 뜨면 우리는 본능적으로 묻는다. "내가 누군지 알아보겠어?" "당신 이름은 뭐야?" 의식이 있는지 알아보기 위한 수단이다.

《의식은 언제 탄생하는가?》는 의사 출신 이탈리아 뇌과학자 두 명이 쓴 책이다. 의식이 돌아오지 않아 고통을 겪는 환자와 그 가족의 마음을 살피는 의사의 따뜻함이 책 곳곳에서 느껴진다. 마르첼로 마시미니는 이탈리아 밀라노대학 교수이고, 줄리오 토노니는 미국 위스콘신대학 교수로 '정보통합이론'이라는 의식 이론으로 세계적 명성을 얻었다. 지금 이 순간에도 병원 중환자실에 누워 있는 가족의 의식이 돌아오기를 기다리는 이에게 마시미니와 토노니가 구세주가 될 수 있을까? 두 사람은 의식 측정 장치인 TMS뇌파계를 개발했다. TMS(경두개 經頭蓋 자기 자극법, transcranial magnetic stimulation)로 대뇌피질을 노크하고, 그로 인해 발생하는 전기 반응을 뇌파도로 포착한다.

> "대뇌 메아리의 복잡함은 의식 수준의 지표가 된다고 할 수 있다. TMS장치로 두개골을 노크하면 의식이 있는 뇌에서는 복잡한 메아리가 퍼진다. 하지만 의식이 없는 뇌에서는 띄엄띄엄하고 단조로운 움직임밖에 보이지 않는다. 분명히 통합이 저지되고 있다." 의식은 언제 탄생하는가? | 마르첼로 마시미니, 줄리오 토노니 지음 | 박인용 옮김 | 한언

TMS와 뇌파계 각각은 오래전에 개발되었다. 이 두 기기를 합한 TMS뇌파계 개발에는 10년이 걸렸다. 두 사람은 "그 10년은 밤잠을 자지 않으면서 생각하고 기계의 문제도 극복하면서, 그리고 무엇보다 정열이 넘쳐 피로를 모르는 사람들이 팀을 만들어 노력하면서 보낸 세월이다"라고 말한다. TMS뇌파계 탄생을 가능케 한 의식의 생물학 이론이 토노니의 '정보통합이론'이다. 정보통합이론은 "어느 신체 시스템이나 정보를 통합하는 능력이 있으면 의식이 있다"라고 말한다. '정보의 다양성'과 '정보 통합'이 의식 출현을 위해 필요하다고 하며, 그 정보량 측정 단위로 파이를 제시한다. 파이는 '다양한 상호작용'과 '통합'

이 균형을 잘 이루면 값이 커진다. '다양한 정보량'이 미미하거나 '통합의 정도'가 낮으면 파이 값이 떨어진다.

　　토노니와 마시미니의 금광은 '소뇌'였다. 소뇌에는 왜 의식이 없고 대뇌에는 있을까에 착안, 의식의 비밀을 캤다. 이들은 소뇌를 구성하는 두 반구가 서로 이어지지 않았다는 걸 발견했다. 즉 대뇌피질의 두 반구인 좌반구와 우반구를 연결하는 2억 개 가닥의 섬유 같은 게 소뇌에서는 발견되지 않는다. 소뇌 오른쪽에 가득 차 있는 400억 개의 신경세포는 소뇌 왼쪽에 가득 차 있는 400억 개의 신경세포의 세계와는 관련이 없다. 두 사람은 "소뇌에 관해 말하자면, 우리는 모두 태어났을 때부터 분리 뇌 환자 같은 존재"라고 말한다. 소뇌에는 쌍둥이 반구를 단단히 연결하는 뇌량이 존재하지 않는 것은 물론, 각각의 반구 내에서도 각 부위를 잇는 섬유가 관찰되지 않는다. 소뇌는 독립된 모듈로 만들어진 것이다. 소뇌는 모듈들의 집합체라는 특징 덕택에 몸의 움직임을 비롯한 다양한 기능을 믿기 어려울 정도로 빠르고 정확하게 조정한다. 소뇌는 작은 컴퓨터가 늘어선 집합체로, 각 컴퓨터는 자신의 주어진 임무를 수행한다. 마시미니와 토노니는 이렇게 말한다.

"소뇌의 모듈이 끊임없이 작용하는 덕택에 최종적으로 탁자 위의 컵을 손으로 잡을 때 거리를 계산하지 않아도 된다. 피아노 건반 위에서 손가락을 재빠르게 움직일 수 있는 것도 그 덕택이다. 참으로 놀라운 과정이다. 가능하다면 소뇌 모듈들에 개인적인 감사를 전하고 싶다. 그대의 헌신에 감동했다. 그렇게 효율적으로 작동해주고 유연하게 대응해줘 고맙다. 그대의 재빠른 일솜씨에 정말 놀랐다." 의식은 언제 탄생하는가? | 마르첼로 마시미니, 줄리오 토노니 지음 | 박인용 옮김 | 한언

'좀비 연합체'는 저자들이 소뇌를 표현하는 단어다. 의식을 갖고 있지 않으면서 움직이며 일을 해치운다는 측면에서 그렇게 말한다. 소뇌가 두개골에서 적출되더라도 의식은 작동한다고 한다. 소뇌가 의식을 낳지 못하는 건 심장과 비슷하다고 저자들은 설명한다. 심장의 수많은 세포들은 심장을 뛰게 하기 위해 같은 리듬으로 움직인다. 심장이 피를 펌프질할 수 있도록 세포들이 협업한다. 정보량이 매우 많을 듯하지만 그렇지 않다. 일제히 움직이기 때문에 다양성이 없어 정보량은 별로 없다. 같은 시간을 표시하는 많은 시계에는 정보가 없는 것과 같은 이치다. 이 시계들은 한 가지 시각이라는 아주 작은 정보만 갖고 있을 뿐이다.

반면 시상-대뇌피질계는 고도로 전문화한 영역들 사이에서 근거리 연결과 장거리 연결이 모두 이뤄진다. 200억 개라는 소뇌에 비해 4분의 1인 신경세포가 있지만 이들이 만드는 각 영역은 네트워크를 타고 빠르고 효율적으로 상호 반응한다. 시상-대뇌피질계는 "끝없이 전문화됐고, 완전히 통합되어 있다." 마시미니와 토노니는 파이의 정보 통합이론이라는 렌즈로 대뇌와 소뇌 구조를 해체해 본 뒤 이렇게 말한다. "소뇌는 먼지 덩어리처럼, 시상-피질계는 더할 수 없이 위대한 존재처럼 보인다."

그들은 "의식 변화는 시상-피질계 신경세포의 정보 통합 능력에 일시적인 변화가 생김에 따라 일어난다"라는 생각에 도달한다. 이들에 따르면, 해마다 수십만 명이라는 환자가 혼수상태에서 벗어나 눈을 뜨지만 바깥세상의 자극에 대해 아무런 반응을 나타내지 않고 있다. 많은 경우 돌이킬 수 없는 손상에 의해 뇌의 출입구가 절단되어 외부 관찰자의 의식에 접근할 수 없는 상태가 몇 개월 또는 몇 년이나 계속

된다. 우리는 타인이 의식이 있는지 없는지를 외부 세계와의 정보 교환 능력을 근거로 판단한다. 나의 아버지가 뇌졸중으로 뇌 조직 일부가 파괴돼 의식을 잃고 일주일이 더 지나 의식을 되찾았을 때도 어머니가 아버지에게 던진 말은 "내가 누구예요?"였다. 언어 영역이 망가진 아버지는 끝내 정상적인 언어 구사를 하지 못하셨지만, 어머니 요구에 반응을 보일 수는 있었다.

마시미니와 토노니는 시상-대뇌피질계 조직을 직접 두드려 그 메아리를 들어보려 했다. 정보를 잃은 뇌에서 들리는 메아리는 정보가 많은 의식이 또렷한 뇌에서 들리는 메아리와 다를 것이라고 생각했다. 어려서 청과물 도매시장에 어머니를 따라간 생각이 난다. 어머니는 수박을 가운뎃손가락 마디로 두들겨 보시곤 했다. 잘 익은 수박에서는 아름다운 공명음이 들렸다.

마시미니와 토노니가 해보려는 것도 이와 비슷하다. 뇌를 두들겨 보고 그 소리를 듣고 의식이 또렷한지 아닌지를 확인해 보려고 했다. 이렇게 TMS 뇌파계가 만들어졌다. 피험자를 자기장의 망치로 쾅 하고 두들겼다. 자극을 가한 순간에 같은 모양의 거대한 전기파가 뇌 전체를 덮었다. 60개의 전극에서 반응을 확인했다.

마시미니와 토노니에 따르면, 복잡하고 장엄한 건축물인 뇌가 깊은 잠이 들면 불과 몇 분 사이에 무너져 모양이 분명하지 않고 뿔뿔이 흩어지며 흐물흐물한 덩어리에 지나지 않게 된다. 잠자고 있는 사람의 뇌를 TMS 뇌파계로 살펴보면 단조로운 소리만 들려온다. 왜 이런 일이 일어날까? '깨어있음'에서 '잠이 듦'으로 옮겨가면서 시상-피질계의 물질에 일어나는 변화는 어떤 것일까? 저자들은 칼륨 이온이 그 물리적인 현상의 기반에 있다고 설명한다. 이들은 "특별할 것이 없는 이

온(전하를 가지는 원자)이 의식과는 어울리지 않을 듯한 움직임을 보인다. 그것만으로도 그 복잡함이 무너진다"라며 그 이온이 칼륨이라고 말한다. 잠이 듦에 따라 신경세포 겉면의 칼륨 통로가 차츰 늘어나며, 양전기를 지닌 칼륨 이온은 신경세포에서 서서히 빠져나간다. 이로 인해 시상-대뇌피질계 내부의 민주적인 정보 교환이라는 균형 상태가 무너진다. 활성화 정도가 그다지 높지 않은 신경세포 무리는 통합 상태를 잃는다. 활성화 정도가 높은 신경세포 무리는 다른 무리에 자신들의 활발함을 강요하다가 정보를 잃는다.

마취도 마찬가지다. 투약 후 몇 분이 지나면 의식을 잃는데, 이때 대뇌의 복잡성이 보이지 않는다. 자는 사람의 대뇌와 거의 같은 반응을 보였다. 이로써 두 의사는 "대뇌 메아리의 복잡함이 의식 수준의 지표가 된다"라는 걸 확신하게 되었다.

《의식은 언제 탄생하는가?》는 280쪽 분량으로 두툼하지 않지만 읽을 게 많았다. 두 사람이 의식의 생물학 이론을 만들고, 그 이론에 근거해 의식의 양을 측정할 수 있는 기계를 제작한 이야기가 흥미로웠다. 그 의식 측정계가 더 다듬어져서 의식을 잃은 환자나 가족, 그리고 락트인 증후군Locked-in syndrome 환자에게 밝은 빛을 던져주길 기대한다.

4
나의 기억이 바로 나

초등학교 졸업 후 처음 만난 친구가 있다. 안부를 묻고 이야기가 오갔다. 아이가 둘이라고 말했더니, 순간 그가 묘한 웃음을 지으며 말한다. "아이들 낳은 걸 보니, 네 고추 괜찮은 모양이다. 초등학교 때 너 고추에 피났었잖아. 기억 안나?" 세상에 이럴 수가? 기억이 뒤바뀌었다. 고추를 다친 사람은 내가 아니라 분명 그 친구다. 이게 무슨 일인가?

초등학교 5학년 때다. 그 나이 남자아이들이 그렇듯이 몸을 밀고 당기고 부딪치며 놀았다. 그런데 갑자기 친구가 사타구니가 아프다고 했고, 고추 끝에서 피가 조금 나온다고 했다. 학교가 파하고 집에 왔다. 나는 그 일을 할머니께 말씀드렸다. 어린 나이였지만 그 정도는 '보고 사항'이라고 생각했다. 할머니가 곧장 그 친구 집에 다녀오셨고 "병원에 가봤는데 괜찮다고 한다"라는 소식을 전해주셨다. 일은 그렇게 마무리되었다.

그런데 많은 시간이 지나 그 친구의 기억은 뒤바뀌어 있었다. 다친 사람이 나라고 기억한다. 기억은 믿을 수 없다고 하더니, 정말 그런가 싶다. 그와 나는 많은 친구 앞에서 "네 고추다", "아니야 네 고추야" 하는 식으로 서로 다른 이야기를 했다. 시간이 많이 지났으니 옛일을 증언해줄 사람은 없다. 나의 할머니도 돌아가셨고, 그 친구의 부모님도 그 일을 기억하지 못할 것이다. 결국 누구 말이 옳은지 확인할 수 없다. 그 친구가 정색하고 말하는 걸 보니, 내 기억이 잘못됐나 싶은 생각까지 든다. 친구의 기억 조작은 완벽히 성공한 듯 보인다.

사람의 뇌는 때로 거짓말을 지어낸다고 한다. 나는 그 친구의 뇌가 기억을 변조해 거짓 서사를 만들어냈다고 생각한다. 그건 자기합리화가 필요했기 때문일 것이다. 남자가 성기를 다친 적이 있다는 건 일종의 트라우마일 수 있고, 그는 자가 치유를 위해 기억을 변조했다. 그렇지 않을까?

신경과학자 프루스트

프랑스 작가 마르셀 프루스트(1871~1922)는 기억의 문학을 구축한 작가로 명성이 높다. 그는 질병 감염을 두려워해 코르크로 밀봉된 방에서 살며 《잃어버린 시간을 찾아서》라는 초瑙장편을 썼다. 자기 기억을 문학으로 만들어 20세기 문학의 절대반지를 소유한 한 명이 되었다. 《프루스트는 신경과학자였다》는 기억의 생물학자 조나 레러의 책이다. 조나 레러는, 역시 기억의 생물학자로 2000년 노벨생리의학상 수상자인 에릭 캔델 미국 컬럼비아대학 교수 연구실에서 연구한 바 있다. 그는 소설가 프루스트가 기억의 메커니즘을 꿰뚫어 본 신경과학자였다고 이 책에서 말한다.

조나 레러에 따르면 프루스트는 두 가지 면에서 통찰력을 발휘했다. 기억 정보가 흩어져 각기 저장되지 않으며, 꼬리표가 달린 듯 사건의 여러 측면과 연결돼 저장된다는 걸 알았다. 즉 프루스트는 미각과 후각 정보와 연결된 기억 다발을 끄집어냈다. 프루스트가《잃어버린 시간을 찾아서》의 첫 편인 〈스완네 집 쪽으로〉를 집필할 수 있었던 출발점, 즉 묻혀 있던 콩브레 시절의 기억을 떠올리게 한 건 미각과 후각이었다. 프루스트는 조개껍질 모양의 과자를 차에 적셔 입에 넣었을 때, 어려서 그걸 먹은 기억을 떠올렸다. 어떻게 기억 저편에 오래도록 묻혀 있던 정보를 다시 인출해냈는지, 프루스트의 말을 들어본다.

"머나먼 과거로부터 아무것도 남아 있지 않을 때, 사람들이 죽고 사물들이 부서지고 흩어진 후에도, 맛과 냄새만이, 연약하지만 끈질기게, 실체가 없으면서도 지속적으로, 충실하게, 오랫동안 남아 떠돈다. 마치 영혼들처럼, 기억하고 기다리고 희망하면서. 다른 모든 것이 부서진 가운데서, 그리고 그 사소하고 거의 만질 수도 없는 한 방울의 본질 가운데 회상의 방대한 구조를 견지한다." 프루스트는 신경과학자였다 | 조나 레러 지음 | 안시열 옮김 | 지호

더 흥미로운 건 기억이 편집된다는 프루스트의 두 번째 통찰력이다. 그는 자전소설《잃어버린 시간을 찾아서》를 끊임없이 고쳐 썼다. 그는 죽기 전날 밤에도 침대에 누워 하녀를 불러 원고의 고칠 부분을 받아쓰도록 했다. 프루스트는 자기 소설에서 죽음을 묘사한 대목을 바꾸고 싶어 했다. 자신의 죽음이 임박하니 죽는다는 것이 어떤 것인지 좀 더 알게 되었기 때문이다. 프루스트에게 기억은 고쳐 쓰기를 결코 그만둘 수 없는 문장이었고, 그는 참을 수 없는 첨삭가였다고 조나 레

러는 말한다. 기억은 끝없이 다시 써지며 때로는 위변조된다는 걸 이제 우리는 안다. 내 친구(혹은 나의)의 기억 변조에서 그걸 확인한 바 있다. 기억은 시냅스의 패턴으로 한 번 자리 잡으면 고칠 수 없는 아날로그 사진인 줄 알았다. 하지만 기억은 디지털 이미지였다. 현재 보는 시선에 따라 얼마든지 고쳐 쓸 수 있는 디지털 방식이었다.

기억 변조는 그나마 낫다. 기억이 삭제되는 건 우리 모두에게 두려움이다. 내 기억 창고를 점검해보면 현재의 느낌은 강하되, 지나간 일은 시간 경과에 따라 조금씩 영상이 흐릿하다. 실제 일어난 일인지, 영화에서 본 일인지 구분이 안 될 정도다. 이로 인해 나의 존재감이 약해진다. 가령 나의 최초 기억으로 남아 있는 게 무엇인지 생각해본다. 4살 때 기억이다. 어머니가 둘째 동생을 출산한 날의 한 장면이다. 추운 날이었지만 볕은 좋았던 한낮이었다. 기와집의 방 한 칸에서 셋방살이하던 때였는데, 나는 밖에서 불안해하며 방안에서 출산하는 어머니를 기다렸다. 한 장의 스틸 컷이다.

유치원 때 기억은 몇 장 더 보인다. 또래 여자아이와 손을 잡고 유치원에 간다며 엄마들의 배웅을 받으며 집 앞 경사진 길을 내려간다. 뒤를 돌아보며 엄마들을 향해 손을 흔드는 모습이 보이는 듯하다. 셋방살이하는 쉽지 않은 살림이지만 아이는 잘 키우겠다는 젊은 아버지와 어머니의 배려 때문에 다닐 수 있었던 유치원이다. 따뜻한 기억이지만 낡았고, 빛이 바랬다. 컬러사진이 아니라 흑백 이미지다.

그 기억 창고에는 픽사의 2014년 애니메이션 〈인사이드 아웃〉 속의 한 장면처럼, 잊혀진 그래서 불빛이 꺼진 기억 다발들이 산처럼 쌓여 있다. 과거 기억이 희미해지는 건 아쉽지만, 그리 중요한 건 아니다. 근래 기억이 사라질 수 있다는 그 일에 대한 두려움이 적지 않다. 치매와 알츠하이머는 우리 모두가 피해가기를 간절히 원하는 깊은 함정이다. 오죽했으면 제임스 왓슨이나 스티븐 핑커가 알츠하이머 진단을 피했겠는가 싶다.

기억이 없으면 내일도 없다

영화로도 만들어진 작가 김영하의 《살인자의 기억법》. 주인공 김병수는 일흔 살로, 연쇄살인범이었는데 알츠하이머에 걸렸다. 그는 딸 은희를 노리는 다른 연쇄살인범을 죽이려 한다. 마지막 살인 계획이지만 그는 은희를 보호하지 못한다. 살해 계획 자체를 기억하지 못했기 때문이다. 기억이라는 과거가 무너지면서, 그의 미래도 붕괴했다. 이는 기억, 즉 과거가 없으면 내일이 없음을 보여준다. 작가는 미래를 잃지 않으려는 알츠하이머 환자의 분투를 보여준다. 김병수는 "수십 명을 살해한 과거는 잊어도 좋다. 그건 아무래도 좋다. 지금의 내가 잊지 않으려 노력하는 게 바로 미래다. 미래, 즉 나의 계획을 잊어서는 안 된다"고 말한다.

이 알츠하이머 환자는 은희를 살리기는커녕 자기 손으로 죽였다. 살인의 순간, 그 대상이 딸인지 아닌지 그는 구분하지 못했다. 기억이 파괴되었기 때문이다. 과거를 기억하지 못하는 자에게는 참고할 데이터베이스가 없었다. 때문에 미래를 원하는 대로 살 수 없었다. 작가 김영하는 말한다. "미래 기억은 앞으로 할 일을 기억한다는 뜻이었다. 약을 식후 30분에 드세요 하는 게 미래 기억이다. 치매 환자가 가장 빨리 잊어버리는 게 바로 그것이라고 했다. 과거 기억을 상실하면 내가 누구인지를 알 수 없게 되고, 미래 기억을 못하면 나는 영원히 현재에만 머무르게 된다. 과거와 미래가 없다면 현재는 무슨 의미일까." 나는 김영하 소설을 뇌과학 책처럼 읽었다. 《살인자의 기억법》을 첫 번째 읽을 때는 주인공인 연쇄살인범이 기억이 무너져가는 가운데 자신의 딸을 무사히 지켜낼 수 있을까 하는 스토리를 따라갔다. 두 번째 읽을 때는 김영하가 써놓은 무수히 많은 기억이란 단어를 좇아가며 신경과학 책으로 읽었다.

《기억은 미래를 향한다》는 뇌과학자 한나 모이어와 철학자 마르틴 게스만이 함께 쓴 책이다. 독일인 마르틴 게스만은 "영어권 철학에서 나온 인간 마음에 관한 이론은 낡았다. 생각을 뒤집을 때가 되었다"는 도발적인 문장을 썼다. 뇌과학자 한나 모이어는 이 인문학자의 말을 뼈대 삼아 살을 붙인다. "기억은 되돌아보는 능력일뿐더러 그보다 먼저 우리가 가고자 하는 곳을 내다보는 능력이다." 영어권 책을 주로 접한 나로서는 독일어권 연구자들의 이 말이 신선하게 들린다. 특히 기억이 미래와 관련 있다는 말이 내 뇌에 착 달라붙는다. 작가 김영하의 문장을 뇌과학자의 책에서 다시 읽는 셈이다.

저자들은 "기억의 주요 과제는 계획 수립"이라고 말한다. 한나 모이어에 따르면, 기억은 경험을 항상 새롭게 재처리하며 미래에 유용하게 쓰기 위해서 존재한다. 기억이 뒷받침하지 않으면 우리의 생각과 느낌, 숙고와 계획은 원칙적으로 불가능하다. "기억은 인형의 실을 조종하는 막후 실력자"라고 모이어는 표현한다. 무대에 선 우리는 모든 걸 즉석에서 결정하고 별다른 준비 없이 문제를 해결한다고 생각할지 모르지만 그게 아니다. 게스만은 "내다보기를 감행할 때 비로소 과거를 이야기하기 시작한다는 결론에 우리 문화는 확고하게 도달했다"고 말한다. 기억은 미래 계획자로서 항상 사건을 앞지른다고도 말한다.

이들의 말은 내가 알고 있는 통념과 다르다. 나는 기억이란 과거사나 과거에 익힌 기술을 쌓아두는 창고 보관용품이라고 생각했다.

사회과학도인 나는 소설은 이야기책일 뿐이라고 생각해서 잘 읽지 않았다. 문학이 바로 삶이고 인생이라는 말을 들었지만 큰 감동은 없었다. 나는 나보다는 남에게 관심이 많았다. 이제 좀 달라졌다. 시인과 소설가를 신기 들린 예언자라고 본다. 철학자 김용규를 통해 그들을 재발견했다. 김용규의《철학카페에서 문학 읽기》《철학카페에서 시 읽기》를 특히 재미있게 읽었다. 그에 따르면, 본능적으로 진실을 꿰뚫어 보는 날카로운 직관력 소유자가 예술가다. 그 촉이 예리할수록 뛰어난 작가다. 신경과학자나 다름없는 기억에 대한 사유를 보여준 마르셀 프루스트나 김영하가 그런 사람이겠다.

김영하의《살인자의 기억법》을 전후해 한국 소설에 관심이 생겼다. 한국 작가 작품을 찾아 읽게 되었다. 신문사 후배인 문화부 어수웅 기자가 작가들을 인터뷰해 쓴《탐독》도 한국 소설가 발견에 도움이 되었다. 언젠가 볼 거라고 모아둔 시집도 수십 권 된다. 이제 한 권씩 꺼내 연필을 들고 밑줄 치며 읽는다. 내가 '시집'을 읽는 모습을 본 아내는 "당신이 시를 읽는 날도 오네요"라고 말한다. 전에는 역사책만 내내 읽는다는 소리를 들었다. 과학책을 보기 전 이야기다.

어제가 없는 남자

H.M.은 영원히 현재 시제를 살았다. 그는 27살이던 1953년 뇌수술을 받은 뒤 기억을 잃었다. 무지에서 비롯된 수술로 삶이 파괴됐다. 그의 삶은 역설적이다. 기억을 잃었기에 기억의 과학에 가장 기여한 개인으

로 기억된다. 《어제가 없는 남자, HM의 기억》은 H.M.을 45년간 연구한 미국 MIT 인지심리학자 수잰 코킨이 쓴 책이다. 그 역시 김영하나 한나 모이어와 같은 말을 한다. "헨리는 과거를 기억하지 못하듯 미래도 상상할 수 없었다."

H.M.은 간질 환자였다. 측두엽 절제술을 받은 뒤 간질 증세는 완화됐다. 그런데 예상치 못한 부작용이 나타났다. 기억 저장 장치가 고장났다. 순간순간 대화하고 지각하고 판단하는 데는 큰 문제가 없었지만, 조금 전 일을 기억하지 못했다. H.M.은 수술 후 자신의 인지능력을 조사해온 인지심리학자 브렌다 밀너를 매번 낯선 사람으로 대했다. 신경외과 의사가 뇌를 잘못 건드린 것이다. H.M.은 수술 전 일은 일부 기억했다. 어려서 자신이 부모와 함께 비행기를 타고 미국 코네티컷주의 이스트 하트퍼드 하늘을 날았다는 것을 떠올렸다. 밀너는 H.M.이 수술 후 일은 기억하지 못하지만 수술 전 일은 기억하는 것을 보고 기억의 비밀 두 가지를 풀었다. 첫째, 기억 저장에 관여하는 뇌 부위가 해마라는 걸 알아냈다. 해마는 H.M.에게서 제거한 조직이었다. 둘째, 기억에는 장기기억과 단기기억이 있다는 점이다. H.M.의 장기기억은 살아 있지만 새로운 단기기억은 생성되지 않았다. 오늘날 신경학자는 단기기억(6시간 이내 기억)은 뇌의 시냅스 강화로 일어나며, 장기기억(6시간 이상 기억)은 저장에 새로운 단백질이 필요한 메커니즘이라는 것을 알고 있다.

H.M.은 '절차 기억'이라는 것도 알려줬다. 그는 손으로 도형 따라 그리는 기술이라든지 보행보조기 조작 기술을 익힐 수 있음을 보여줬다. 의식은 기억하지 못했지만, 무의식은 그걸 기억하고 있었다. 오늘날 신경학자는 이런 기억을 '절차 기억'의 하나로 분류한다. 앞서 언급

한 것처럼 자동차 운전이 대표적이다.

학교 다닐 때는 기억력이 좋은 사람, 머리 좋은 친구가 부러웠다. 그들은 나보다 공부를 잘했고, 직장에서는 나보다 빨리 올라갔다. 요즘도 책을 읽다 보면 나를 자극하는 인물이 가끔 나온다. 가령 "그는 사진과 같은 기억력을 갖고 있었다"라는 문장이다. 읽은 것을 잊지 않는다면 얼마나 좋을까? 아르헨티나 작가 호르헤 루이스 보르헤스(1899~1986) 단편 〈기억의 천재 푸네스〉가 있다. 그가 1944년 발표한 작품집 《픽션들》에 들어있다. 보르헤스는 이 작품에서 모든 것을 기억하는 사람인 이레네오 푸네스 이야기를 한다. 푸네스의 사진과 같은 기억력을 보르헤스는 다음과 같이 전한다. "우리는 한눈에 탁자 위에 있는 세 개의 컵을 감지하지만, 푸네스는 포도 덩굴에 달린 모든 포도알과 포도 줄기, 그리고 덩굴손을 감지할 수 있었다. 그는 1882년 4월 30일 동틀 무렵 남쪽 하늘의 구름 모양을 알고 있었으며, 기억 속의 구름과 딱 한 번 보았을 뿐인 어느 책의 가죽 장정 줄무늬, 혹은 케브라초 전투 때 네그로 강에서 어떤 노가 일으킨 물보라를 비교할 수 있었다."

푸네스가 기억을 얻은 건 말에서 떨어진 뒤다. 그는 뛰어난 기억을 얻는 대신 혹독한 대가를 치렀다. 그는 전신마비가 되었지만 새로운 상황을 긍정했다. "몸을 움직일 수 없는 것 정도야 아주 작은 대가에 불과하다고 판단했다." 나는 푸네스에 동의할 수 없다. 전신마비라니, 그걸 치르고 사진과 같은 기억력을 얻고 싶은 생각은 없다.

기억의 생물학자 이반 이스쿠이에르두 역시 보르헤스와 같은 아르헨티나 출신이다. 그는 《망각의 기술》에서 보르헤스의 〈기억의 천재 푸네스〉를 언급하며, 보르헤스를 신경과학자라고 말한다. 그는 "망각은 사고하기 위해, 일반화하기 위해 필요하다" "일반화가 필요한 사고를 하려면 망각해야 한다"라는 보르헤스의 말을 인용하기도 했다. 정리되지 않은 기억들은 기억할 가치가 없다. 보르헤스에 따르면, 푸네스의 풍요로운 세계에는 단지 거의 즉각적으로 인지되는 세부적인 것들밖에 없었다. 푸네스는 고백한다. "나의 기억력은 마치 쓰레기 하치장과도 같지요." 정보는 많아 봤자 소용이 없다. 그 정보를 처리해서 의미 있는 것과 의미 없는 것으로 분류해야 한다. 푸네스는 그것을 못 했다. 얻는 게 있으면 잃는 게 있다.

노인은 최근 일보다 오래전 일을 잘 기억한다. 보르헤스는 그것이 '행복한 시절'의 기억이기 때문이라고 말했다. "우리가 젊었고, 밤새도록 춤을 출 수 있었으며, 온갖 신곡의 가사를 줄줄 외웠고, 자주 사랑에 빠졌으며, 공을 꽤 잘 다뤘고, 세상을 바꾸리라고 생각했던 때였다." 《망각의 기술》에 따르면, 노인에게 최근은 '상실의 시절'이다. 사랑하는 사람을 떠나보내고, 몸의 기력이 쇠하고, 때로는 건강을 잃는다. 나이 들수록 좋은 일을 기억하고 기억을 실제보다 더 아름답게 꾸미려는 경향이 높아진다는 사실을 확인했다고 이스쿠이에르두는 말한다.

이스쿠이에르두에 따르면, 노인이 최근보다 지나간 시절을 잘 기억하는 또 다른 이유는 젊은 시절만큼 작업기억과 단기기억 체계가 원활히 작동하지 않기 때문이다. 최근 기억의 인출도 잘 이뤄지지 않는다. 그럼에도 이런 손실은 병적이라고 보는 건 무리다. 그는 노화의 자연스러운 산물일 뿐이라고 말한다. 받아들이면 된다.

어제가 없으면 내일도 없다. 기억의 책들이 그걸 가르쳐 줬다. 내 주변에서 일어나는 일을 이해하는 데도 도움이 된다. 정치인이 권력을 잡으면 역사책을 다시 쓰려고 하는 이유는 자신이 꿈꾸는 미래를 만들어가는 데 과거가 중요하기 때문이다. 역사를 둘러싼 싸움을 그토록 치열하게 벌이는 이유는 그 과거에 미래가 달려 있는 탓이다.

6장.

인간은 빅뱅의 산물

1
현대 우주론이 찾아낸 창조 서사시, 빅뱅이론

서울 정독도서관 족보실에는 노인이 많다. 나이 들면 자신의 뿌리가 궁금해지기 때문일 것이다. 물리학계도 비슷했다. 나이 든 물리학자는 '우주'의 뿌리, 즉 기원이 궁금했다. 1979년 노벨물리학상 수상자인 스티븐 와인버그는 "한때 우주론cosmology을 말하면 그가 나이 들었다는 표시로 생각했다"고 말한다. 와인버그는 소설《무궁화꽃이 피었습니다》의 주인공인 물리학자 이휘소 박사와 친구였다. 와인버그의 노벨상 수상 이유는 자연의 4가지 힘 중 전자기력과 약력을 통일하는 약전기이론Electroweak interaction의 발견이다.

　　나이 든 물리학자가 우주론을 연구한다는 말은 와인버그 책《최초의 3분》에 나온다. 경력을 만들어가야 하는 젊은 과학자는 우주론과 같은 답이 잘 나오지 않는 영역을 연구해서는 생계 대책을 세울 수 없으니 회피했다. 반면 나이든 과학자는 궁극의 질문에 이제라도 도전하지 않으면 언제 할 수 있겠는가 생각한다는 것이다. 이 책은 이제는 좀 낡은 느낌이 들지만, 한때는 반응이 뜨거웠다. 스티븐 와인버그의 다른 책으로는 《최종이론의 꿈》 《스티븐 와인버그의 세상을 설명하는 과학》이 있다. 특히 《최종이론의 꿈》이 흥미로운데, 실체reality의 진실을 찾아온 현대물리학의 궤적과 물리학자의 꿈을 잘 알 수 있다.

아인슈타인 뛰어넘기

우주의 기원과 진화를 설명하는 우주론은 더 이상 은퇴를 앞둔 과학자의 놀이터가 아니다. 가장 우수한 젊은 두뇌가 몰려 든다. '빅뱅'은 입자물리학과 우주론이 만나는 지점이다. 빅뱅이 물질의 기원이자 우주의 기원이기 때문이다. 입자물리학자는 물질의 기원을 파고들고, 우주론학자는 우주의 기원을 연구한다. 두 영역이 빅뱅이라는 특이점 분야에서 만나니, 요즘 이론물리학자는 우주론학자이기도 하다. 빅뱅 이후 1초도 안된 아주 짧은 시간에 시공간과 물질이 다 만들어졌다. 입자물리학자와 우주론학자는 '빅뱅 이후 아주 짧은 시간의 물리학'에 학자로서의 경력을 걸고 있다. 대전 대덕연구개발특구 내 기초과학연구원 IBS에서 만난 30대 이론물리학자 신창섭 박사도 그중 한 명이었다. 그는 중성자와, 중성자의 반反물질인 반중성자를 잘 연구하면 초기 우주의 모습을 더 잘 알아낼 수 있다고 말했다.

빅뱅이론은 현대 우주론이 찾아낸 창조 서사시다. 빅뱅이론 등 우주론 책을 보기 전에 나도 빅뱅을 알았다. 다만 빅뱅이론 속에 어떤 스토리와 디테일이 있는지는 알지 못했다. 연세대 천문우주학과 이석영 교수의 《모든 사람을 위한 빅뱅 우주론 강의》가 처음 접한 우주론 책이다. 이 책은 두께는 얇으나 현대 우주론 경관을 보여주는 입문서로 좋다. 이 책 서문을 보고 정신이 바짝 들었다. 세상 돌아가는 걸 전혀 모르고 있다고 느꼈다. 같은 세상에 산다고 말할 수 없을 정도로, 천체물리학자는 일반인이 모르는 세계를 개척해 가고 있었다.

"대부분의 현대인은 오늘날이 과학사와 지성사에서 얼마나 중요한 시대인지 모른다. 갈릴레오가 망원경으로 목성의 위성을 발견해 지동설의 문을 열게 된 날, 뉴턴이 중력의 존재를 알게 된 날, 아인슈타인이 시간과 공간이 상대적이라는 것을 알게 된 날 일어났던 그런 지식 혁명이 지금 일어나고 있다. 바로 이 순간, 인류 최대의 질문인 우주의 기원과 운명이 밝혀지고 있기 때문이다. 앞으로 50년쯤 지나면 과학 교과서가 말할 것이다. 2010년경에 드디어 인류가 우주의 과거, 현재, 그리고 미래를 알게 되었다고." 모든 사람을 위한 빅뱅 우주론 강의 | 이석영 지음 | 사이언스북스

알베르트 아인슈타인(1879~1955)의 1917년 논문 〈일반상대성이론의 우주론 고찰〉이 현대 우주론의 출발점이다. 아인슈타인은 이보다 1년여 앞선 1915년 11월 25일 중력이론인 '일반상대성이론'을 내놓았다. 우주 전체가 진화해가는 방식을 설명하는 최초의 과학이론이다. 일반상대성이론은 장방정식field equation이라는 유명한 수식에 압축돼 있다. 아인슈타인은 장방정식을 내놓고, 그것으로 우주의 해解를 구해 봤다. 그리고 놀라지 않을 수 없었다. 우주는 비극적인 운명을 갖고 있었다. 별과 은하가 중력으로 인해 서로 잡아당기면서 다가서고 최종적으로 한곳에서 충돌하는 걸로 나왔다. 이 시나리오를 빅 크런치Big Crunch, 즉 대충돌이라고 한다.

　아인슈타인은 '이건 아니야'라고 생각했다. 평화롭게 보이는 우

주, 즉 정적인 우주를 믿었다. 당시 우주관은 우주가 영원히 변하지 않고 그대로 있다는 것이었다. 아인슈타인은 고민하다가 우주상수 '람다'라는 편법을 동원했다. 람다를 중력방정식에 집어넣어 별들의 중력에 대항하는 반발력, 즉 반反중력 효과를 내도록 했다. 그래서 우주가 빅 크런치라는 파괴의 운명을 맞는 걸 막았다.

주변부는 반란과 음모가 들끓는 곳이다. 러시아는 당시나 지금이나 유럽의 변방지대였다. 러시아에서 알렉상드르 프리드만(1888~1925)이라는 물리학자가 아인슈타인 장방정식을 풀어봤고, 우주가 세 가지 운명의 시나리오를 갖고 있다는 것을 알게 되었다. 영원히 팽창하는 경우, 한 점으로 수축하는 경우, 현재 모양을 유지하는 경우였다. 우주의 질량과 에너지 크기에 따라 경우의 수가 갈렸다. 아인슈타인은 1922년 독일 학술지에 발표된 프리드만의 논문을 봤지만 만족스럽지 않았다. 그는 이 학술지에 프리드만을 반박하는 편지를 보냈다. "정적이지 않은 우주와 관계된 결과는 내가 보기에 의심스럽다. 실제로 그 논문에 실린 해는 (일반상대성이론의) 방정식을 만족시키지 않는다는 것이 드러났다." 하지만 틀린 건 아인슈타인이었다. 상트페테르부르크 대학 수학과 출신인 프리드만의 아인슈타인 장방정식 풀이는 정확했다. 프리드만은 아인슈타인에 항의했고, 아인슈타인은 실수를 인정하지 않을 수 없었다. 그럼에도 마음으로는 받아들이지 않았다. 물리학의 교황이 인정하지 않는 새로운 우주관은 학계의 관심을 받지 못했다. 프리드만의 생각은 빛을 못 보는 듯했다.

조르주 르메트르(1894~1966)는 가톨릭 사제이자 벨기에 루뱅대학의 물리학자였다. 그 역시 1927년 아인슈타인의 일반상대성이론을 바탕으로 우주 모델을 만들었고 우주의 시작과 관련해 '빅뱅 우주론'이라는 생각에 이르렀다. 우주가 팽창 중이라면 어제의 우주는 오늘의 우주보다 작아야 한다. 그리고 먼 과거로 간다면 우주는 작은 점 하나에 모여야 한다. 이게 르메트르의 위대한 통찰력이었다. 그는 이 작은 점을 '원시 원자'라고 불렀다. 우주 창조의 순간에 모든 걸 포함하고 있는 원시원자가 붕괴되면서 우주의 모든 물질을 만들어냈다고 르메트르는 주장했다. 이번에도 학계는 반응을 보이지 않았다. 르메트르는 같은 해 벨기에 브뤼셀에서 열린 유명한 솔베이물리학회에 참석, 아인슈타인을 만났다. 그는 아인슈타인에 다가가 원시원자 가설에 관해 설명했다. 아인슈타인은 프리드만에게서 그 이야기를 이미 들었다며 "당신의 수학은 정확합니다. 하지만 당신의 물리는 혐오스럽습니다"라고 말했다.

허블, 우주 팽창 증거를 찾다

완고한 아인슈타인을 무너뜨린 건 미국 천문학자 에드윈 허블(1889~1953)이었다. 그는 1929년 빅뱅우주론의 결정적인 증거, 즉 우주가 빠른 속도로 팽창하고 있다는 증거를 찾아냈다. 밤하늘의 별 대부분이 스펙트럼에서 적색편이red shift 현상을 보였다. 적색편이는 빛의 파장이 정상적인 위치보다 긴 쪽, 즉 적색 쪽으로 치우쳐 나타나는데, 이는 별이 지구의 관측자로부터 멀어지고 있다는 증거다. 더 빨리 멀어질수록 적색편이는 커진다. 허블은 LA 북쪽에 있는 윌슨산 천문대에서 이를 관측해냈다. 아인슈타인은 1931년 윌슨산 천문대로 찾아가 허블을 만났고, 자신의 '정적인 우주론'이 틀렸음을 인정해야 했다. 아인슈타인은 정적인 우주로 만들기 위해 장방식에 끼어넣은 우주상수 람다가 자신의 최대 실수 중의 하나라고 말했다.

러시아 출신 미국 이론물리학자 조지 가모브(1904~1968)는 상트 페테르부르크대학에서 알렉상드르 프리드만으로부터 물리를 배웠다. 그는 소비에트 러시아를 탈출하려고 여러 번 시도한 끝에 성공했고, 1934년부터 조지워싱턴대학에서 일했다. 가모브가 빅뱅우주론의 결정적인 증거 하나를 보탠다. 그는 수소와 헬륨이 우주에 왜 이리 많을까를 궁리했다. 현재 우주에는 수소 원자 1만 개에 대해, 대략 1,000개의 헬륨 원자가 존재한다. 빅뱅이 원인일 거라고 생각했다. 빅뱅에서 수소와 헬륨이 대량으로 만들어졌다고 보았다. 때는 1940년대 초반이었다.

당시 학계는 태양에서 수소가 타서 에너지를 방출하고 헬륨으로 변한다는 건 알고 있었다. 하지만 가모브가 보기에 태양과 같은 별에서 일어나는 핵융합 반응은 우주에 헬륨이 많은 걸 설명하기에는 속도가 터무니없이 느렸다. 그래서 별이 아닌, 빅뱅이 수소와 함께 헬륨을 만들어낼 수 있을 것이라고 생각했다. "가모브는 뜨겁고 밀도 높은 수소 수프에서 출발하여 시계를 앞으로 돌리면 매 순간 기본 입자들이 어떻게 결합하여 오늘날 우주에 존재하는 원자핵을 만드는지를 알아내려고 했다." 하지만 빅뱅 핵합성을 계산하기에 가모브는 수학 실력이 부족했고, 인내심도 없었다. 문제를 해결한 건 수학에 능한 대학원생 랠프 앨퍼(1921~2007)다. 앨퍼는 오늘날 '빅뱅이론의 잊힌 아버지'라고 불리는데, 3년의 계산과 가정 검토, 충돌 단면적 자료 수정 끝에 빅뱅 원자핵 합성이 끝날 무렵 수소 10개에 헬륨 1개 비율로 원소들이 만들어졌을 것이라고 생각했다. 1948년 4월 가모브와 앨퍼는 〈화학원소의 기원〉이라는, 우주론 역사에서 중요한 논문을 발표했다. 우주는 대량의 수소와 소량의 헬륨, 더 작은 양의 리튬으로 출발했다.

인간은 빅뱅의 산물

빅뱅 스토리는 미국 뉴저지의 두 곳에서 완성됐다. 1964년 미국 뉴저지의 벨연구소에 근무하던 실험물리학자 두 사람은 안테나에 잡히는 잡음의 정체를 알아내기 위해 부심했다. 아노 펜지어스와 로버트 윌슨은 6미터짜리 사각뿔 안테나 속에 비둘기들이 살고 있는 걸 알고 모두 쫓아냈다. 비둘기 똥 때문에 잡음이 발생한다고 생각했던 것이다. 하지만 전파 잡음은 사라지지 않았다. 신호는 특정 방향이 아니라 사방에서 날아왔다. 속수무책이었다. 할 수 없이 주변에 고민을 털어놨다. 프린스턴대학은 벨연구소에서 60킬로미터 거리에 있는데, 물리학자 로버트 딕에게 벨연구소 두 물리학자의 이야기가 전해졌다. 로버트 딕은 벨연구소의 두 사람이 뭘 해냈는지를 즉각적으로 알아차렸다. 그도 그 신호를 잡기 위해 제자인 짐 피블스, 데이비드 윌킨슨을 시켜 물리학과 건물 지붕에 작은 안테나를 설치하려고 했다. 하지만 그럴 필요가 없게 되었다.

정체를 알 수 없는 이 신호는 빅뱅에서 나온 신호로, '우주배경복사cosmic microwave background radiation: CMB'라는 이름으로 불린다. 빅뱅에서 발생한 복사radiation는 우주가 팽창하면서 온도가 점차 떨어졌고, 현재는 마이크로파microwave 형태로 우주 전역으로 퍼져나가고 있다. 파장 길이는 약 1센티미터이고 온도로 환산하면 절대온도 2.725k(섭씨 -270.4도)가 나온다. 마이크로파는 빛의 일종으로 전파에 속하며, 전파 중에서 파장이 가장 짧다. 광학망원경으로는 보이지 않으나, 전파 망원경으로 보면 우주배경복사가 모든 방향으로 퍼져나가는 걸 확인할 수 있다. 아노 펜지어스와 로버트 윌슨은 이 발견으로 1978년 노벨물리학상을 받았다. 빅뱅 신호음을 잡아낸 건 "500년 현대 천문학사에서 가장 위대한 발견"이라고 이야기된다.

우주배경복사 발견 스토리는 극적이다. 프린스턴대학의 이론물리학자 로버트 딕과 짐 피블스에 앞서 우주배경복사가 발견될 거라고 예측한 사람들이 있었다. 랠프 앨퍼와 로버트 허먼이다. 랠프 앨퍼는 빅뱅에서 수소와 헬륨이 얼마만한 비율로 만들어졌는지를 알아낸바 있고, 이어 동료인 허먼과 연구로 1948년 '우주배경복사'의 존재를 주장했다. 하지만 그들의 연구는 15년 이상 잊혀 있었다. 우주배경복사는 빅뱅이론을 표준 우주론의 자리에 올린 최후의 결정타다. 이제 빅뱅이론은 팽창하는 우주와 수소와 헬륨 양, 우주배경복사라는 세 가지 관측 증거를 갖게 되었다. 벨연구소 과학자들의 노벨물리학상 수상은 빅뱅우주론의 승리를 상징한다.

이후 과학자들이 우주배경복사를 집요하게 파고든 결과, 우주의 나이를 137억 9,800만 살이라고 추정하기에 이르렀다. 우주배경복사를 연구한 조지 스무트와 존 매더는 초기 우주 조건을 찾아냈다. 이들은 우주망원경 COBE(우주배경복사탐사위성)를 만들어 1989년 나사의 후원을 얻어 쏘아 올렸는데, 대단한 성공을 거뒀다. 우주배경복사에 미세한 밀도 차이가 있으며, 이는 초기 우주 양자 요동의 결과라는 걸 알아냈다. 이는 빅뱅 때 '급팽창'이 있었다는 증거이고, 또 은하가 만들어지는 데 필요한 조건이었다. 초기 우주의 밀도 차이는 우주에 아무것도 없지 않고 은하와 별, 생명이 형성될 수 있는지를 설명했다. 이 발견 공로를 인정받아 조지 스무트와 존 매더는 2006년 노벨물리학상을 받았다. 이들은 COBE를 쏘아 올릴 때 랠프 앨퍼와 로버트 허먼을 초청했다. 우주배경복사를 처음 예측했던 과학자들에 대한 존경의 표시였다.

2001년에는 COBE의 후속 망원경 WMAP(윌킨슨 마이크로파 비등방성 탐사 위성)이 우주에 올라갔다. WMAP은 1964년 프린스턴대학에서 우주배경복사를 연구하던 데이비드 윌킨슨의 이름을 땄다. WMAP은 빅뱅 38만 년 당시 '아기 우주'의 사진을 찍어 보내왔다. 2003년 인류는 최초로 초기 우주 전역의 고해상도 영상을 얻는 데 성공했다. 우주 나이 38만 년이 되었을 때 우주의 날씨는 처음으로 화창해졌다. 빅뱅 이후 이때까지 초기 우주는 내내 불투명 상태였고, 이때야 빛이 자유롭게 여행을 시작했다. 이때 사진을 인류는 손에 쥐었다. 이는 은하와 별, 행성, 생명의 먼 조상 모습이다.

우리는 빅뱅의 산물이다. 내 몸을 만든 재료의 제1 제조창은 빅뱅이었다. 나의 궁극적인 뿌리는 '족보' 너머, 우주론 책에 나와 있었다. 궁극의 족보인, 우주 나이 38만 년일 때의 '아기 우주' 모습은 인터넷에서 쉽게 검색할 수 있다. '우주배경복사'라는 단어를 입력하기만 하면 된다.

2
내가 '가지 않은 길'은 없다

우주의 기원, 뜻밖의 반전

시인 로버트 프루스트(1874~1963)의 시 〈가지 않는 길〉이 잊히지 않는
건, 내가 가지 않았거나 가지 못한 길에 대한 아쉬움과 회한 때문이다.
돌아보면 삶의 진로를 바꾼 많은 변곡점이 있었다. 프루스트도 그런
마음을 시에 진하게 담았다. 시는 다음과 같이 시작한다. 피천득의 번
역이 따뜻하다.

> 노란 숲속에 길이 두 갈래로 났습니다.
> 나는 두 길을 다 가지 못하는 것을 안타깝게 생각하면서,
> 오랫동안 서서 한 길이 굽어 꺾여 내려간 데까지,
> 바라다볼 수 있는 데까지 멀리 바라다보았습니다.

우주의 기원을 공부하면서 나는 뜻밖의 반전이 있을 수도 있다는 걸
알았다. '평행우주' 혹은 '다중우주'라는 우주론이 있고, 일부 다중우

주론 물리학자는 내가 '가지 않은 길'은 없다고 말한다. 평행우주는 우리 우주 말고도 다른 우주가 수없이 많다는 생각이다. 수없이 많은 우주에 나의 아바타가 있고, 그 아바타는 내가 가지 않은 길을 갔다고 한다. 그건 사실 여부를 떠나 물리학자가 내게 준 괜찮은 심리 처방전이었다. 《멀티 유니버스》 《평행우주》 《맥스 테그마크의 유니버스》는 다중우주이론을 소개하는 책들이다.

《멀티 유니버스》는 끈이론string theory학자 브라이언 그린의 3부작 중 세 번째 책이다. 그는 책에서 9가지 다중우주론을 하나씩 설명한다. 《평행우주》는 물리학자 미치오 가쿠 책이다. 그는 우주론의 시작부터 다중우주론까지를 이야기한다. 우주론 책을 처음 읽는다면 미치오 가쿠의 책이 좋다. 미치오 가쿠의 책이 넓고 얇다면, 브라이언 그린의 《멀티 유니버스》는 좁고 깊다. 《맥스 테그마크의 유니버스》는 스웨덴 출신 미국 MIT 물리학자 맥스 테그마크의 책이다. 그는 기존의 다중우주론을 크게 3단계로 설명한 뒤, 자신의 수학적 우주론을 전개한다. 그의 수학적 우주론은 독창적인 생각이라고 이야기된다.

브라이언 그린의 《멀티 유니버스》를 보니, 다중우주론은 종류도 많다. 누벼 이은 다중우주quilted multiverse, 인플레이션 다중우주inflation multiverse, 브레인 다중우주brane multiverse, 주기적 다중우주cycle multiverse, 경관 다중우주landscape multiverse, 양자 다중우주quantum multiverse, 홀로그램 다중우주holographic multiverse 시뮬레이션 다중우주simulated multiverse, 궁극적 다중우주ultimate multiverse 등 9가지이다.

다중우주 시나리오들은 물리학자가 각각 자기 분야를 파고들어 도달한 목적지다. 그중 물리학자 휴 에버렛 3세(1930~1982)가 1950년대 중반에 제안한 다세계many worlds 양자우주론이 개인적으로 흥미로웠다. 다세계 양자우주론은 내가 살면서 매 순간 선택할 수 있는 모든 경우의 수가 다른 평행우주에서 실현된다고 말한다. 예컨대 나는 서울 북악산 뒤 산동네 집에서 마포구 상암동 회사로 출근할 때 여러 가지 루트로 갈 수 있다. 7211번 버스를 타고 지하철 불광역으로 가거나 7730번 버스를 타고 세검정초등학교 앞 정류장에서 출발해 홍지문 쪽으로 갈 수 있다. 153번 버스를 타고 서대문우체국을 경유해 갈 수도 있다. 다세계양자우주론에 따르면 내가 7211, 7730, 153번 버스 중에서 어떤 버스를 탈까 망설이다가 한 가지 선택을 하는 순간, '다多세계'가 실현된다. 각각의 버스를 탄 내 모습이 있다.

다른 선택을 한 내 모습을 나는 볼 수 없다. 왜 보이지 않을까? 휴 에버렛에 따르면, 이쪽 양자우주에 있는 나에게는 다른 양자우주가 보이지 않는다. 그렇다고 해도 그 양자우주가 멀리 떨어져 있지 않은 게 아니며, 동시에 같은 장소에 존재한다. 이 양자 공간을 무한차원의 추상적인 '힐베르트 공간Hilbert space'이라고 한다. 힐베르트 공간은 독일 수학자 다비트 힐베르트(1862~1943)가 찾아낸 수학적 공간이다. 휴 에버렛이 한 일은 에르빈 슈뢰딩거(1887~1961)의 파동방정식을 새롭게 해석한 거다. 1933년 노벨물리학상 수상자인 슈뢰딩거는 양자역학의 초석을 놓은 아버지 중 한 사람이고, 그의 파동방정식은 입자의 운동을 기술한다. 파동방정식은 입자가 특정 위치에 존재할 확률이 얼마라고 '확률'을 말한다. 그리고 물리학자가 입자의 운동을 관찰하는 순간 파동방정식은 붕괴해, 입자가 확률적으로 어디에 존재한다는 양자역학적인 특성을 잃고, 특정한 위치에 있는 걸로 나타난다. 여러 가능성 중에서 한 가지 모습만 드러내는 것이다.

그런데 휴 에버렛은 슈뢰딩거로부터 20년 뒤, 이 파동방정식이 붕괴하지 않는다며 새로운 해석을 내놓았다. 입자가 이곳에 있을 가능성과 저곳에 있을 가능성이 동시에 존재할 뿐이라는 것이다. 우리는 '파동함수의 일부'에만 존재하고 다른 부분과는 접촉이 없기 때문에 파동함수의 다른 세계는 볼 수 없다. 휴 에버렛은 이를 1950년대 중반 예일대 박사학위 논문으로 썼다. 논문 지도교수는 물리학계의 마지막 거인으로 불리는 존 아치볼드 휠러(1911~2008)다. 휠러는 휴 에버렛의 논문 초안을 보고 만족했다. 그런데 덴마크 코펜하겐으로 양자역학의 아버지인 닐스 보어를 찾아갔다가 생각이 달라졌다. 닐스 보어는 휴 에버렛의 아이디어를 혹평했다. 보어의 뜻밖의 반응에 당황한 휠러는 제자 휴 에버렛에게 논문을 고쳐 쓰도록 지시했다. 취업을 앞두고 박사논문이 필요했던 휴 에버렛은 창의적인 논문을 쓰레기로 만들어야 했다. 1957년이었다.

《맥스 테그마크의 유니버스》 저자 맥스 테그마크는 다음 세대 물리학자다. 그는 휴 에버렛 이론의 강력한 지지자로, 자신의 책에서 휴 에버렛 스토리를 길게 소개한다. 테그마크에 따르면, 휴 에버렛의 다세계양자우주론을 다시 살려낸 건 양자중력이론가 브라이스 드윗(1923~2004)이다. 브라이스 드윗은 휴 에버렛 논문을 뒤늦게 도서관에서 발견하고, 에버렛의 용어를 '다세계양자우주론'으로 바꿔 1970년에 살려냈다. 휴 에버렛의 다세계양자우주론은 지금 들어도 믿기 힘들다. 학계의 많은 이가 수용하지 않는다. 맥스 테그마크가 휴 에버렛의 논문 지도교수인 존 아치볼드 휠러를 나중에 만나 양자평행우주를 믿느냐고 물었다. 휠러는 "월요일, 수요일, 금요일에는 시간을 내서 믿어보려 하고 있네"라고 말했다고 한다.

아인슈타인에서 시작하는 끈이론

다중우주 이론 중 하나인 '경관 다중우주'가 걸어온 길도 흥미롭다. 끈이론이 예측하는 이 다중우주론은 서로 다른 진공 에너지, 즉 우주상수를 갖는 우주가 수없이 많다고 한다. 미국 스탠퍼드대학의 물리학자 레너드 서스킨드가 내놓은 개념이다. 다양한 진공 에너지 정도를 지닌 상태의 아주 긴 리스트를 봉우리와 골짜기에 비유해 '경관Landscape'이라고 이름 붙였다.

이 이야기는 아인슈타인부터 시작할 수 있다. 아인슈타인은 1905년 특수상대성이론, 1915년 일반상대성이론을 내놓았다. 일반상대성이론은 공간 내 에너지의 분포를 알면 인근의 시공간 곡률이 어떻게 휜다는 걸 예측할 수 있다고 말한다. 즉 큰 질량이 있는 물질 근처에서는 시공간이 많이 휜다고 예언했다. 독일인 아인슈타인의 이론을 검증하기 위해 1919년 영국은 아프리카와 남미에 관측반을 보내 개기일식을 관측했다. 먼 곳에서 오는 별빛이 태양의 무거운 질량에 의해 휘는지 여부를 확인하는 게 목적이었다. 평소에는 햇볕이 강렬해 확인하기 힘드나, 개기일식 때는 해가 가려 해 뒤쪽에서 오는 별빛이 태양 근처에서 휘는지를 검증할 수 있다. 이 확인 작업은 영국인(아이작 뉴턴)이 옳은가, 독일인(아인슈타인)이 옳은가 하는, 국가 대항 정서가 깔려있는 미묘한 문제이기도 했다. 영국 천문학자 아서 에딩턴이 아프리카 적도 기니 앞바다의 프린시페 섬에 관측반을 이끌고 다녀왔다. 그는 "일반상대성이론은 옳다"라고 영국왕립학회에 보고했다. 영국의《타임스》와 미국의《뉴욕타임스》가 이를 대서특필했고, 이때 아인슈타인은 물리학계의 교황으로 등극한다.

하지만 아인슈타인은 36세에 일반상대성이론을 내놓은 이후로는 물리학에 별다른 기여를 하지 못했다. 76살 나이로 타계하기까지 40년, 그는 무엇을 한 것일까? 그는 놀지 않았다. 뉴턴의 고전물리학을 한 칼에 베어 버린 '상대성이론 혁명'에 못지않은 큰 꿈을 꾸었다. 그는 우주의 물리학을 한 줄로 설명하는 '만물이론theory of everything, TOE'을 알아내기 위해 남은 삶을 바쳤다. 물리학의 성배를 찾고 있었던 것이다. 그는 미국 프린스턴대학 옆에 있는 고등연구원IAS 연구실에서 혼신의 노력을 다했고, 죽기 며칠 전까지도 종이 위에 방정식을 끄적였다.

현대 물리학자들은 우주에 네 가지 기본적인 힘, 즉 전자기력, 강력, 약력, 중력이 있다고 말한다. '전자기력'은 전기와 자기의 힘을 가리키고, '강력'은 양성자 속에 들어있는 세 개의 쿼크quark를 서로 묶어두는 힘이다. '약력'은 중성자를 양성자로, 양성자를 중성자로 바꾸는 힘이다. 약력은 주로 핵분열 때 나타난다. '중력'은 질량이 있는 물체끼리 끌어당기는 힘이다. 물리학자들은 이 네가지 힘이 우주 초기에는 모두 하나의 힘이었으나, 우주가 식으면서 이 네 가지 힘이 각각 출현했다고 본다. 가령 전자기력은 전기력과 자기력을 합한 말인데, 전기와 자기는 같은 힘의 서로 다른 얼굴이다. 19세기 말 영국 과학자 마이클 패러데이가 전자기력을 이해했고 제임스 클러크 맥스웰이 방정식으로 표현해냈다.

다음은 전자기력과 약력의 통합으로 이 작업은 20세기 중반 스티븐 와인버그와 압두스 살람, 셸던 글래쇼가 이뤄냈다. 세 사람은 1979년 노벨물리학상을 받았다. 전자기력 + 약력 통합 작업까지 성사되었으니 강력, 그리고 중력을 하나씩 추가로 통합할 차례다. 하지만 물리학계는 더 이상 진전을 이루지 못했다. 강력까지를 통합하는 후보로는 초대칭supersymmetry 이론이 있기는 했다. 그러나 초대칭 이론도 이론이 예측했던 초대칭 입자가 발견되지 않아 다수의 입자물리학자는 이 이론이 틀렸다고 보고있다. 물리학계가 만물이론으로 가는 길이 막혔다는 느꼈을 때 발견한 우회로 중 하나가 끈이론이다. 만물의 근원이 무엇인지 알기 위해 쪼개고 쪼개보는 게 입자물리학자의 일이다. 끈이론은 그 최소단위 알갱이를 '에너지 끈string'으로 보자고 제안한다. 끈의 다양한 모양과 진동들은 입자물리학자들이 찾아온 입자들에 대응한다고 주장한다. 그리고 끈이론으로 풀어보니 전자기약력에 강력을 추가하는 이론이 쉽게 나왔다. 중력에 대해서도 마찬가지였다. 짐 배것의 《퀀텀 스토리》에 따르면, 초끈이론은 "우주의 삼라만상을 서술하는 '만물이론'의 강력한 후보로 부상했다."

그런데 문제가 있다. 끈이론은 우주가 11차원으로 구성되어 있다는 풀이를 내놨다. 우리가 살고 있는 우주는 4차원인데 11차원이라니 납득할 수 없었다. 숨은 차원은 어디에 있다는 것인가? 끈이론학자 브라이언 그린의 《엘러건트 유니버스》를 보면, 숨은 차원을 찾아 나선 끈이론 학자들의 분투가 흥미롭다. 끈이론이 궁극의 만물이론이라는 소문이 나자 수많은 젊은 학자가 이 분야에 몰려들었다. 그렇게 1970년 초중반부터 수십 년이 지났지만 성과가 없었다. 시간이 지나면서 '끈이론'은 '초끈이론'으로 '초끈이론'의 배경 차원은 26차원→10차원→11차원으로 변했지만, 초기의 기대는 온데간데 없이 사라졌다. 끈이론 수학이 너무나 복잡하고 어려웠다. 인간 영역을 넘어서는 일 아니냐는 말까지 들려온다.

레너드 서스킨드는 저술 활동도 활발한 미국의 끈이론학자다. 저서 《우주의 풍경》《블랙홀 전쟁》《물리의 정석: 고전역학편》《물리의 정석: 양자역학편》이 한국에 소개되어 있다. 《평행우주라는 미친 생각은 어떻게 상식이 되었는가》의 독일인 저자들에 따르면, 1980년대 서스킨드는 우주 공식을 찾아낼 열쇠를 손에 넣었다고 믿었다. 그런데 알고보니 끈이론은 하나의 우주를 위한 설명이 아니며, 우리 우주에 해당하는 상태의 수가 너무 많았다. 무한히 많은 모델 중 우리 우주가 어떤 것인지 알아낼 방법이 없었고, 이로인해 끈이론가는 망연자실했다. 2005년 서스킨드는 하나의 명백한 우주 공식은 있을 수 없다는 걸 깨달았다.

그는 이제 '만물이론'을 버리는 대신 다중우주를 믿는다. 우주들에는 서로 다른 물리법칙이 작용할 수 있다. 다중우주에 적용되는 각각의 물리법칙은 다르다고 생각한다. 우리 우주에는 우리 우주를 빚어낸 물리법칙이 있고, 다른 우주에는 다른 물리법칙이 있어 사람과 같은 생명체를 만들어내지 못한다. 우주마다 물리법칙이 다르니, 우리 우주의 물리법칙은 왜 이러한가를 따질 필요가 없다. 우주와 인간을 만들어내기에 들어맞는 물리법칙이기에 우리가 우리 우주에 존재하는 것이다. 아인슈타인이 40년 넘게 찾았던 만물의 법칙을 오늘날 물리학자는 그리 궁금해 하지 않는다. 물리 상수들은 그저 주어진 조건일 뿐이다. 왜 그런가 하는 이유는 없다.

이로써 16~17세기 독일 철학자 고트프리트 라이프니츠가 던졌던 질문 일부분도 풀렸다. 라이프니츠는 "왜 아무 것도 없지 않고, 있는가"라고 질문하면서 이 질문에 완전하게 답하려면 "왜 다른 것이 아니고 이것이 존재하는가"에도 답해야 한다고 말했다. 우주론 버전으로 이를 고치면 "왜 이런 물리학법칙이 작동하는 우주인가? 다른 물리학법칙이 작동하는 우주가 아니고"라고 할 수 있다. 다중우주론은 특정 물리 법칙은 중요하지 않다고 말한다. 그저 주어졌을 뿐이다. 다중우주론, 황당하게 들린다. 그러나 갈수록 다중우주론을 심각하게 받아들이는 분위기다. 안드레이 린데 스탠퍼드대학 교수는 급팽창이론을 만든 우주론학계의 유명인사다. 그는 "우리는 다중우주에 대한 모순 없는 그림을 갖고 있다. 이것은 진지한 물리학이다"라고 말한다. 정말 그런가?

3
빅뱅 이전에 신은 무엇을 하고 있었나

신, 시간을 창조하다

북아프리카 알제리 동쪽 끝 지중해 해변에 히포라는 항구가 있었다. 기원후 4~5세기 당시 히포는 로마제국의 남쪽 영토였고, 이곳에는 아우구스티누스라는 기독교 사제가 살고 있었다. 로마제국이 기독교를 국교로 받아들인 후 교회의 위세가 하늘을 찌를 때다.

성경은 신이 우주를 만들었다고 말한다. 지적으로 까다로운 일부 사람들은 성경 내용에 궁금한 게 많았다. 사제를 찾아가 물었다. "신은 천지창조 이전의 그 긴 시간에 뭘 하고 계셨나요?" 성직자들은 답변을 쉽게 찾지 못해 곤혹스러웠다. 성경에는 답이 나와 있지 않았다. 어려운 질문을 받아넘기는 하나의 수단은 농담으로 대응하는 거다. 그들은 "너무 깊은 신비를 꼬치꼬치 파고드는 당신 같은 사람들을 혼내 주기 위해 신은 지옥을 만들고 계셨다"라고 대꾸했다. 대부분 신자들은 속으로 구시렁거렸지만 더 이상 따져 묻지 못하고 꼬리를 내렸다. 사제의 권위에 도전하는 듯한 질문을 계속 던지는 건 위험할 수 있었다. 아우구스티누스는 달랐다. 그는 다른 사제들처럼 피해가지 않고 질문을 사색했다. 그래서 놀라운 답을 사유해냈다. 아우구스티누스는《고백론》에서 "당신(신)은 모든 시간의 창조자다. 당신이 천지를 창조하기 이전에 시간이 있었다고 하면, 어찌하여 당신은 창조 이전에 아무 일도 하시지 않고 쉬고 있었다고 말할 수 있겠는가? 시간조차도 당신이 만든 것이니, 당신이 만들기 전에는 어떤 시간도 지나갈 수가 없다"라고 말한다.

신은 시간도 창조했고, 창조 이전의 시간은 없다는 발상이 창조적이다. 아우구스티누스에 따르면, 신이 창조 이전의 그 무한한 시간에 무엇을 하고 있었느냐고 묻는 건 어리석다. 창조 이전의 시간은 없다. 아우구스티누스의《고백록》은 오늘날에도 명저로 기억되고 있다. 시간에 대한 사유는《고백록》11권 10~14장에 나온다. 각 장의 제목은 '시간이란 무엇인가', '창조 이전의 시간에 대해 묻는 자들', '영원과 시간은 다르다', '창조 이전을 묻는 자에게 주는 대답', '창조 이전의 시간이란 없다'이다.

기독교의 '천지창조'를 오늘날 우주론학자는 '빅뱅'이라고 표현한다. 아우구스티누스가 "천지창조 이전의 시간은 없었다"라고 한 걸 우주론학자 표현으로 바꾸면 "빅뱅 이전의 시간은 없었다"가 된다. 우주론의 표준이론인 빅뱅우주론에 따르면, 빅뱅우주론 이전에는 아무것도 존재하지 않았다. 물리학자 스티븐 호킹은 '빅뱅 이전에는 무엇이 있었느냐'는 질문에 대해 '북극'을 예를 들어 그건 잘못된 질문이라고 말한 바 있다. "북극에 서서, 북쪽이 어느 쪽이냐고 물을 수 있느냐"라고 호킹은 반문했다. 북극에는 북쪽은 없다. 남쪽만 있다. 마찬가지로 '빅뱅 이전'이라는 말은 성립하지 않는다고 스티븐 호킹은 말했다.

우주는 순환한다

이와는 다르게 생각한 우주론학자 그룹이 있다. 이들은 순환우주론을 말한다. 우주가 태어나고 끝나고 새로 태어나는 일을 영원히 반복한다는 것이다. 순환우주론자는 학계에서 소수지만 면면이 만만치 않다. 학계의 거물들이다. 폴 스타인하트(프린스턴대학), 닐 투록(캐나다 온타리오 소재 페리미터 연구소 소장), 아비 로엡(하버드대학), 그리고 영국 케임브리지대학의 수리물리학자 로저 펜로즈 등이다.

물론 이들이 모두 같은 순환우주론을 말하는 게 아니다. 브레인 충돌 순환우주론, 고리양자우주론, 등각순환우주론 등 각각 다르다. 순환우주론의 대표적인 이론인 브레인 충돌 순환우주론은 《끝없는 우주》에 잘 소개되어 있다. 《끝없는 우주》는 이 우주론을 2001년에 만든 폴 스타인하트와 닐 투록의 책이다. 미국 지식 사이트 엣지재단이 낸 《우주의 통찰》에도 폴 스타인하트와 닐 투록이 각각 쓴 글이 한 편씩 들어있다. 《우주의 통찰》은 우주론 연구의 최전선을 보여주며, 정상급 물리학자의 글을 모았다. 엣지재단이 기고를 받거나, 인터뷰를 해서 사이트에 올린 글을 책으로 낸 것이다.

폴 스타인하트와 닐 투록은 주류 우주론학자였다. 폴 스타인하트는 현대 우주론에서 널리 받아들이는 급팽창(인플레이션)이론을 1980년대 만들고 가다듬은 4인 중 한 명이다. 급팽창이론은 빅뱅 직후 양자요동이 일어나 물질이 쏟아져 나왔다고 말한다. 이로부터 10년이 지나 폴 스타인하트는 그의 프린스턴대학 동료 제레마이어 오스트라이커와 함께 급팽창이론의 완성도를 높이는 데도 기여했다. 당시 발견된 암흑 에너지dark energy라는 의문의 에너지를 빅뱅이론에 결합시켰다. 특별한 결합을 가정하면 천문학 증거와 우주의 초기와 후기 역사에 대한 주류의 견해가 매끄럽게 연결됐다. 닐 투록은 자신의 주류 이론에 대한 기여에 대해 이렇게 말한다. "많은 경쟁하는 이론들을 탐색하고 검증하며 제거하는 데 있어서 지도적 역할을 했다. 대안들이 어떻게 실패하는지를 보임으로써 그는 현재의 합의를 이끌어 내는 데 기여했다."

그런데 두 사람은 시간이 지나면서 급팽창이론에 회의적이 되었다. 허점이 많아 하자 보수를 거듭하고 있다고 생각했다. "관찰 결과에 맞추기 위해 하나씩 추가된, 동떨어진 요소들의 짜깁기처럼 보인다." "급팽창 모델의 가장 당혹스러운 측면은 시간이 '시작'을 갖고 있다는 생각이다. 이전에 아무것도 없었다면 어떻게 우주가 시작될 수 있는가."

두 사람은 1999년 영국 케임브리지대학의 아이작 뉴턴 연구소에서 '빅뱅을 어떻게 합리적으로 설명할 것인가'를 주제로 학회를 열었다. 급팽창이론의 한계를 어떻게 극복할 수 있을까를 모색했다. 미국 펜실베이니아대학의 끈이론학자 버트 오브럿이 '브레인brane 세계 가설'을 이 자리에서 발표했다. 두 사람은 그의 발표를 듣다가 거의 동시에 새로운 우주론 모델을 떠올렸다.

당시는 '브레인'이라는 개념이 등장한 직후이며, 브레인은 초끈이론의 아이디어이다. 초끈이론은 우주는 입자가 아니라, 진동하는 에너지 끈으로 만들어져 있다고 본다. 끈이론은 1970년 물리학자 난부 요이치로와 레너드 서스킨드 등에 의해 태동해 몇 단계에 걸치며 진화했다. 끈이론은 초대칭이론과 만나면서 1984년 초끈이론superstring theory이라는 이름으로 바뀌었고, 우주의 최소 구성 단위가 끈일 필요가 없다는 생각에까지 이르렀다. 1차원 끈이 아니라 다차원 막membrane(맴브레인)일 수 있다는 아이디어가 나왔다. 그리고 막, 즉 맴브레인(줄여서 '브레인'이라고 한다)의 크기도 아주 작을 필요가 없으며, 아주 커서 우리 우주가 하나의 브레인이라고 생각하게 됐다. 끈이론 학자는 이를 '브레인 세계 가설'이라고 부른다.

아이작 뉴턴 연구소에서 버트 오브럿이 발표한 날 밤, 학회 참석자들은 케임브리지에서 런던으로 가야 했다. 영국 작가 마이클 프레인의 연극 〈코펜하겐〉 관람이 예정되어 있었다. 〈코펜하겐〉은 물리학을 소재로 한 희곡으로 유명하다. 1998년 초연되었고, 한국에서도 공연된 바 있다. 연극은 1941년 덴마크 물리학자 닐스 보어를, 이제는 점령국 국민이 된 독일 제자 베르너 하이젠베르크가 찾아온 걸 다뤘다. 하이젠베르크의 나치 부역 논란이 소재다. 닐스 보어 부인이 "왜 그가 코펜하겐에 온 걸까요?"라는 대사로 극은 시작한다. 연극을 보기 위해 폴 스타인하트와 닐 투록은 케임브리지에서 런던으로 가는 기차를 탔다. 두 시간 가량 기차 여행을 하면서 두 사람은 브레인 세계 가설이 준 아이디어를 놓고 열띤 대화를 나눴다. 어떻게 브레인으로부터 빅뱅이 생겨날 수 있는가를 이야기했다.

끈이론학자는 '브레인'에 자연의 네 가지 힘이 존재한다고 본다. 여러 가지 브레인 가설이 있는데, 예를 들면 이렇다. 두 개의 브레인이 있다고 하자. 그 중 한 쪽 브레인은 우리가 살고 있는 3차원 브레인(3-브레인)이고, 이곳에는 자연의 네 가지 힘 중 세 가지(전자기력, 약력, 강력)가 존재한다. 다른 브레인은 중력이 존재하는 공간이다. 중력은 우리가 살고 있는 브레인이 아니고 다른 브레인에 존재하기에 우리 우주에서는 약하게 느껴진다. 중력은 자연의 4가지 힘 중에서 가장 약하다.

끈이론학자는 이 브레인들이 고정되어 있다고 봤다. 그런데 폴 스타인하트, 닐 투록은 브레인이 움직이고 충돌하면 어떤 일이 일어나는지를 생각했다. 이들은 브레인들이 충돌하면 그건 기존 우주의 종말이고, 새 우주의 탄생으로 이어진다고 브레인충돌우주론을 제안하기에 이른다. 우주의 순환은 브레인이 충돌했다가 떨어지기를 반복하며 진행된다. 우주의 순환 주기는 약 1조 년. 폴 스타인하트를 비롯한 동료 연구자들은 순환우주론을 도입하면 우주의 시작이라는 어려운 문제점을 피해갈 수 있다고 주장한다. 급팽창이론의 대안이며, 현재까지 나온 관측 증거들을 다 만족시킨다고 한다.

또 다른 순환론, 고리양자우주론

브레인 충돌 순환우주론과 급팽창이론, 두 이론 중 무엇이 옳을까? 끈이론가 브라이언 그린은 빅뱅 중력파 검출이 브레인 충돌 순환우주론과 급팽창이론 중에 무엇이 옳은지 알아내는 방법이라고 말한다. 브라이언 그린은 《멀티 유니버스》에서 빅뱅 중력파를 검출해 그 강도를 측정하면 판정할 수 있다고 주장한다. 급팽창이론은 초기 우주의 격렬한 팽창이 공간의 구조를 크게 흔들었으며 강한 중력파를 발생시켰다고 주장한다. 이 파동이 우주배경복사에 그 흔적을 남겼다는 것이다. 반면 브레인 충돌 순환우주론은 브레인이 충돌하면 일대 혼란이 일어나지만 공간이 급격하게 팽창하지는 않기 때문에 중력파 강도가 너무 약해서 거의 흔적을 남기지 않는다고 말한다. 브라이언 그린에 따르면 순환우주론은 물리학계에 널리 알려져 있으나, 대부분의 학자는 회의적인 시각으로 보고 있다.

고리양자우주론loop quantum theory은 또다른 순환우주론이다.《빅뱅 이전》의 저자인 독일학자 마르틴 보요발트가 1999년 만들었다. 고리양자중력이론은 우주가 고리loop로 만들어져 있고, 공간에도 최소 단위가 있다고 주장한다. 공간도 양자화되어 있는, 즉 시공간은 불연속적이라는 것이다. 우리 눈으로 보기에는 매끈하게 이어진 공간이지만 가령 우리가 손을 들어 공간을 움직일 때 그 손은 수많은 작은 공간의 양자들을 통과하고 있다고 한다. 고리양자중력이론은 1980년대 미국 물리학자 리 스몰린과 이탈리아의 물리학자 카를로 로벨리가 만들었다. 카를로 로벨리의《보이는 세상은 실재가 아니다》는 고리양자중력이론을 쉽고, 흥미롭게 쓴 수작이다.

등각순환우주론Conformal cyclic cosmology은 저명한 수리물리학자 로저 펜로즈가 2010년《시간의 순환》에서 본격적으로 소개했다. 펜로즈는 '빅뱅 특이점 정리' 등으로 명성이 높다. 그래서 그런지 그의 순환우주론 책도 한국에 소개돼 있다.

순환우주론자가 아니더라도, 급팽창이론에 대한 학계 일각의 회의적인 인식은 캘리포니아공대 물리학자 숀 캐럴의 글에서도 확인할 수 있다. 숀 캐럴은《우주의 통찰》에서 "급팽창이론은 제기된 수많은 의문에 대해 답을 내놓지 않고 있다. 그중 가장 눈에 띄는 의문은 애당초 급팽창이 시작된 이유"라고 말한다. 또한 그는 저서《현대 물리학, 시간과 우주의 비밀에 답하다》에서 "빅뱅은 우주의 시작이 아니다"라고 전제하면서 "빅뱅이 진짜 시작이 아니고, 우주 또는 적어도 우리가 속한 우주가 겪게 되는 한 단계에 지나지 않는다는 가설을 과학자들은 점점 더 심각하게 받아들이고 있다"라고 주장했다. 다만 그는 "지금 나와 있는 모델 중에 내 마음에 드는 것은 없다"면서 "우주가 어떤 모습이어야 하는지에 대해 정말 열심히 생각해볼 필요가 있다"고 강조한다.

　순환우주론의 미래는 어떨까? 소수 의견으로 계속 남을지 모른다. 하지만 과학이라는 전쟁터는 엎치락뒤치락해왔으니, 현대 우주론이 어디로 갈지 모를 일이다. 지금까지 쌓아온 빅뱅우주론을 단숨에 흔들어버릴 수 있는 보이지 않는 우주론이 도처에 숨어 있다.

7장.

나도 늙고, 별도 늙는다

1
별은 우주 연금술사!

내 몸의 물질은 어디서 왔는가

내 몸에는 산소(65퍼센트)가 가장 많고, 다음으로 탄소(18.5퍼센트) 비율이 높다. 138억 년 전에 있었다는 빅뱅은 수소와 헬륨을 만들어냈다. 빅뱅 이후에 물질이 추가로 만들어진 일은 우리 우주에 없었다. 그렇다면 내 몸속의 산소, 탄소와 같은 원소는 어디서 만들어졌을까? 수소와 헬륨말고도 학창 시절 화학책에서 본 주기율표에 나오는 원소는 100개도 넘는다. 수소, 헬륨보다 무거운 원소는 어디서 태어났을까?

과학책을 보기 전에는 내 몸의 물질이 어디서 왔을까 하는 의문을 품지 않았다. '어디선가 만들어졌겠지, 그것까지 알아야 되나?' 하는 식이었다. 모르면 궁금하지도 않지만 알면 사랑하게 된다. 핵물리학자와 천문학자가 우주용광로가 있음을 알아냈다. 무거운 원자를 벼려낸 핵물리학에는 신기하고 놀라운 이야기가 있었다. 과학저술가 마커스 초운은《마법의 용광로》에서 "원자를 벼린 마법의 용광로를 어떻게 발견했는지는, 아직 들어보지 못한 위대한 과학 이야기"라고 말한다.

내 몸 재료를 만든 두 번째 제조창 이야기는 마커스 초운 책과 고생물학자 닐 슈빈의《DNA에서 우주를 만나다》, 커트 스테이저의《원자, 인간을 완성하다》에 나와 있다. 세 권은 각기 성격이 다른데《마법의 용광로》는 수소 외에 다른 원소가 모두 어디서 만들어졌나에 집중한다. 다른 두 책은 원소들에 관한 이야기를 많이 들려준다. 마커스 초운은《만물 과학》《태양계의 모든 것》《현대 과학의 열쇠, 퀀텀 유니버스》《화성으로 피크닉 가기 전에 알아야 할 최첨단 우주 이야기》의 저자이기도 하다.

《마법의 용광로》는 제목과 표지만 봐서는 어린이 책 같다. 하지만 진지한 교양과학책이다. 태양은 왜 저렇게 빛나는가를 달리 말하면, 태양의 에너지원은 무엇인가가 된다. 이게 이 책이 풀고자 하는 의문이다. 이 질문을 쫓아가다가 핵물리학자들은 원소들이 태어나는 비밀 장소를 발견했다. 별이 우주 용광로였다. 낮 하늘의 태양, 밤 하늘에 보이는 별, 이 모두가 원소를 빚어내느라고 분주하다. 우리는 눈으로 그걸 빤히 보면서도 모르고 있었다. 별에 가보지도 않았는데, 지구에 앉아서 별이 무엇으로 되어 있는지, 별에서 무슨 일이 일어나고 있는지를 지구인은 알아냈다. 별의 구성 물질은 인류가 끝내 알아내지 못할 것이라고 하던 때가 있었다. 이제 과학자는 별 속을 꿰뚫어 본다.

《마법의 용광로》1부는 핵물리학을 공부하기 위한 몸풀기 과정이다. 원자 개념을 만들어낸 고대 그리스 철학자 데모크리토스에서 시작해 현대에 와서 어떻게 전자, 원자핵, 원자를 발견했는지를 이야기한다. 2부는 태양은 왜 빛나는가에 관한 답을 찾는 과정이고, 3부는 원소들의 고향은 별이라는 걸 알아낸 내용이다. 특히 2부 '태양이 왜 빛나는가' 부분이 재미있다. 서양세계에서 이와 관련한 가장 오래된 답안은 '붉게 달구어진 쇠공'이다. 고대 그리스 철학자 아낙사고라스의 아이디어다. 아낙사고라스 이후 2,000년이 지나도록 그보다 나은 가설을 내놓은 사람은 없었다.

서구에서 태양 연구는 19세기에 본격적으로 출발했다. 천문학자 존 허셜(1792~1871)과 물리학자 클로드 푸이에(1791~1868)가 태양에 관한 실증적인 연구를 시작했다. 이들은 태양에서 나오는 열을 측정했다. 허셜의 계산에 따르면, 한 해 지구에 도달하는 태양열은 지구를 둘러싸고 있는 31미터 두께의 가상의 얼음층을 녹이기에 충분했다. 존 허셜은 더 이상 연구를 진척시키지는 못했다. "태양의 멈추지 않는 어마어마한 대화재는 커다란 미스터리"라는 말만 남겼다. 존 허셜은 유명한 천문학자 윌리엄 허셜의 아들이다. 윌리엄 허셜은 1781년 천왕성을 발견했고, 아프리카 대륙 최남단 케이프타운에 남반구 최초의 천문대를 세웠다. 윌리엄 허셜의 공로를 기리기 위해 유럽항공우주국ESA은 2009년에 발사된 우주망원경에 '허셜'이란 이름을 붙인 바 있다.

태양의 에너지원이 무엇일까 하는 것에 대한 그때그때의 답안은 그 시대를 드러내기도 했다. 산업혁명 시대였던 18세기에는 석탄이 주목받았는데, 1848년 독일 의사 율리우스 로베르트 마이어는 태양의 '대화재'는 석탄이 타고 있기 때문이 아닐까 생각했다. 그는 태양에 석탄이 가득하다고 보고, 그 석탄이 얼마나 오래 탈 수 있는지를 계산했다. 그런데 불과 5,000년밖에 되지 않았다. 태양은 석탄이 아니고 그보다 오래 탈 수 있는 에너지원을 갖고 있는 게 분명했다. 한편 19세기 말 방사능이 발견되었을 때는 방사능 물질이 주목받았다.

찰스 다윈의 아들 조지 다윈은 1903년 방사능 물질 라돈이 태양빛의 근원이라고 주장했다. 핵분열 아이디어를 떠올린 건 과학의 새로운 발견 때문이었다. 1896년 앙리 베크렐이 발견하고, 마리 퀴리가 방사능이라고 이름 붙이는 등 방사성 물질이 당시 과학계의 큰 이슈였다. 조지 다윈은 가문 명예를 위해서도 지구가 오래됐다는 걸 입증해야 했다. 아버지가 주장한 자연선택이 작동해 진화가 일어날 수 있으려면 지구에는 충분한 시간이 필요했다. 하지만 그가 태양 에너지원으로 지목한 라듐은 20세기 초까지도 태양 스펙트럼에서 검출되지 않았다. 천문학자가 아무리 봐도 우라늄, 토륨, 라듐과 같은 무거운 원소가 태양에 있다는 증거는 없었다. 이들 원소가 없다면 방사능 물질이 태양 에너지의 근원이 될 수 없었다. 그렇다면 무엇일까?

빛의 스펙트럼을 볼 수 있는 분광기라는 기구가 있다. 스펙트럼에는 검은 줄들이 두껍거나 가늘게 나타난다. 특정 원소가 만들어내는 스펙트럼은 '원소의 지문'이라고 할 정도로 매우 독특하다. 분광기는 화학자 구스타프 키르히호프(1824~1887)가 개량했다. 그는 1860년대 분광기를 통한 스펙트럼 연구를 통해 지구와 태양이 같은 원소를 갖고 있다는 걸 알아냈다. 지구에 있는 원소가 태양 빛 스펙트럼 분석에서도 나왔던 것이다. 천체물리학이 탄생하는 순간이었다. 물리학자 리처드 파인만은 "천문학에서 가장 놀라운 발견은 별과 지구가 같은 원소로 구성되었다는 걸 알아낸 것"이라며 키르히호프 연구의 중요성을 평가한 바 있다. 1868년 태양 스펙트럼에서 처음 보는 원소가 나타났다. 지구에서는 보지 못한 원소였다. 태양에서 발견된 원소라 해서 태양의 그리스어인 '헬리오스Helios'라는 이름을 써서 '헬륨'이라고 이름 붙였다. 발견하고 이름을 붙인 사람은《사이언스》와 함께 오늘날 과학계의 양대 학술지 중 하나인《네이처》의 창립자 노먼 로키어였다.

태양은 무엇으로 되어 있을까? 주성분이 수소라는 걸 알아낸 사람은 세실리아 페인(1900~1979)이다. 여기에는 과학계의 흑역사가 숨어 있다. 세실리아 페인은 미국 하버드대학 천문학과 대학원생이었다. 그는 1925년 "태양에는 수소와 헬륨이 98퍼센트"라는 내용의 박사학위 논문을 썼다. 그런데 당대 미국 천문학계 좌장이자 항성 노화 연구로 이름이 높은 프린스턴대학의 헨리 노리스 러셀(1877~1957)이 논문을 심사하면서 결론을 유보하도록 요구했다. 세실리아 페인은 지적을 받고 논문에 자신의 연구결과가 "미심쩍다spurious"라고 써야 했다. 그로부터 4년이 지나 다른 연구에서 수소가 태양에 압도적으로 많다고 나왔고, 그때서야 헨리 노리스 러셀은 지구와는 달리 태양과 같은 별은 수소가 질량의 절대량을 차지한다는 걸 받아들였다. 세실리아 페인은 하버드에서 계속 천문학을 가르치고 연구했다. 하지만 하버드대학은 여성 천문학자에게 교수직을 거부했으며, 그는 박사학위를 받은 지 21년이 지난 1956년에야 정교수가 될 수 있었다.

　태양의 에너지원이 핵융합 반응이라는 걸 우리는 알고 있다. 태양은 거대한 수소폭탄이다. 수소폭탄은 핵융합 반응, 원자폭탄은 핵분열 반응을 일으킨다. 원자폭탄보다 수소폭탄의 파괴력이 상상할 수 없이 크다는 것도 안다. 하지만 여기까지가 상식의 끝이다. 핵융합과 핵분열 반응에 대한 이해는 물리학자 프랜시스 애스턴이 1919년 원소 질량 측정에 성공하면서 새로운 페이지가 열렸다. 핵융합 반응은 가벼운 원소들이 '융합'해 무거운 원소로 바뀌고, 반대로 핵분열 반응은 무거운 원소가 '분열'해 가벼운 원소로 바뀌는 과정이다. 수소(질량수 1)가 헬륨(질량수 4)으로 바뀌는 게 핵융합 반응이고, 질량수 235인 우라늄(원자번호는 92)이 가벼운 원소들로 쪼개지는 게 핵분열이다.

　원소들이 융합 혹은 분열할 때 막대한 에너지가 나오며, 이는 반응 전후의 질량 차이 때문이다. 핵자(양성자와 중성자) 하나의 질량을 보면 수소는 1.00782505, 헬륨은 1.0006508135이다. 수소 핵자 4개를 '융합'해 헬륨을 만드는데 만들어놓고 보니 헬륨 질량이, 재료였던 수소 4개의 합보다 조금 적다. 이 질량 차이는 어디로 간 것일까? 그렇다. 에너지로 방출됐다. 이게 핵융합에너지다. 핵분열 반응도 마찬가지다. 우라늄이 가벼운 원소로 변하면서 핵분열 에너지를 방출한다.

가벼운 원소 쪽에서는 핵융합 반응이, 무거운 원소 쪽에서는 핵분열 반응이 일어난다. 이 반응들은 왜 일어날까? 수소부터 우라늄까지 자연계에 존재하는 원소 전체를 핵자 당 에너지 그래프로 보면 흥미로운 것이 보인다. 핵자 당 에너지가 원소마다 모두 다르다. 그래프 양쪽 끝에 있는 수소H와 우라늄U이 결합 에너지가 가장 크고, 중간 지점에 있는 철Fe, 니켈Ni이 결합 에너지가 가장 작다. 그래서 전체 그래프 모양은 수소에서 시작해 내리막을 그리고, 철과 니켈에서 바닥을 친 뒤 우라늄과 토륨을 향해 올라간다. V자 형상이다. 이를 '결합 에너지 곡선'이라 하는데, 이 곡선은 핵융합 반응과 핵분열 반응이 왜 곡선의 양쪽 끝에 있는 원소들에서 일어나는지를 보여준다. 즉, 철과 니켈은 핵자 당 결합 에너지가 작으니 원소가 만들어질 때, 질량이 수소나 헬륨에 비해 적게 필요하다. 그러므로 수소에서 헬륨으로 변할 때, 헬륨이 탄소로 핵융합 반응을 할 때마다 불필요해진 결합 에너지가 방출된다.

질량이 가벼워졌다는데 왜 에너지가 나올까? $E=mc^2$이라는 아인슈타인의 물질-에너지 변환 공식이 그에 대한 답이다. 1905년 아인슈타인이 특수상대성이론을 내놓은 직후 발표한 공식이다. 지구상에서 가장 유명한 물리 공식이 모든 걸 말한다. 사라진 질량은 에너지로 바뀐다. 프랜시스 애스턴의 깨우침은 거기까지였다. 이 아이디어를 태양의 동력원과 연결한 건 물리학자 장 바티스트 페랭(1870~1942)이다. 페랭은 "태양이 끊임없이 수소를 더 무거운 원소로 바꾸고 있으며 이 과정에서 방출되는 핵결합 에너지가 햇빛의 근원"임에 틀림없다고 말했다. 페랭은 1926년 노벨물리학상 수상자이며, 분자의 발견자다.

핵융합과 핵분열

태양에서 과연 핵융합 반응이 일어나고 있을까? 문제가 있었다. 수소 핵들을 융합할 정도로 태양이 뜨겁지 않다는 의견이 나왔다. 당시 보기에는 태양의 내부 온도는 4,000만 도였다. 물리학자들이 계산을 해보니 수소융합 반응이 일어나려면 태양 내부는 더 뜨거워야 했다. 이대로는 수소융합 반응이 일어날 수가 없었다. 양자물리학에 대한 이해가 깊어지면서 돌파구가 생겼다. 핵물리학자 프리츠 호우터만스가 1929년 "수십억 도가 아니라 수백만 도만 되어도 수소가 헬륨으로 변환될 수 있다"는 걸 알아냈다. '양자 터널링 효과Quantum Tunnelling Effect'라는 자연의 마법을 발견했기에 가능한 일이었다. 양자 터널링 효과는 넘을 수 없다고 생각한 에너지의 벽을 터널을 뚫어 통과하듯이 입자가 넘어가는 걸 말한다.

태양의 에너지 조달 과정을 정확히 알아낸 건 1938년 한스 베테(1906~2005)와 카를 폰 바이츠제커(1912~2007)이다. 한스 베테는 이 공로로 1967년 노벨물리학상을 받았다. 수소를 갖고 무거운 원소를 만드는 건 쉬울 거라고 생각했다. 수소 원자핵에는 양성자가 하나 들어있다. 그러니 수소들을 모아 양성자 수를 쌓아 가면 무거운 원소가 될 거라고 생각했다. 양성자 숫자가 원자번호이다. 원자번호 2번인 헬륨은 양성자 숫자가 2이고, 원자번호 3번인 리튬은 양성자가 셋이다. 하지만 자연은 그렇게 쉬운 길을 만들어놓지 않았다. 양성자만 쌓으면 새로운 원소가 만들어지는 게 아니었다. 원소들은 제각기 취향에 따라 원하는 양성자와 중성자가 모여야만 안정적으로 존재하는 것이었다. 수소에서 출발해 헬륨을 만들어내는 방법부터, 즉 첫 출발부터 원소를 벼리는 방법은 알아내기가 쉽지 않았다.

베테와 바이츠제커가 각각 알아낸 수소→헬륨 조리법은 두 가지다. 양성자-양성자 연쇄반응P-P chain(한스 베테 제안)과 탄소→질소→산소 사이클(한스 베테, 바이츠제커 각각 제안)이다. 양성자-양성자 연쇄반응은 태양에서, 탄소→질소→산소 사이클은 태양보다 뜨거운 별에서 일어난다. 결국 태양은 조절이 잘 되는 수소폭탄이며, 열의 근원은 양성자-양성자 연쇄반응이었다.

물리학자 프레드 호일(1915~2001)은 20세기 물리학사의 거물이다. 그는 두 대목에서 나타난다. 우주론 패러다임을 둘러싼 전쟁과 핵물리학이다. 그는 조지 가모브와 우주론 패러다임을 놓고 치열하게 싸웠다. 그는 '정상우주론'자다. 정상우주론은 빅뱅은 없었으며 우주는 처음부터 현재 모양이었고, 앞으로도 영원히 지속된다고 주장한다. 빅뱅 우주론자와의 20세기 중반 공박 과정에서 화가 났을 때 그가 상대진영을 향해 날린 말이 '빅뱅'이다. "그 요란한 폭발음이 났다는 '빅뱅'이론 말이에요"하는 식으로 영국 BBC 라디오에 출연해 독설을 쏟아냈다. 그런데 그의 이 말은 상대진영의 이론을 그 무엇보다 잘 설명하는 것이었다. 이후 '빅뱅'이라는 말이 유행하게 되었다.

우주론을 둘러싼 전쟁터에서 프레드 호일은 패배자다. 그러나 호일은 우주 연금술 분야에서 홈런을 쳤다. 그가 동료 학자들과 1956년 내놓은 논문 'B²FH'는 우주 연금술의 결정판이다. 마커스 초운은 이렇게 말한다.

"별과 초신성 내부에서 일어나는 일곱 가지 핵반응을 서술한 논문은 104쪽이나 되었다. 네 저자 이름의 첫 글자를 따서 이 논문을 흔히 B²FH라고 한다. B²FH는 지적인 걸작이었다. 이 세상에 존재하는 금, 우라늄, 아이오딘(요드)은 초신성이 폭발할 때 급격한 핵융합으로 벼려진 반면에, 바륨과 지르코늄은 대부분 적색거성 내부에서 수백만년에 걸쳐서 천천히 요리되었다는 것을 단정적이면서도 명료하게 보여 주었다. 논문은 또한 우주에 수소와 헬륨 다음으로 가장 풍부한 원소가 왜 산소, 탄소, 네온, 질소, 마그네슘, 규소, 철인지 보여주었다. 이 일곱 가지는 별의 핵반응으로 가장 많이 형성된 원소다. 자연에 존재하는 주요 원소의 조립법을 설명한 B²FH는 20세기 물리학의 가장 위대한 성과 중 하나다." 마법의 용광로 | 마커스 초운 지음 | 이정모 옮김 | 사이언스북스

별의 진화가 원소의 진화를 이끌었다. 별이 늙고, 죽어가면서 원소들을 벼려냈다. 주기율표를 완성하는 게 별의 존재 이유 중 하나였다. 이제 밤 하늘 별을 보면 달리 보인다. 원소를 벼려내고 있는 '마법의 용광로'로 보인다. 마커스 초운의 말은 여운이 오래 간다.

"우리가 존재하기 위해서 수십억, 수백억, 수천억 개의 별이 죽었다. 우리 핏속의 철, 우리 뼛속의 칼슘 그리고 우리가 숨 쉴 때마다 허파를 채우는 산소, 이 모든 것은 지구가 탄생하기 전에 소멸된 별의 용광로에서 요리되었다." 마법의 용광로 | 마커스 초운 지음 | 이정모 옮김 | 사이언스북스

《마법의 용광로》가 진지한 천체물리학 책이라면《DNA에서 우주를 만나다》와《원자, 인간을 완성하다》는 인문학책 같다.《DNA에서 우주를 만나다》를 쓴 고생물학자 닐 슈빈은 물에서 땅으로 올라온 물고기 화석 발견자로 명성이 높다. 그 발견은 또 다른 저서《내 안의 물고기》에 소개되어 있다.《DNA에서 우주를 만나다》는 내 몸, 즉 생명과 우주가 어떻게 연결되어 있는지를 보여준다. 빅뱅에서 물질이 만들어진 걸 이렇게 표현한다. "우주의 모든 은하들, 지구의 모든 생물들, 지구에 존재하는 모든 원자와 분자와 몸은 깊은 차원에서 서로 연결되어 있다. 그리고 이 연결은 138억 년 전 한 특이점에서 시작된다." 중국 철학자 장자가 말한 "자연과 내가 하나다"라는 말이 떠오르는 문장이다.

《원자, 인간을 완성하다》는 동물학자이자 지질학자로 집필활동이 왕성한 커트 스테이저의 책이다. 몸에 들어있는 8개의 주요 원소, 즉 산소, 수소, 철, 탄소, 나트륨, 질소, 칼슘, 인에 대해 한 장씩 할애한다. 이 원자들은 우리 몸에서 생물학적으로 중요한데, 이 원자들이 우주에서 벌어지는 놀라운 일과 나를 어떻게 연결해주는지 설명한다. 그의 아름다운 상상력은 이렇다. "베인 상처에서 우리는 죽은 별의 잔해와 함께 우주에서 가장 맹렬했던 폭발을 야기한 고대 원자들(철)을 흘린다. 무심코 변기의 물을 내리지만 실은 번개와 화산의 잔해들을 지구적 순환 속에 흩뜨리는 것이다." 그는 "원자적 관점을 갖고 있다면, 이 세상을 더 깊이 이해하게 되고 그만큼 우리의 경험도 풍요로와질 것"이라고 말한다. 이제 별 안으로 들어가 보자. 우주용광로에서 벌어지는 일은 흥미진진하다. '우주양파 농사'라는 상상하지 못한 원소 농사 이야기다.

2
우주 양파

"백색왜성은 다이아몬드 별이에요. 사람들이 그렇게도 사족을 못 쓰는 다이아몬드." 과학대중화운동을 벌여온 박문호 박사의 강의장에서 이 말을 듣고 놀랐다. 우주에 거대한 다이아몬드가 수없이 많이 떠 있다는 걸 처음 알았다. 우주광산 개발 시대가 언젠가는 오겠다 싶다.

백색왜성白色矮星을 쉽게 풀어쓰면 하얀난쟁이별white dwarf star이다. 별은 죽어가면서 모습이 극적으로 변하는 데 백색왜성이 되는 별이 있다. 태양도 앞으로 50억 년이 지나면 백색왜성이 되고, 그로부터 20억 년 정도 지나면 다이아몬드 별이 된다. 미국 하버드-스미소니언 천체물리센터는 2004년 2월 다이아몬드 별 하나를 발견했다. 이름은 백색왜성 BPM 37093. 지구에서 50광년 떨어져 있고, 크기는 지름 2,000킬로미터이다. 이 별은 10^{34}캐럿의 다이아몬드를 갖고 있다고 추정된다. 34 캐럿이 아니고 10^{34}캐럿이다. 백색왜성 BPM 37093의 애칭은 '루시'로, 영국 팝그룹 비틀스의 1967년 노래 제목 〈다이아몬드를 가진 하늘의 루시Lucy in the Sky with Diamonds〉에서 왔다.

기괴한 우주, 중성자 별

우주는 기괴하다. 다이아몬드 별(백색왜성) 말고도 상상을 뛰어넘는 별이 많다. 중성자로 만들어진 중성자별이 있다. 원자핵 속에만 들어있는 중성자를 뭉쳐 별이 만들어진다고 생각해본 사람이 얼마나 될까. 쿼크quark별도 있다. 쿼크는 중성자(혹은 양성자) 속에 3개씩 들어있다. 쿼크는 자연에서 독자적으로 있는 게 발견되지 않았다. 그런데 쿼크를 뭉쳐 만든 별이 어딘가 있을 거라고 한다.

얼마 전 ETH 프로젝트가 사진을 처음으로 찍는데 성공한 블랙홀도 있다. 블랙홀은 질량이 무거운 천체이다. 거대한 중력으로 주변 물질을 빨아들인다. 블랙홀 속이 어떤지, 아직 잘 모른다. 1915년 아인슈타인이 일반상대성이론을 내놓았을 때 곧 바로 블랙홀 존재 가능성이 제기됐다. 천문학자 카를 슈바르츠실트(1873~1916)가 1916년에 일반상대성이론을 풀어보니 수식값이 그렇게 나왔다. 그 자신도 우주에 그런 천체가 있으리라는 걸 믿기가 힘들었다. 다른 물리학자들도 "자연은 그렇게 터무니없는 방식으로 행동하지 않는다. 그렇게 되지 않도록 하는 자연법칙이 있을 것이다"라는 말을 되뇌었다. 아인슈타인도 그렇게 생각했다. 블랙홀을 학계가 받아들이는 데는 시간이 걸렸다. 기괴한 천체 대열에 초신성supernova도 있다. 우주 불꽃놀이를 하듯 밤하늘을 수주~수개월간 훤히 비추며 생애 마지막을 화려하게 장식하는 별이다. 크기에서 상상을 초월하는 별도 있다. 태양보다 1,708배나 크다. 방패자리UY성이라고 불리는 적색거성red giant이다. 우주에서 가장 몸집이 큰 별 후보 중 하나다. 우주에는 거한이 얼마나 많은지 모른다.

별의 삶을 알려고 한 이유는 별의 노화가 우리와 연결되어 있기 때문이다. 몸을 이루는 원소는 빅뱅에서 1차 재료(수소, 헬륨, 리튬)가,

별에서 2차 재료(원소기호 2번 헬륨부터 나머지 원소)가 만들어졌다. 별들이 태어나 늙고 죽지 않았다면 지구에 생명체는 없다. 별의 노화를 알기 위해 내가 찾아본 책은 《그림으로 보는 시간의 역사》《블랙홀과 시간여행》《블랙홀 이야기》《블랙홀의 사생활》《초신성 1987A와 별의 성장》《블랙홀 전쟁》 등이다. 그중 《그림으로 보는 시간의 역사》는 스티븐 호킹의 대표작이다. 많은 사람은 호킹이 장애를 극복하고 연구한 것만 기억할 뿐, 학자로서 어떤 성과를 남겼는지는 잘 모른다. 호킹은 블랙홀 연구자로 명성 높다. 그는 《그림으로 보는 시간의 역사》 6장 '블랙홀', 7장 '블랙홀은 검지 않다'에서 별의 노화와 블랙홀 이야기를 명료하게 서술한다.

《블랙홀과 시간여행》은 '블랙홀 물리학자'로 불리는 킵 손의 책으로 생동감과 현장감이 넘친다. 《블랙홀의 사생활》은 미국 MIT 교수 마샤 바투시액이 중력 발견자 아이작 뉴턴부터 2015년 블랙홀 중력파 검출까지를 술술 읽히게 썼다. 《블랙홀 이야기》는 인도 출신 미국 천체물리학자 수브라마니안 찬드라세카르의 전기 느낌이다. 《초신성 1987A와 별의 성장》은 과학저술가 노모토 하루요의 책으로, 별의 삶을 인간의 삶과 비교해서 표현한 게 재미있다.

우주양파가 되어야 하는 별의 운명

별은 우주양파cosmic onion가 되는 게 운명이다. 시간이 지나면서 별의 내부 물질이 바뀐다. 수소라는 한 가지 물질로 시작해서 헬륨 산소층이 하나씩 추가된다. 중심부가 철로 바뀌면 철이 중심에 들어차면 안에서 밖으로 보아 7층 구조가 된다. 7겹의 껍데기를 가진 우주양파가 된다.

별의 삶은 내부에 층수를 올리는, 껍데기를 늘려가는 우주양파 농사의 완성을 향해 가는 과정이다. 별의 내부에서 어떤 일이 일어나길래 이 같은 희귀한 현상이 벌어지는 걸까? 별은 태어날 때 균일한 물질로 되어 있다. 수소가 대부분으로 수소 가스를 태운다. 지구에 생명체를 있게 한 에너지원도 태양이 수소를 태우는 핵융합 반응이다. 태양의 수명은 100억 년 정도라고 한다. 46억 년이 지났으니 앞으로 50억 년 남았다. 중심부의 수소가 동 나면 태양은 에너지난에 봉착한다.

핵융합 반응은 태양 전체에서 일어나지 않고 중심에서만 일어난다. 별 전체에서 핵융합 반응이 일어나면 열과 압력을 견디지 못하고 별이 붕괴되고 만다. 전체 보유 수소량 기준으로 10분의 1 정도를 태웠을 때 태양에서는 1차 에너지난이 일어난다. 이때 태양 중심은 수소가 타고 남은 재, 즉 헬륨으로 가득 차 있다. 수소가 타고 헬륨이 태양의 중심에 가득 차면 원자 불이 서서히 약해진다. 핵융합 반응이 멈추면 태양 중심의 헬륨을 향해, 태양의 외곽의 어마어마한 질량이 중심부를 압박해온다. 하지만 열압력이 약해지면서 중력에너지를 밀어낼 방법이 없다. 핵융합 반응 때는 열 압력이 발생해, 위에서 누르는 중력에너지에 대항했다.

헬륨이 가득 찬 중심을 별의 중력에너지가 누르면 높은 압력으로 인해 중심부 온도가 급속도로 올라간다. 헬륨이 가득 찬 핵이 데워진다. 온도가 올라가다가 헬륨 핵융합 반응을 촉발할 수 있는 온도에 도달하면 별 중심부에서 새로운 핵융합 반응이 시작된다. 이제는 헬륨이 타기 시작한다. 시간이 지나면 헬륨도 다 탄다. 그러면 잠시 핵융합 반응이 멈춘다. 별 혹은 태양이 2차 에너지난에 봉착한다. 내부에서 열이 나오지 않으면 다시 중력에너지가 중심부를 강하게 누르고, 이에 따라 내부 압력이 높아지면 별 중심이 더 뜨거워진다. 그러면 헬륨의 재인 탄소가 타기 시작한다. 별의 중심부는 시간 경과에 따라 수소→헬륨→탄소→네온→산소→규소→철 순서로 바뀌어 간다. 우주에서 가장 안정한 원소인 철까지만 별 중심에서 만들어진다. 이 공정은 철에서 멈춘다.

별의 중심이 철일 때 그 외곽 부위를 안에서부터 밖으로 보면 규소층, 산소층, 네온층, 탄소층, 헬륨층, 수소층 순이다. 양파처럼 껍질이 많다. 별의 중심부 구성 물질만 바뀌는 게 아니라 중심부를 둘러싼 외곽도 핵융합 반응이 일어나면서 탔기 때문이다. 껍질 수는 별이 나이를 먹어가면서 늘어난다. 철이 중심부에 들어차면 7개 껍질을 가진 양파가 된다.

별 속에서의 원소 합성 기간은 같은 별이더라도 원소마다 크게 다르다. 거기에 또 다른 묘미가 있다. 가령 질량이 태양의 25배인 별이 우주양파로 변해가는 시간이 이준호의《과학이 빛나는 밤에》에 나와 있다. 수소 핵융합이 100만 년, 헬륨 핵융합이 10만 년, 탄소 핵융합은 600년, 네온 핵융합은 1년, 산소 핵융합은 6개월, 그리고 철을 만들어 내는 실리콘 핵융합은 단 하루 만에 끝난다. 철은 하루 사이에 만들어진다니 놀라지 않을 수 없었다. 별의 내부에서는 이렇게 밖에서는 도무지 상상도 할 수 없는 일이 벌어지고 있다.

모든 별이 철까지의 원소를 합성해 내는 건 아니다. 태양을 포함해, 태양 질량의 0.5~8배인 별은 수소→헬륨→탄소까지만 핵합성이 진행된다. 초기질량이 8~11배인 별은 네온과 마그네슘까지 만들어내고 핵융합 반응이 멈춘다. 규소를 거쳐 철이 만들어지는 단계까지 가려면 초기 질량이 태양의 11배 이상이어야 한다.

별의 수명은 태어날 때 정해져 있는데, 질량이 그걸 결정한다. 체중이 무거울수록 단명하고, 가벼울수록 오래 산다. 대략 질량의 제곱에 수명이 반비례한다. 별은 성간星間물질 내 거대 분자 구름에서 태어난다. 별들의 고향으로 우리 은하에서 유명한 곳은 오리온자리 말머리 성운Horsehead Nebula이다. 지구에서 1,500광년 거리인 말머리성운의 붉고, 푸르고, 검은 그 우주먼지 속에서 별들이 튀어나온다.

별 크기는 무거운 별이 태양의 100배, 가벼운 별이 태양의 10분의 1이다. 태양은 100억 년을 오늘과 같은 모습으로 변하지 않고 산다. 태양보다 20배 질량인 별은 모습이 안정돼있는 시기(주계열성 시대)가 550만 년 밖에 안 된다. 초신성 1987A가 그 예다. 질량이 태양의 100배가 되는 이 별은 수명(주계열성 시대)이 260만 년이다. 질량이 크면 에너지 소비가 크기 때문이다. 밝게 빛나기 때문에 오히려 수명이 짧다. 태양보다 체중이 덜 나가는 별은 놀라울 정도로 오래 산다. 태양 절반 크기 별은 1700억 년, 10분의 1정도면 1 조 년을 주계열성으로 살아간다. 1조 년이면 영원히 산다고 할 수 있다. 우주 나이가 138억 살이다. 별빛이 약하다고 우습게 볼 것 아니다. 그들은 '가늘고 길게' 사는 길을 택했다. 그들은 '굵고 짧게' 사는 별이 주위에서 명멸하는 걸 조용히 지켜보고 있다.

별도 늙는다

《초신성 1987A와 별의 성장》은 색다른 맛을 주는 책이다. 과학저술가 노모토 하루요에 따르면, 별의 노화 증세는 비만이다. 늙은 별은 살찐다. 적색거성巨星이 늙은 별이다. 별이 '주계열성' 시대를 지나가면 '적색거성'이 된다. '적색거성'을 거쳐 별은 점점 더 늙어간다. 별이 부풀어 오르는 건 에너지난에 대한 대책이다. 별에는 크게 보면 두 가지 힘이 작용한다. 중심부를 향해 별의 외곽 층에서 가해지는 중력에너지와 중심부에서 외곽을 향해 밀어내는 복사에너지다. 서로 반대 방향으로 가해지는 복사에너지와 중력에너지가 같으면 별은 균형을 이룬다. 태양은 이 두 가지 힘이 절묘하게 균형점을 유지한다. 이 상태가 오래 유지되는 게 앞에서 말한 '주계열성main sequence star'이다. 별은 삶의 약 90퍼센트를 주계열성 상태로 보낸다.

　수소가 다 타고 헬륨 핵융합 반응이 시작될 때 별은 부풀어 오른다. 바깥 부분을 팽창시켜 내부로 향하는 압력을 낮추려는 게 목적이다. 별의 밝기가 바뀌지 않는데 표면적이 넓어지니, 표면 온도가 내려간다. 노란색이던 별은 점점 붉은색을 띠게 된다. 오리온자리의 베텔게우스나 전갈자리의 안타레스 별은 대표적인 적색거성이다. 이들은 노화현상으로 인해 얼굴이 부풀어 올라 불그스름해졌다. 태양도 이 길을 가고 있다. 앞으로 50억 년 정도 지나면 몸이 부풀어 오른다. 커진 몸은 수성과 금성을 차례로 삼키게 되고, 지구는 뜨거워진다. 태양의 노화는 지구 생명체가 지구에 더 이상 살 수 없다는 걸 의미한다. 별은 노년기에 개성이 드러난다. 적색거성 이후에 어떤 길을 걸어갈 것이냐는 질량이 결정한다. 노모토 하루요는 "노년기를 맞이할 때까지는 어느 별이나 비슷한 길을 걸어간다. 그러나 그것만으로는 재미가 없다고 생각했던지, 죽음에 들어서서는 그 별의 개성이 짙게 드러난다"라고 말한다. 별의 최후는 백색왜성, 초신성, 중성자별, 블랙홀로 다양하다.

　태양보다 질량이 1.4배 이하인 별은 백색왜성이 된다. 적색거성 시절을 지나면서 에너지를 항성풍으로 서서히 우주로 내보내고, 차츰

식어 '행성상 성운' 단계를 거쳐 백색왜성이 된다. 모든 별이 백색왜성이 되지는 않는다. 백색왜성이 되는 질량 한계가 있다는 걸 알아낸 사람이 인도계 미국인 수브라마니안 찬드라세카르이다. 영국 식민지 출신인 이 수학 신동이 1935년 런던의 벌링턴 하우스 내 영국 왕립천문학회에서 이 사실을 발표했다. 영국 천체물리학계는 받아들이기를 거부했다. 영국 천문학계의 좌장이던 아서 에딩턴은 찬드라세카르의 생각을 조롱했다. 당시 학계는 별의 최후는 모두 백색왜성이라고 생각했다. 좌절한 찬드라세카르는 영국을 떠나 미국으로 갔다. 이 이야기를 다룬 책이 《블랙홀 이야기》이다. 백색왜성이냐 아니냐를 가르는 이 별의 질량 한계를 오늘날 '찬드라세카르 한계'라고 부른다.

그러면 태양보다 1.4배 이상 되는 무거운 별의 최후는 어떻게 될까? 적색거성 상태에서 초신성이 되어 폭발하고 만다. 붕괴된 초신성에게는 세 가지 운명이 기다린다. 초기 질량이 태양의 8~25배이면 중성자별, 25~80배이면 블랙홀이 된다. 80~240배인 별은 완전히 파괴된다고 한다. 이 보다 무거운 별은 처음부터 중력(무게)을 이기지 못하고 수축하여 블랙홀이 된다.

적색거성 중 질량이 무거운 별은 부풀어 오르며 초신성의 길을 간다. 별 내부에서는 우주 양파를 만드는 작업이 급속도로 진행된다. 중심부에 규소, 그리고 철이 들어차면 우주 양파 농사는 끝난다. 순식간에 놀랄 일이 일어난다. 초당 3만 6,000마일 속도로 철 알맹이와 그것을 둘러싼 규소 껍데기가 붕괴된다. 대략 지구 크기(지름 1만 2,742킬로미터)의 쇠공이 20킬로미터 지름 크기로 쪼그라든다. 순간 별의 중심부를 둘러싸고 있던 탄소, 산소, 네온, 헬륨, 수소 양파 껍데기들은 알맹이가 떨어져 나가고 없는 듯 한 빈 껍질 상태가 된다. 그리고 껍질들도 붕괴해서 바로 중심부로 떨어진다. 별의 안에서는 급격한 변화가 계속된다. 붕괴되어 쪼그라진 철 알맹이가 압축 한계에 도달하면, 코일로 된 스프링이 눌렸다가 다시 튕기듯 한다. 이 충격파가 생기면 별은 붕괴된다. 별 전체가 무너져 우주 공간으로 흩어지고 만다. 이게 밤하늘을 화려하게 밝히는 초신성supernova이다.

중성자별은 초신성이 폭발하고 남은 별이다. 우주로 질량을 많이 날려 보냈는데도 남은 무게가 태양 질량의 1~3배가 된다. 그런데 크기는 작아 지름이 20킬로미터밖에 안 된다. 질량은 비슷하나 몸집이 작아지면 회전 속도가 빠르다. 스케이트 선수가 팔을 벌리고 회전할 때보다 팔을 오므리면 회전 속도가 빨라지는 것과 같은 이치다. 중성자별은 초당 716번까지 자전한다. 빠른 자전 속도는 맥박치는 전파 파동을 만들어낸다. 천문학계는 이런 파동을 관측했으나 정체를 몰라 '펄서'(깜박이 별)라고 불렀다. '전파 천문학시대'가 열린 뒤, 1967년 천문학자 조슬린 벨과 앤터니 휴이시가 중성자별을 처음 관측했다. 노벨상이 1974년 주어졌다. 하지만 남자인 휴이시만 수상함으로써 이 해의 수상자 선정은 노벨재단의 남녀 차별 흑역사로 남았다. 중성자별을 이론적으로 예측한 건 1933년 스위스 출신 프리츠 츠비키(1898~1974)와 독일계 미국인 발터 바데(1893~1960)였다. 중성자별은 우리 은하에만 100만 개가 있다고 추정된다.

초신성이 폭발하고 남은 질량이 일정한 한계를 넘으면 중성자별이 아니라 블랙홀이 된다. 중성자별이 자체 중량을 이겨낼 힘을 만들어내지 못하면 블랙홀이란 운명을 피할 수 없다. 중성자별과 블랙홀을 가르는 질량의 경계를 '오펜하이머-폴코프 한계'라고 한다. 1939년 미국 원자폭탄의 아버지 줄리어스 로버트 오펜하이머(1904~1967)가 알아냈다. 그러나 그의 논문은 주목받지 못했다. 사람들의 시선은 이 논문이 실린 날 아돌프 히틀러가 폴란드를 침공했다는 뉴스에 쏠렸다. 오펜하이머-폴코프 한계를 넘어서면 별에게 어떤 일이 벌어질까? 오펜하이머는 블랙홀이 된다는 이야기는 하지 않았다. '한계'가 있다는 것까지만 연구했다. 그럼에도 오펜하이머는 블랙홀을 예측한 걸로 학계에서는 기억된다. 블랙홀은 빛도 빠져나오지 못한다는 우주의 괴물이다. 스티븐 호킹, 킵 손이 블랙홀 천문학을 연구한 유명한 물리학자다. 우리 은하의 중심에도 거대한 블랙홀이 있다.

3
나의 우주 주소 찾기

17세기 초 도시의 밤하늘을 올려다보다가 자기중심적 우주관이 틀렸음을 깨달았던 사람이 있다. 갈릴레오 갈릴레이(1564~1642)이다. 그는 피사 태생으로 27살에 파도바에 정착해 18년간 살았다. 그 기간 파도바대학 수학 교수로 일하며 똑똑한 학생들을 가르치며 연구했다. 그는 이때를 "내 인생의 최고였던 시기"라고 말하기도 했다. 파도바는 베네치아 바로 옆에 있다.

뒤늦게 파도바에 대한 호기심이 발동한 건 하버드대학 이론물리학자 리사 랜들의《천국의 문을 두드리며》에서 갈릴레이와 파도바 이야기를 발견했기 때문이다. 리사 랜들을 비롯해 물리학자 스티븐 와인버그, 끈이론의 대가 에드워드 위튼, 스티븐 호킹이 파도바 명예시민이다. 파도바 시민은 갈릴레이에 대해 특별한 애정을 갖고 있다. 이 도시 태생은 아니지만, 이곳에 살았던 가장 유명한 인물이기 때문이다. 갈릴레이가 파도바대학 재직 중 지동설을 주장한 데 대해 이 도시는 자부심을 갖고 있다.

천동설은 순순히 사라지지 않았다

나의 학창 시절, 인류의 우주관이 천동설에서 지동설로 변했다는 걸 배울 때 갈릴레이는 과학사의 영웅으로 등장했다. 갈릴레이는 인류에게 진리의 불을 가져다주려다가 종교재판소 비밀법정에 끌려간 과학의 순교자였다. 갈릴레이가 법정을 빠져나오면서 "그래도 지구는 돈다"라고 혼잣말을 했다는 이야기를 들었을 때 약간의 쾌감을 느끼기도 했다. 반면 천동설을 주장한 프톨레마이오스(83~168)는 1,500년간 인류에게 잘못된 우주관을 심어준 악인으로 기억에 남아 있었다. 프톨레마이오스 이름은 지동설의 갈릴레이를 빛내기 위해 등장하는 어둠의 세력으로만 조명된다. 학교에서는 프톨레마이오스에 관해서는 '프톨레마이오스=천동설'이라는 등식만을 외우라고 했을 뿐이다.

지금 와서 보면 이는 잘못이었다. 프톨레마이오스 우주관이 왜 그리 오래 득세했는지를 따져봐야 했다. 그의 책《알마게스트》가 왜 밀레니엄 셀러였는지를 궁금했어야 했다. 로마 전성기 당시 프톨레마이오스의《알마게스트》는 우주를 잘 설명한 책으로 받아들여졌다. 고대 그리스 철학자 아리스토텔레스의 우주관을 수학으로 정교하게 가다듬었다고 이야기된다.《알마게스트》는 유감스럽게도 한국어 번역본이 없다.

갈릴레이의 우주관이 바뀐 건 파도바의 집에서였다. 지금은 '갈릴레이 거리'라고 불리는 곳에 있는 그의 집 뒤에는 푸른 잔디가 깔린 정원이 있다. 이 집에서 그는 망원경을 만들었다. 네덜란드인이 만들었다는 이야기를 듣고 성능을 개량해 배율이 20배인 망원경을 제작했다. 대부분의 사람은 이 물건을 다른 집 실내를 훔쳐보는 용도로 사용했지만 그는 우주를 관측할 과학 도구임을 알았다. 1609년 겨울, 그는 먼저 달을 보았다. 당시 사람들은 천체는 완벽한 공 모양이라고 믿었다. 아리스토텔레스의 과학이 중세를 지배했던 것이다. 갈릴레이는 자신의 관측 내용에 대해 "모든 천체에 대해 옛날부터 많은 철학자가 믿었던 것과 달리, 달의 표면은 거칠고 울퉁불퉁하며, 높고 낮은 돌출부로 가득 차 있다. 달 표면에도 지구 표면과 아주 비슷하게 높은 산과 깊은 계곡이 있다"라고 1610년 1월 7일에 보낸 한 편지에 썼다.

갈릴레이는 1610년 1월 7일 목성이 위성 3개를 갖고 있다는 걸 관측했다. 그때까지는 지구만이 위성을 갖고 있다고 생각했다. 지구가 우주의 중심이니, 다른 행성이 위성을 갖고 있어서는 안 되는 것이었다. 더 관측한 결과 4개가 목성 주위를 돌고 있는 걸 확인했다. 갈릴레이는 천동설이 잘못된 것임을 깨달았다. 그는 이렇게 글을 썼다. "우리는 행성이 태양 둘레를 돌고 있다는 코페르니쿠스의 체계를 조심스럽게 수용하면서도, 지구와 달이 태양을 일 년에 한 번씩 함께 돌면서 동시에 달이 지구 둘레를 돌기도 한다는 것에 너무 당혹스러워한다. 그래서 이러한 우주의 구성을 불가능한 것으로 결론지어왔다. 이런 사람들의 당혹감을 일거에 없애 버릴 수 있는 뛰어나고 훌륭한 논거를 나는 갖게 되었다."

갈릴레이는 관찰 결과를 담은 소책자 《시데레우스 눈치우스》를 1610년 재빠르게 내놓았다. 이 책에는 누구도 보지 못한 우주의 모습이 담겨 있었고, 책은 유럽을 흔들었다. 여기까지가 일반에 알려진 갈릴레이에 대한 초상화다.

1,500년간 사람들을 사로잡았던 '천동설'이 '지동설'에 자리를 내주고 순순히 물러날 리 없다. 천동설에 대한 사람들의 믿음은 쉽게 무너지지 않았다. 68살이라는 고령에 갈릴레이가 《대화: 천동설과 지동

설, 두 체계에 관하여》를 쓴 건 그 때문이다.《시데레우스 눈치우스》
가 팸플릿 정도의 얇은 책이라면《대화》는 본격적인 저술이다.《대화》
는 천동설과 지동설이 충돌하던 17세기의 지식인 사회를 잘 보여준다.
과학철학자 토머스 쿤의 표현을 빌면 '패러다임 전쟁'이 벌어지고 있
었다. 쿤은《과학혁명의 구조》에서 과학혁명은 한 이론에서 다른 이론
으로 조금씩 수정, 보완되며 앞으로 나아가는 게 아니라고 했다. 그는
기존 이론이 폐기되고 새로운 패러다임으로 완전히 대치된다고 말한
바 있다.

《대화》는 제목처럼 대화체 형식이다. 고대 그리스 철학자 플라톤
의《향연》을 읽는 듯하다. 3인이 등장해 나흘에 걸쳐 계속 주거니 받거
니 이야기한다. 코페르니쿠스 대변자, 상식을 가진 지식인, 아리스토
텔레스＋프톨레마이오스 추종자 세 사람이다. 그들의 대화는 알아듣
고 따라 가기에 충분하다. 나흘 중 첫째 날은 우주의 구조, 둘째 날은
지구 자전, 셋째 날은 지구 공전, 넷째 날은 밀물과 썰물 현상에 관해
대화한다.

갈릴레이가 깨고자 하는 주적主敵은 프톨레마이오스가 아니었다.
아리스토텔레스의 우주관이다. 갈릴레이는 책에서 아리스토텔레스가
틀렸다는 말을 반복한다. 고대 그리스인 아리스토텔레스의 생각을 수
세기 후 로마 사람 프톨레마이오스가 수학적 도구로 체계화했을 뿐이
라는 분위기다. 천동설 논리, 즉 아리스토텔레스-프톨레마이오스의
생각은 이렇게 책에 나와 있다.

"말을 타고 달리면, 바람이 상당히 세게 얼굴에 와 부딪친다. 지구가
빨리 움직인다면, 늘 동풍이 세게 불어야 한다. 하지만 그렇지 않다.

…… 지구가 빠른 속력으로 돈다면, 어떤 힘, 어떤 풀이나 접착제의 응집력이 바위들, 건물들, 도시들을 묶어 놓고 있기에, 이들이 이렇게 심하게 도는 데도 하늘로 날아가지 않는가? 사람이나 짐승은 땅에 붙어 있지도 않는데, 이들은 어떻게 버티고 있는가? …… 무거운 물체가 높은 곳에서 떨어질 때, 수직으로 땅에 떨어진다는 사실이지. 이 현상이 지구가 움직이지 않음을 의심할 여지가 없이 증명한다고 간주되고 있어. 만약에 지구가 매일 한 바퀴씩 돈다면, 높은 탑 꼭대기에서 돌을 떨어뜨렸을 때, 그 탑은 지구와 같이 움직일 테니까, 돌이 떨어지는 동안 동쪽으로 수백 야드 거리를 갔을 것이다. 그러니까 돌은 탑 밑바닥에서 상당히 먼 곳에 떨어져야 한다." 대화 | 갈릴레오 갈릴레이 지음 | 이무현 옮김 | 사이언스북스

대포 생각 실험도 있다. 수평으로 놓고 동과 서로 대포를 각각 쏜다고 하자. 지구가 회전한다고 할 때는 두 방향의 사거리가 달라야 한다. 서쪽으로 쏜 사거리가 동쪽보다 더 멀리 날아가야 한다. 이에 대한 갈릴레이의 설명은 이렇다. 갈릴레이 주장을 대변하는 인물인 살비아티는 "프톨레마이오스의 이론은 병에 걸려 있네. 치료약은 바로 코페르니쿠스의 이론일세"라고 말한다.

지구에 있는 물체는 지구와 같은 속도로 운동을 하고 있다는 게 갈릴레이의 창의적인 생각이다. 아리스토텔레스는 그런 생각을 하지 않았다. 갈릴레이에 따르면, KTX를 타면 승객은 열차와 같은 속도로 운동하고, 비행기를 타고 여행하면 비행기와 같은 속도로 운동한다. 물론 승객은 지표면에서의 속도보다 자신이 빨리 운동하고 있다는 걸 느끼지 못한다. KTX 안에서 자신이 시속 250킬로미터로 운동하는지

를 모르며, 비행기 안에 있는 여행객도 마찬가지다. 사람도 사물도 운동을 느끼지 못한다.

갈릴레이는 지구가 운동해도 지표면의 사람은 날아가지 않으며, 손바닥에서 위로 똑바로 던진 공은 그대로 손바닥으로 떨어진다고 말했다. 거센 바람이 지표면에서 항상 일정한 방향으로 불어 성곽 위의 깃발이 언제나 날리는 일은 없다고 설명했다. "기마병이 말을 타고 달리면서 창을 앞으로 던진 다음, 말을 재빠르게 몰아서 창을 따라잡아 그걸 다시 잡을 수 있다고 말하는 사람이 있는데, 어리석은 말이야. 이게 말이 안 되는 이유는, 던진 물체를 다시 잡고 싶으면, 가만히 있을 때와 마찬가지로(달리는 말 위에서도), 바로 머리 위로 던져 올려야 하기 때문이야."

갈릴레이 키즈

아인슈타인하면 '상대성이론'이지만 이해하기 쉽지 않다. 내용이 어려운 게 아니고, 발상이 낯설기 때문이다. 상대성이론에 관한 이런저런 책에도 갈릴레이 이름이 나온다. 갈릴레이의 '상대성 원리'는 대개의 사람들에게 낯설 것이다. 20세기 물리학자 아인슈타인과 17세기 물리학자 갈릴레이를 잇는 고리가 있다는 건 흥미롭다. 아인슈타인은 '갈릴레이의 상대성 원리'에, 빛은 운동하는 어느 물체에 대해서도 항상 초속 30만 킬로미터의 속도로 달린다는 빛의 속성을 연결시켜 특수상대성이론을 만들어냈다. 또 '가속도'와 '중력'은 서로 구분할 수 없다는 등가원리에 근거, 일반상대성이론을 발견했다.

아이작 뉴턴도 '갈릴레이 키즈'였다. 뉴턴은 운동의 법칙 세 가지를 만들었는데, 그 첫 번째 법칙은 갈릴레이의 생각을 계승한 것이다. 운동의 제1법칙은 관성 법칙이라고 하는데, 갈릴레이 법칙이라고도 불린다. 물체는 외부 힘이 가해지지 않는 한 현재의 운동을 계속한다는 게 관성 법칙이다. 이는 아리스토텔레스 자연철학과의 결별 선언이기도 하다. 《최무영 교수의 물리학 강의》에 따르면 아리스토텔레스는 "사물은 정지해 있는 것이 본질이다. 운동하다가도 정지하려고 한다"라고 믿었다. 반면 갈릴레이는 마찰력이 운동을 방해하지 않는 한 사물은 영원히 운동한다고 생각했다. 뉴턴은 우연히도 갈릴레이가 죽은 해에 태어났고, 고전역학이라고 불리는 물리학을 완성했다.

이렇게 이해하니 갈릴레이→뉴턴→아인슈타인으로 이어지는 역학법칙을 알아낸 마법사 계보가 눈에 들어온다. 이는 근대 물리학사의 큰 그림이기도 하다. 갈릴레이는 우주관을 바꾼 천문학자에 그치는 게 아니었다. 새로운 과학적 방법론과 새로운 역학을 일군 사람이었다. 아이작 뉴턴이 중력의 법칙을 서술하는 방정식을 발견한 뒤 자신의 업적에 뿌듯해 하면서도 겸양해할 때 "거인의 어깨 위에 올라가 멀리 보았을 뿐"이라고 말했다. 갈릴레이는 뉴턴이 말한 바로 그 거인 중의 한 명이었다.

갈릴레이는 17세기에 지구의 우주 내 위치를 바로 잡았다. 21세기를 사는 우리는 지구가 태양계의 3번째 행성이라는 건 안다. 태양계 밖은 어떤 세상인지가 궁금했다. 나의 정확한 우주 주소는 무엇인가란 의문이다. 천문학자 칼 세이건의 《코스모스》에 내용이 일부 나와 있다. 갈릴레이가 인류를 우주 중심에서 밀어낸 뒤, 인류가 사는 지구 위치는 변두리로 계속해서 밀렸다. 과학의 역사는 지구를 우주 변두리로 보내온 과정이었다. 지구의 우주 위치는 이랬다. 지구〉태양계〉우리 은하 오리온 팔 〉 우리 은하Milky Way Galaxy 〉 국부 은하군Local Galactic Group 〉 국부 초은하단Local Superclusters 〉 관측 가능한 우주. 다중우주론도 공부했으니, 다중우주에 이름도 붙어야 할지 모르겠다.

태양계는 우리 은하 중심에서 좀 떨어진 위치다. 우리 은하 안의 '오리온 팔'이라는 곳에 자리잡고 있다. 우리 은하 중심을 약 2억 년 주기로 돌고 있다. 우리 은하 인근에는 안드로메다은하, 삼각형자리 은하가 있다. 이들 은하는 '국부은하군'이라는 큰 그룹 소속이다. 이 국부은하군은 '국부초은하단'에 속한다. 우주의 중심은 어디인가? 그런 건 없다고 한다. 과학자는 둥근 공의 표면을 생각해보자고 한다. 공 표면의 특정 점을 공의 중심이라고 할 수 없는데, 우주도 마찬가지다.

갈릴레이는《대화》에서 '생각하라'고 강조한다. "아리스토텔레스가 한 모든 말이 신성불가침의 포고령이나 되는 듯, 거기에 맹목적으로 노예처럼 매달리고, 다른 생각을 전혀 하지 않는 사람들을 책망할 뿐이야. 이런 식으로 연구하려면, 철학자라는 말을 집어치우고 역사가라고 불러야 할 거야. 아니면 암송가라고 부르거나. 생각을 전혀 하지 않는 사람이 철학자라는 명예로운 칭호를 빼앗아 쓰는 것은 잘못이야."

8장

쥐라기 공원이 아니라
백악기 공원

1
내 고향 알칼리 온천

"수소, 충분한 시간이 주어지면 사람으로 변한다." Hydrogen, given enough time, turns into people.

천문학자이자 우주론학자인 에드워드 해리슨(1919~2007)이 1995년 한 과학 저널에 쓴 문장이다. 그가 어떤 연구를 했는지는 잘 모르지만, 그가 쓴 문장의 힘은 강하다. 빅뱅의 산물인 수소와 나를 바로 연결시키니 호소력이 남다르다. 수소는 138억년 전에 만들어졌고, 지구 생명의 탄생은 38억 년 전이다. 그러니 해리슨이 말한 '충분한 시간'은 약 100억 년이다. 수소라는 원재료를 100억 년 묵히면 생명이 태어난다니, 메시지가 새롭게 다가온다.

수소가 어떻게 무거운 원소로 변하는지는 앞서 살펴보았다. 밤하늘에 빛나는 별이 원소 용광로다. 한때 별이 무엇으로 만들어졌는지 절대 알 수 없을 거라고 생각하기도 했지만 인류는 그 장벽을 뛰어넘었다. 별은 수소를 갖고 헬륨, 헬륨에서 탄소, 탄소에서 질소 순으로 가장 무거운 92번 우라늄까지를 부지런히 만들고 있다. 그런데 그 원소들은 어떻게 생명의 분자를 결합할 수 있었을까? 물질에서 생명은 어떻게 탄생했을까? 최초의 생명을 생물학자들은 '마지막 공통조상'이라고 부른다. 물질에서 마지막 공통조상의 출현까지를 '화학 진화chemical evolution' 혹은 '생명의 기원biogenesis'이라고 한다. 생명의 기원 연구는 고생물학자와 생화학자, 지구과학자의 영역이다.

수소와 사람

생명의 기원 관련한 과학책이 꽤 많다. 생화학자 닉 레인의《바이털 퀘스천》은 온전히 그 주제만을 논하고,《미토콘드리아》《생명의 도약》도 이 주제를 담고 있다. 고생물학자 앤드류 H. 놀의《생명 최초의 30억 년》은 현장 연구 경험을 소개하며, 생명의 기원과 초기 생명의 진화를 흥미진진하게 설명한다.《최초의 생명꼴, 세포》는 생분자공학자 데이비드 디머의 책이다. 이 책에는 칼 짐머(《바이러스 행성》 저자), 로버트 M. 헤이즌(《지구 이야기》 저자), 스튜어트 카우프만(《다시 만들어진 신》 저자)과 같은 대가의 추천사가 줄줄이 붙어 있다.

언론에 〈대덕의 과학자들〉이라는 시리즈 기사를 연재할 때였다. 책 밖으로 나가 현장의 과학자를 직접 만날 수 있는 기회였다. 대덕연구개발특구에 자리 잡은 기초과학연구원IBS에 인터뷰할 과학자 추천을 요청했다. IBS 측은 "외국인 과학자가 많다"며 '복잡계' 연구자 세르게이 플라흐 박사를 소개해 주었다. 복잡계과학이 생명의 기원에 관해 흥미로운 이야기를 하고 있다는 것을 이때까지는 생각지도 못했다. 세르게이 플라흐 복잡계이론물리센터 연구단장을 만나기 전에 관련 자료를 미리 받아 읽어 보았다. 하지만, 소개문마저 외계 언어 같았다. 읽을 수는 있었지만 이해할 수 없었다.

"플라흐 단장의 빅 퀘스천Big Question은 빅 에르고드 금속은 존재하는 가? 존재한다면 이를 위해 어떤 대칭들이 깨져야 하며, 이 물질이 어떻게 양자컴퓨팅 분야에 혁명을 가져올 것인가이다. 양자 컴퓨팅 분야에 응용될 수 있는 신물질 후보를 예측하고 이론으로 정립하는 걸 큰 목표로 삼고 있다."

취재를 망치지 않기 위해 사전 취재를 해야만 했다. 플라흐 단장과 같이 일하는 한국인 연구자 고아라 박사를 먼저 만났다. 그에게 플라흐 단장의 연구 분야인 '빅 에르고드 금속'이 무엇이냐고 물었지만, 그는 "'빅'도 알고 '에르고드'도 알고 '금속'도 압니다만, '빅 에르고드 금속'은 무엇인지 모르겠다"고 말했다. 나는 다시 물었다. 그러면 에르고드는 무엇인가? '빅'과 '금속'은 알지만 '에르고드'는 몰랐기 때문이다. 고 박사는 "에르고드는 시스템의 성질 같은 것이다. 충분한 시간을 기다리면 어느 상태에 있던 시스템이 모든 상태state를 거쳐 다시 처음으로 돌아올 수 있다. 다시 돌아올 수 있다면 그걸 에르고드하다고 한다. 시스템에 존재하는 상태임에도 불구하고 방문할 수 없을 수도 있다"라고 말했다. 무슨 말인지 알 듯 말 듯했다. 고 박사는 복잡계에 대해 이렇게 말했다.

"영어로 more is different라는 말이 있다. '많으면 다르다'라는 뜻이다. P.W. 앤더슨(1987년 노벨물리학상)이라는 분이 한 말이다. 낱개로 있을 때는 모르나 숫자가 많으면 나타나는 현상이 있는데, 창발emer-gence이라고 한다. 창발 현상이 나타나는 계가 복잡계이다."

자료를 찾아보니 온도는 기체가 모이면 떠오르는 성질이고, 빛은 광자라는 빛알갱이가 상호작용하면서 창발하며, 철의 단단함은 철 원자 하나의 성질이 아니라 철 막대기의 집단적 성질이라고 했다. 얼음은 물이 상전이phase transition하면서 떠오르는 집단적인 성질이었다. 복잡계 학자가 말하는 창발 현상은 수없이 많았다.

   플라흐 박사는 독일 막스플랑크 복잡계물리연구소mpipks에서 오래 연구했다. 2011년 11월 IBS가 설립된 뒤 한국에 왔다. 취재는 예상대로 쉽지 않았고, 집으로 돌아오는 길 내내 기사를 어떻게 써야하나 해서 막막했다. 그때 집 책장에 꽂혀 있는 스튜어트 카우프만의《다시 만들어진 신》이 떠올랐다. 카우프만은 의사이자 이론생물학자로 미국 복잡계연구의 성지인 '산타페 연구소'에서 일한 바 있다. 산타페 연구소는 독일 막스플랑크복잡계물리연구소와 함께 복잡계 연구기관의 양대 산맥이라고 불리는 곳이다.《다시 만들어진 신》을 펼치니 눈이 번쩍 뜨인다. 창발성, 많으면 다르다, 에르고드, P. W. 앤더슨 같은, 플라흐 박사를 취재하면서 접한 용어가 가득하다. 읽은 적이 있는데 다 잊어버렸던 것이다. 밑줄을 쳐놓았기에 읽은 줄 알지, 밑줄마저 없다면 책을 읽었는지 안 읽었는지도 모를 것 같다. "재미없다. 2013년 7월"이라고 메모도 보인다. 하지만 다시 보니 재미있다. 세상일이 다 때가 있는 건가?

   스튜어트 카우프만은 생명의 기원에 대해 '창발' 현상이라고 했다. 물질에서 '자기조직화' 원리에 의해 생물 현상이 창발했다고 주장한다. 물질을 모아놓으면 물질 간에 상호작용이 일어나고, 이 피드백으로 인해 자기조직화 원리가 작동한다는 것이다. 생명 기원뿐 아니라 생명 진화, 인간 의식, 인간의 경제 활동, 문화 활동, 그리고 인간의 행동 역시 복잡계라고 카우프만은 주장한다. 이들은 복잡계 현상이고 창발하기에 예측이 어렵다. 경제학이 과학이냐 하는 비판의 목소리가 있다. 예측을 잘 하지 못하는 게 약점이고, 이로 인해 '경제학이 과학이냐?'라는 비판이 노벨경제학상 발표 전후해서 해마다 나온다. 그런데 경제 현상이 복잡계라고 하니, 예측하기 힘들다는 게 이해된다. 복잡계는 부분적으로 무법적이고, 그럼에도 전체로서 스스로 질서를 구축하며 진화한다는 게 카우프만의 설명이다.

아직도 정의하지 못한 과제, '생명이란 무엇인가'

창발성은 예측하기 힘들 뿐, 물리법칙에 어긋나지는 않는다. 카우프만은 "인류의 지식과 지혜가 부족해서 미래를 예측할 수 없는 게 아니라, 아무리 강력한 컴퓨터라도 이 과정의 규칙성을 기술하는 것은 불가능하다"고 말한다. 이 대목에서 IBS 취재 때 익힌 '에르고드'라는 단어를 다시 만났다. 카우프만은 "우주는 비非에르고드적"이라면서 원자 이상의 복잡성 수준에서 보면, 우주 역사는 반복되지 않는다고 말한다. 분자의 진화에서 종의 진화, 생물권의 진화에서 생겨나는 생성물 대부분은 우주 역사에 처음 등장했고, 반복될 수 없다. 이 우주는 가능성의 모든 상태를 다 거칠 수 없기 때문에 에르고드적이지 않다.

카우프만의 또 다른 저서《혼돈의 가장자리》는 '생명의 기원'을 복잡계로 설명하는 데 집중한다. 카우프만은 이 책에서 다윈의 자연선택에 도전한다. 그는 자연선택론만으로는 진화를 설명하지 못한다며 "자연선택에 앞서 자기조직화원리가 작동해 질서를 만들어냈다"고 말한다.

카우프만은 이어 "복잡성 법칙은 자연계에 존재하는 질서의 대부분을 자발적으로 만들어낸다. 자연선택은 그 다음 단계에서 작용하여 더 가꾸고 세공할 뿐이다"라고 말한다. 그는 물리학계의 기존 세계관인 환원주의를 비판한다. 생명의 기원과 진화, 인간의 행동과 의식, 경제 활동은 기존의 환원주의적 물리학으로 설명할 수 없다는 것이다.

물리학자들은 세상을 물리법칙으로 설명할 수 있다고 말해왔다. 이를 환원주의적, 결정론적 세계관이라고 한다. 1978년 노벨물리학상 수상자인 스티븐 와인버그와 같은 입자물리학자는 '만물의 법칙'을 손에 쥐면 우주의 모든 걸 설명할 수 있다고 결연한 의지를 밝혀왔다. 그는《최종이론의 꿈》에서 환원주의 세계관을 밝힌 바 있다.

19세기 초 나폴레옹 시대 프랑스 과학자 피에르 시몽 라플라스(1749~1827)의 말은 결정론적인 세계관을 상징하는 것으로 유명하다. 그는 "우주의 모든 입자의 위치와 운동을 안다면 우주의 미래를 예측할 수 있다"라고 말했다. 과거를 알면 미래를 알 수 있다는 사고다. 이게 갈릴레이, 뉴턴, 맥스웰, 아인슈타인으로 내려오는 근대 물리학의 바탕에 깔린 환원론적, 기계론적, 결정론적 사고다. 카우프만은 이같은 사고를 '갈릴레이의 주문'이라며 단순계로는 복잡계를 이해하지 못한다고 말한다. 라플라스와 와인버그의 환원주의 세계관을 뛰어넘는 새로운 세계관이 필요하다고 강조한다. 새로운 복잡계 세계관으로 보면 생명의 미래는 예측할 수 없다. 미래는 열려 있고, 따라서 인간의 자유의지도 가능하다. 복잡계 사고의 아버지라고 할 수 있는 러시아인일리야 일리고진에 따르면 "우주라는 위대한 책의 마지막 장은 아직 백지 상태"이다.

카우프만 덕분에 복잡계과학에 관한 이해가 좀 생겼다. 그의 책 두 권을 읽고서야 다른 복잡계 책이 책꽂이에 더 있다는 걸 알았다. 《우발과 패턴》《핀볼 효과》《전체를 보는 방법》《복잡한 세계 숨겨진 패턴》……. 알면 보이고, 모르면 눈앞에 있어도 눈에 띄지 않는다.

카이스트 정하웅 교수가 등장하는 《링크》도 흥미롭다. 정 교수가 박사후연구원 시절 스승이었던 바라바시 교수는 이 책에서 월드와이드웹과 같은 네크워크 과학 현상을 설명한다. 통계물리학자인 김범준 교수의 《세상물정의 물리학》은 복잡계과학이 사회현상을 어떻게 볼 수 있는지를 알려준다. 《뉴욕타임스》 과학기자로 일한 제임스 글릭의 《카오스》는 복잡계 과학의 초창기를 설명한 책으로 유명하다.

생명의 기원을 둘러싼 인류의 궁금증은 오래되었다. 현대 인류는 하늘에 닿을 만한 지식을 쌓았지만 이 문제에 대한 답은 여전히 갖고 있지 않다. 생화학자 닉 레인은 《바이털 퀘스천》에서 "생명을 둘러싼 문제에 커다란 블랙홀이 있다"고 말한다. 그의 말에서 생물학자의 고민과 연구 한계가 드러난다. 다수 학자는 생명이 물질에서 왔다는 데는 동의한다. 물질이 아니면 어디에서 왔겠는가? 기독교의 신은 흙으로 인간을 만들었다. 신은 코에 생기를 불어 넣어 생명을 탄생시켰다고 한다. 그런데 과학자들은 물질에서 생명이 어떻게 나타났는지를 설명하지 못한다. 앞서 카우프만은 '자기조직화 원리'를 물질에서 생명이 태어난 비법이라고 말했지만 그 역시 구체적인 그림은 제시한 게 없다. 질서는 저절로 생긴다고 했을 뿐이다. 그는 생명의 역사를 끝내 복원할 수 없을 것이라고 말한다. 리처드 도킨스도 《조상 이야기》에서 "우리는 생명의 기원에 관해서 언젠가는 명확하게 합의할지 모른다. 그렇다고 해도, 나는 그 합의를 뒷받침할 직접적인 증거는 없을 것이라고 추측한다. 직접적인 증거는 모두 지워졌을지도 모른다. 오히려 누군가가 내놓은 이론이 너무나 우아하다는 이유로 받아들여 질 것이다"라고 말한다.

학계는 '생명이 무엇인가'라는 정의조차 합의하지 못하고 있다. 생명의 기원을 알아내는 게 인류가 올라가야 할 8,000미터급 봉우리라는 간접 증거다. 생명의 기원이라는 높은 봉우리에는 초짜 과학자가 덤비지 않는다. 연구해봐야 결과를 얻어내기가 쉽지 않기 때문이다. 논문을 쓰지 않으면 학자로서 자리를 유지하기 힘들어진다. 생명의 기원이라는 영역은 "은퇴한 노벨상 수상자들이나 생물학에서 걸출한 인물들의 놀이터"라는 닉 레인 말에 고개가 끄덕여진다.

1933년 노벨물리학상 수상자 에르빈 슈뢰딩거의《생명이란 무엇인가》, 1965년 노벨생리의학상 수상자 자크 모노의《우연과 필연》, 1998년 노벨물리학상 수상자 로버트 러플린의《새로운 우주》, 세포 내 공생에 의한 생명발생endosymbiosis설을 주장한 생물학자 린 마굴리스의《생명이란 무엇인가》가 대가의 책들이다. 개인적으로는 프랜시스 크릭이 좋다. 그는 '의식'을 탐구하러 가기 전에 '생명의 기원' 놀이터에서 한참 머물렀다. 그리고《생명 그 자체: 40억 년 전 어느 날의 우연》이라는 책을 1981년 내놓았다.

에르빈 슈뢰딩거는 양자물리학의 아버지 중 한 사람이다. 그의 슈뢰딩거 방정식은 가장 아름다운 방정식 중 하나다. 입자의 존재 확률은 시간에 따라 변화하며, 변화 양상은 파동과 비슷하다. 그것을 기술하는 수식이 슈뢰딩거 방정식이다. 슈뢰딩거는 아돌프 히틀러의 박해를 피해 제2차 세계대전 때 아일랜드로 갔다. 슈뢰딩거는 아일랜드 수도 더블린의 트리니티 칼리지에서 1943년 2월 몇 차례 강연을 했고, 이 듬해 영국 케임브리지대학 출판부가 강연 내용을 묶어《생명이란 무엇인가》라는 이름으로 펴냈다. 슈뢰딩거는 생명의 물질적 토대인 유전물질을 찾아야 한다고 말했고, 이 말은 젊은 과학자들에게 영감을 불어넣었다. 이 책을 읽고 생물학으로 돌아선 물리학자가 많다. 대표적인 사람이 프랜시스 크릭과 제임스 왓슨이다. 이 책은 지금도 많이 읽힌다. 후학들은 슈뢰딩거의 강연 50주년을 기념하기 위해 1995년 더블린에 모여 기념행사를 열었고, 그 강연 내용을 묶어《생명이란 무엇인가? 그후 50년》을 펴냈다.

자크 모노는《우연과 필연》이라는 책의 저자로 유명하다. 인류에게 유전자 스위치라는 중요한 유전자 조절 장치의 존재를 알려준 이 프랑스 생화학자는 노벨상 수상 5년 후인 1970년《우연과 필연》을 썼다. 모노는 이 책에서 생명 탄생은 기이한 사건이며, 텅 빈 우주에는 우리뿐이라는 쓸쓸한 생각을 내놓았다. 다음 두 글에 자크 모노의 핵심이 압축되어 있다.

"반드시 존재해야 할 이유(의무)는 없고 단지 존재할 수 있는 가능성(권리)만을 갖고 있다는 이 사실이, 돌멩이의 경우라면 충분하겠지만 우리 자신의 경우라면 그렇지 못하다. 우리는 우리 자신이 어떤 필연적인 이유에 의해서 존재하는 것이기를, 우리가 존재하지 않으면 안 되도록 처음부터 정해진 것이기를 원한다. 모든 종교와 대부분의 철학, 심지어 과학 일부까지도 자기 자신의 우연성을 필사적으로 부인하려는 인간의 지칠 줄 모르는 영웅적 노력의 증거다."

"고대의 계약은 산산조각이 나고, 적어도 인간은 무감각할 정도로 방대한 이 우주에서 혼자라는 것을 알고 있다. 우리의 등장은 우연일 뿐이었다. 인간의 운명은 어디에도 설명되어 있지 않다." 우연과 필연 | 자크 모노 지음 | 조현수 옮김 | 궁리

생명 탄생, 우연인가 필연인가

2015년 영국 과학주간지《뉴사이언티스트》가 기획한《우연의 설계》에 따르면, 생명의 탄생이 필연인가 우연인가는 생명 기원을 둘러싼 큰 논쟁 중 하나다. 필연론자는 지구와 같은 행성들을 한 곳에 모아두고 50억 년쯤 놔두고 나중에 확인해 보면 생명이 우글우글할 것이라고 말한다. 그러니 이 무한한 우주에는 우리 지구 말고도 생명이 가득하다고 본다. 우연론 진영은 지구와 같은 행성을 갖다 놓고 50억 년을 기다려본다 해도 생명을 낳은 행성이 없을 것이라고 말한다. 생명 출현은 그만큼 확률이 낮다는 주장이다.

천문학자 칼 세이건과 프랭크 드레이크는 필연론자다. 복잡계과학자 스튜어트 카우프만도 내가 보기에는 필연론 진영에 속한다. 앞의 두 사람은 함께 외계 지적생명체 탐사SETI, Search for Extra-Terrestrial Intelligence 계획을 추진하고, 보이저 1, 2호 우주선을 태양계 너머로 발사하는 일에 앞장섰다. 칼 세이건은 보이저 탐사선들에 담은 지구로부터의 메시지 제작을 주도했다. 30센티미터 크기의 금박 레코드에는 태양계 위치와 지구가 표시되어 있다. 그 프로젝트 이야기는《지구의 속삭임》에 담겨 있다. 프랭크 드레이크는 '드레이크 방정식'을 만들어 우주에 인류와 신호를 교환할 수 있는 지적인 생명체가 있을 확률을 계산했다.

1982년 영화 〈ET〉는 그같은 분위기 속에서 나와 큰 성공을 거뒀다. 외계에 대한 인간의 판타지는 가라앉지 않아 1997년 영화 〈인디펜던스 데이〉, 2016년 영화 〈콘택트〉는 꽤 흥행했다. SF 작가 아서 C. 클라크의 《라마와의 랑데부》, 제임스 P. 호건의 《별의 계승자》 같은 SF작품에서는 외계 문명이 스토리의 젖줄과 같다.

이 우주에 우리밖에 없다면 이 얼마나 낭비인가? 우리 말고 누군가 있다면 이 또한 얼마나 놀라운 일인가? 이는 우연과 필연 사이에서 혼란스러운 인류의 모습을 잘 보여주는 표현이다.

프랜시스 크릭은 생명의 기원을 연구하면서 1973년 "생명은 우주에서 왔다"는 정향범종定向凡種설을 주장했다. 정향범종설은 《생명 그 자체》에 잘 나와 있다. 외계의 지성체가 미생물이 실린 우주선을 태양계로 보내왔고, 그 미생물이 진화해 오늘날 지구에 번성했다는 주장이다. 그의 주장은 오늘날 거의 무시된다. 리처드 도킨스는 "우주기원설은 생명 기원 장소를 지구에서 외계로 옮겨놓은 것에 지나지 않는다"고 비판했다. 크릭이 우주기원설을 편 건 생명 기원을 알아내기가 얼마나 어려운 것인지를 보여준다는 식으로 말하는 사람도 있다. 크릭 본인도 생명 기원 연구의 한계를 책에서 고백한다.

"나는 생명의 기원에 관한 논문을 쓸 때마다 두 번 다시는 쓰지 않겠노라 다짐한다. 너무나 부족한 사실을 놓고서 너무나 많은 추론을 펼쳐야 하기 때문인데, 그럼에도 불구하고 나는 번번이 결심을 고수하지 못한다. 이 주제가 너무나 매력적이기 때문이다." 생명 그 자체 | 프랜시스 크릭 지음 | 김명남 옮김 | 김영사

역시 크릭이다. 어려운 주제를 피하지 않고 도전했다. 그는 '생명의 기원' 다음으로 '의식'을 파고들었다. 그는 의식 분야에서도 끊이지 않는 정상 등반 시도를 계속했다. 큰 성과는 없었지만 후학을 위한 길을 닦았다.

물질에서 생명으로의 화학적 진화를 연구한 학자들은 여전히 미궁을 헤매고 있다. 1934년 노벨화학상을 수상한 해럴드 유리의 연구실에서 그의 제자 스탠리 밀러가 최초로 생명 합성을 시도한 이래, 과학자는 생명의 에덴동산을 찾고 있다. 대사metabolism, 증식(유전), 환경에 대한 반응이 생명 현상의 세 가지 핵심이라고 학계는 말한다. 이 세 생명 현상이 최초에 어떻게 나타났을까를 알아내는 데 학자들의 관심이 집중되어 있다. 다양한 가설이 나왔다. 마지막 공통조상의 유력한 후보지로 최근에 주목받고 있는 곳은 뜨거운 물이 나오는 해저다. 미국 해저 탐사선이 1977년 깊은 바다, 산소가 희박한 곳을 들여다보니 아무것도 없는 게 아니라 생명체가 가득한 열대우림과 같았다.

알칼리성 물이 뿜어 나오는 바다 열수구熱水口 주변에는 구멍이 많은 암석이 침전된다. 황화철, 황화니켈 등 금속성분이 많아 작은 구멍이 많은 다공성多孔性암석이 생기기 쉽다. 실제로 심해 열수구 주변은 그런 환경이다. 이 구멍에 분자가 쌓이고 그 위에 막이 생기면서 최초의 생명체, 마지막 공통조상이 출현했다는 시나리오가 요즘 가장 뜨고 있다. 태초의 지구에는 산소가 없었으므로 마지막 공통조상은 당연히 혐기성 미생물이었다. 내 조상은 알칼리 온천이 고향이었다. 이곳에서 '화학적 진화'는 완성되었다.

이제 종의 기원을 찾는 생물학적 진화가 궁금하다. 생명의 여명기를 장식하는 미생물 중 하나는 시아노박테리아. 광합성 능력을 최초로 갖춘 이 박테리아가 산소를 지구에 뿜어냈다. 35억 년 전에 광합성 세균이 존재했다는 화석 증거가 있다. 광합성을 하면 부산물로 산소를 만들어낸다. 이제 최초의 산소 제조기인 시아노박테리아를 만나러 서호주로 가야 한다.

2
35억 년 전 땅 서호주

서울에서 서호주 여행하기

인천에서 호주로 가는 비행기는 시드니, 브리즈번 등 대개 동호주로 간다. 취재 때문에 두세 번 다녀온 호주 역시 모두 시드니의 오페라 하우스, 골드 코스트, 수도 캔버라, 그리고 제임스 쿡 선장이 배가 좌초해 고생했다는 대보초가 있는 동호주였다. 하지만 지금 나는 문경수의 《35억 년 전 세상 그대로》를 펴놓고 서호주를 꿈꾼다. 시드니에서 대륙 서쪽 끝으로 4,000킬로미터 떨어진 곳. 샤크만의 스트로마톨라이트, 20억 년 전 띠 모양 호상編狀 철광층의 땅 카리지니 국립공원, 35억 년 전 땅 노스 폴. '오래된 산소'라는 키워드가 이 여행을 관통한다.

　　과학탐험가 문경수는 서호주의 최대 도시 퍼스에서 살았다. 한국인 여행사에서 서호주 지질 명소 탐방 가이드로 1년간 일했다. 인도양에 접한 항구 퍼스에 살며 그는 35~25억 년 전 지구가 살아 숨 쉬는 이 땅을 공부했다. 훗날《과학동아》기자로 일하게 되는 그는 이곳에서 호주 최고의 우주생물학자인 마틴 반 크라넨동크 뉴사우스웨일즈대학 교수를 만났고, 인생이 달라졌다. 크라넨동크 박사가 안내하는, 지구 최고의 우주생물학자 23명과 필바라 지역 탐사 여행에 참가하는 기회를 잡은게 계기였다.《35억 년 전 세상 그대로》는 그들과 함께 하며 배우고 본 서호주 지질 여행기다.

서울 집에 앉아 책을 보면서 컴퓨터 화면에 서호주 지도를 띄웠다. 책에 언급된 지질학 성지聖地들을 확인하기 위해서다. 가장 유명한 곳은 샤크만의 해멀린 풀인데, 살아있는 스트로마톨라이트 화석을 볼 수 있다. 이 미생물 생태계에는 그 유명한 시아노박테리아가 살아있다. 시아노박테리아는 지구 역사상 최초로 산소를 만든 생물로, 지구를 산소로 흠뻑 채운 귀한 존재다. 인류는 시아노박테리아의 수고에 감사해야 하는 최대 수혜자다. 스트로마톨라이트 화석은 지구촌 곳곳에서 발견된다. 샤크만이 특별한 이유는 시아노박테리아가 살아 있기 때문이다. 시아노박테리아들이 살아있기에 이들이 만든 미생물 매트가 굳으면서 만들어지는 스트로마톨라이트가 자라나고 있다. 지구촌에서 살아 있는 시아노박테리아를 볼 수 있는 곳은 얼마 되지 않는다. 모래 해변의 얕은 물속에 자라는 스트로마톨라이트 앞에 선 과학탐험가는 이렇게 말한다.

"암석 표면을 살피니 시아노박테리아가 태양빛을 받아 광합성하며 뿜어내는 산소 기포가 선명하게 보였다. 경이로움 그 자체였다. 산소가 만들어지는 광경이 눈앞에 펼쳐졌다. 마틴 반 크라넨동크 말로는 1년에 0.4밀리미터씩 자란다고 했다. 연구 결과에 따르면 최근 1,000년 동안 35센티미터가 자랐다. 해멀린 풀에 있는 스트로마톨라이트에는 시아노박테리아가 4퍼센트 포함돼 있다고 한다." 35억 년 전 세상 그대로|

샤크만의 해안가 해멀린 풀에서 살아 있는 스트로마톨라이트를 과학
자가 발견한 것은 1961년으로, 고생물학계의 일대 사건이었다. 다른데
서는 보기 힘드나 이곳에 시아노박테리아가 살고 있는 건, 만 안의 매
우 높은 염도 때문이다. 샤크만 해멀린 풀 바다의 독특한 조건 때문에
시아노박테리아가 살고 있는 것이다. 다른 생물은 이런 환경에서는 살
기 힘들다. 초기 지구와 같은 혹독한 조건이다. 때문에 오늘날 생명은
이곳에서 적응하기 힘들지만, 오래된 생물인 시아노박테리아는 고향
처럼 편안함을 느낀다. 35억 년 전 시아노박테리아의 광합성 활동은
이산화탄소와 질소로 구성된 원시대기를 산소가 풍부한 공기로 전환
시켰다. 처음에는 산소가 물속에 녹아들어 갔고, 물에 충분히 쌓이자
대기 중으로 퍼져나갔다. 이때부터 본격적으로 고등생명체가 등장했
고, 인간 진화로 이어졌다. 이런 이유 때문에 시아노박테리아는 초기
생명체에 대한 고생물학 연구에서 가장 중요한 존재로 대우받는다.

미국 작가 빌 브라이슨은 이야기꾼이다. 여행과 영어에 대한 책으
로 필명을 날리는데, 《빌 브라이슨의 대단한 호주 여행기》에도 재기가
가득하다. 그는 이 책에서 샤크만의 스트로마톨라이트에 관해 말한다.
샤크만 편의 제목이 의미심장하다. '진정한 시간 여행으로의 초대.'

"스트로마톨라이트는 특징이나 광택이 없고 형체도 없는 회색 덩어
리다. 인정하건대 그리 멋있고 인상적이지 않다. 그게 흥미진진한 것
은 그것에 담긴 개념 때문이다. 여러분은 지금 살아있는 바위를 보고
있다. 지구가 탄생하던 순간으로 4분의 3 정도를 거슬러 올라간 35억

년 전의 세상을 경험하고 있다. 이런 생각이 흥미진진하지 않다면 무엇이 흥미진진할지 나는 모르겠다." 빌 브라이슨의 대단한 호주 여행기 | 빌 브라이슨 지음 | 이미숙 옮김 | 알에이치코리아

생명체로 살아 움직인 고생대

카리지니 국립공원은 사크만에서 북동쪽으로 500킬로미터 이상 떨어져 있다. 세계적인 철광 산지의 한복판이다. 국립공원 내 옥서 전망대는 네 개의 협곡이 만나는 지점에 있다. 협곡 중 데일스 협곡과 헨콕 협곡을 한국의 과학 마니아들이 즐겨 찾는다. 《서호주》라는 책을 낸 '박문호의 자연과학 세상' 회원들이 그중 일부다. 이들은 특히 데일스 협곡의 서큘러 풀에서의 수영이 잊지 못할 경험이라고 했다. '20억 년 전 바다'에 몸을 담그는 느낌이라니, 무엇에도 비교하기 힘들 것이다. 물은 20억 년 전 생성된 철광층 위에 담겨 있다. 상상이 되지 않는 시간인 20억 년 과거로의 시간 여행이다.

카리지니 철광층은 20억 년 전 당시 바닷물 속에 산소가 녹아 있었다는 걸 증언한다. 띠 모양의 철광층이 그 증거다. 붉은 띠(산화철 퇴적층)와 흰 띠(규산이 들어있는 퇴적층)가 번갈아가며 퇴적층을 만들었다. 붉은 띠는 물속에 산소가 많을 때 생겼고, 흰 띠는 산소가 부족할 때라는 걸 가리킨다. 이 지역은 당시 바다였다. 시아노박테리아가 산소를 뱉어내 물속에 산소가 많았을 때는 산화철이 만들어졌고, 산소가 없을 때는 철이 만들어지지 않았다. 띠 모양 철광층은 원시 지구의 산소 농도가 오르내렸음을 20억 년 후대를 살고 있는 우리에게 말한다. 카리지니 철광층이 포함된 해머즐리 산맥의 철광산지는 동서로 500킬로미

터, 남북으로 200킬로미터다. 철광석 순도 60퍼센트로, 그 크기와 순도에 입이 다물어지지 않는다. 얼마나 많이 매장되어 있는지도 모른다고 한다. 이 때문에 호주는 "시아노박테리아로부터 시작된 산소 혁명의 진정한 수혜자"라고 불린다.

서호주에 '북극North Pole'이 있다. 카리지니 국립공원에서 북동쪽으로 약 200킬로미터 지점이다. 호주에서 가장 더운 곳 중 하나이다. 35억 년 전 땅이다. 호주 말고 다른 지역에는 이렇게 오래된 땅이 지표에 노출되어 있는 곳이 거의 없다. 지질학 용어로 와라우나 층군의 퇴적암 지대라고 한다. 20세기 초 골드러시 바람이 불었던 마을 마블 바 인근에서 스트로마톨라이트 화석이 발견됐다. 산소를 만들어내는 미생물인 시아노박테리아가 기생하며 스트로마톨라이트 화석을 만들었다. 하지만 이곳 마블 바의 스트로마톨라이트는 생물이 만든 것인지 물리적인 과정이 만든 것인지 분명하지 않다. 앤드류 놀은《생명 최초의 30억 년》에서 "다른 세균도 스트로마톨라이트 매트를 형성할 수 있고, 처음부터 시아노박테리아가 35억 년 전에 존재했다고 생각할 이유는 없다"라고 말한다.

호주의 35억 년 전 땅을 보러 지구촌의 우주생물학자가 몰려온다. 우주생물학자는 생물 탄생과 진화를 연구하여 지구 외 행성에 생명체가 존재하는지를 알고자 한다. 언젠가 인류가 개척해야 할 화성 연구를 하려면 서호주로 가야 한다. 원시 지구 환경이 화성과 비슷하기 때문이다. 화성 탐사 계획에 우주생물학자의 참여는 필수적이다. 서호주에서 리들리 스콧 감독의 영화〈마션〉이 일부 촬영되었다.《35억 년 전 세상 그대로》의 저자 문경수는〈마션〉원작 소설의 주인공 마크 와트니의 독백 장면을 소개한다. "지구에 돌아가면 서호주에 작고 예쁜 집을 한 채 살 것이다." 저자 자신의 서호주 사랑 표현이 아닌가 싶다.

지구 역사 40억 년이 지난 어느 날, 놀랄 정도로 다양한 생명 형태가 바다에 나타났다. 현재로부터 역산하면 5억 8,000만 년 전 일이다. 이 놀라운 시기를 우리는 캄브리아기라고 부르는데, 생명체의 갑작스런 출현을 '캄브리아기 대폭발'이라고 부른다. '무'에서 '유'의 출현과 같은 일이었다. 이 전에 생명체가 있었던 화석 흔적이 거의 없었는데, 갑자기 온갖 형태의 생명이 나타났다. 캄브리아기가 문을 연 '고생대'라는 새로운 지질시대부터 지구는 생명체로 살아 본격적으로 숨쉬기 시작했다.

3
물으로 생명이 올라온 고생대 데본기

고생대 데본기의 추억

몇 해 전 여름휴가 때 강원도 태백에 갔다. 곧바로 태백의 유명한 관광지 구문소로 향했다. 그곳에 '태백고생대자연사박물관'이라고 쓴 멋있는 건물이 보였다. 박물관 이름에 '고생대'가 있어 태백이 고생대 지층이겠구나 하고 생각했다. 박물관에 들어가보니 고생대의 대표 생물인 삼엽충 화석이 많았다. 지구에 산소를 가득 품어낸 스트로마톨라이트 화석도 보인다. 시아노박테리아 덕분에 지구는 산소로 가득차게 됐고, 이어 그 산소를 이용해 호흡을 하는 생물이 생겨났다. 고생대는 5억 8,000만 년 전에 시작했다. 고생대에 대한 내 지식은 석탄기에 숲이 매몰돼 강원도 영월, 삼척 지역에서 오늘날 탄을 캘 수 있다는 것과 고생대 데본기 시기에 인간의 조상이 물에서 뭍으로 올라와 새로운 삶을 시작했다는 정도다.

고생대와 중생대, 신생대를 왜 구분하는지도 알게 되었다. 한 지질시대와 다른 지질시대 사이에는 격변이 있었다. 지구 생명체의 광범

위한 멸종이 있었다. 지구 전체가 꽁꽁 어는 '눈덩이 지구snowball earth' 시기가 지구 역사상 몇 차례 일어났다. 오늘날 열대의 땅까지 얼려버릴 정도로 기온이 떨어져 생명이 살기 힘들었다. 지구 온난화 현상이 극단으로 치달은 적도 있다. 바다 온도가 올라가고 토양 산성화가 극심해지면서 생명이 위기에 몰렸다. 인간이 없을 때인데도 지구는 이산화탄소 과다로 인해 신음했다. 시베리아와 인도 데칸고원 화산의 장기간 폭발이 원인으로 지목되었다. 지구 생명체의 역사는 결코 평탄하지 않았다.

　　고생대 공부에 도움이 될만한 책은 리처드 포티의《삼엽충》과《위대한 생존자들》, 고생물학자 최덕근의《10억 년 전으로의 시간여행》, 고생물학자 닐 슈빈의《내 안의 물고기》이다. 해양생물학자 앤드루 파커의《눈의 탄생》, 리처드 도킨스의《조상 이야기》, 고생물학자 마틴 브레이저의《다윈의 잃어버린 세계》도 재미있다.

　　《삼엽충》은 고생대 바다를 휩쓸었던 바다 생물 이야기다. 런던자연사박물관 큐레이터로 일한 리처드 포티의 글 솜씨는 유명하다. 그의 다른 책《위대한 생존자들》은 오래 살아남은 생물들의 이야기를 통해 지구의 오래된 과거를 현재와 연결시킨다. 미국(델라웨어강, 옐로스톤 국립공원), 캐나다(뉴펀들랜드), 호주(샤크만), 홍콩(사이쿵 교야 공원), 태국(트라타오 섬), 포르투갈(아로카), 중국(저장성 톈무산) 등 현장을 답사하고, 전문가들로부터 들은 이야기를 소개한다. 최덕근 서울대 명예교수는《10억 년 전으로의 시간 여행》에서 한반도 태백-영월의 고생대 땅 이야기를 들려준다. 책을 읽은 뒤 그를 따라 현장 답사 여행을 떠났다. 전문가의 설명을 들으며 고생대 한반도를 접한 건 특별한 경험이었다. 《내 안의 물고기》저자 닐 슈빈은 인간의 먼 조상이 바다로 올라왔다는 증거 화석을 찾아낸 고생물학자다. 그는 캐나다 북쪽의 북극에 가까운 지역에서 나중에 '틱타알릭'이라고 이름 붙인, 다리가 달린 물고기 화석을 발견했다. 물에서 뭍으로 오르는 생명의 진화사 현장을 포착한 것이었다.

《눈의 탄생》은 고생대 캄브리아기 폭발이라고 불리는 현상을 '눈'에 초점을 맞춰 설명한다. 앤드루 파커는 "눈이 모든 걸 바꾸었다"고 말한다. 모든 동물은 빛에 적응해야 했고, 포식자의 공격을 피하고 피식자를 공격하기 위해 갑옷을 두르고 경고색을 과시하고, 적을 따돌릴 수영 실력을 갖춰야 했다. '캄브리아기 폭발'은 찰스 다윈을 곤혹스럽게 했다. 이전 지질시대 지층에서는 동물 화석이 나오지 않는데, 캄브리아지층에 오면 화석이 가득하기 때문이다. 캄브리아기에 생명이 갑자기 출현한 것을 설명해야 했으나, 쉽지 않았다. 생명체가 갑자기 쏟아진 데 대해 창조론자는 신의 창조 증거라고 말하기도 했다. 도킨스의《조상 이야기》는 인간의 진화사를 침팬지와 인간의 공통조상에서부터 시작해 최초의 생명체까지 거슬러 올라간다. 한 단계 한 단계 생명의 계통수 계단을 올라가면서 생명 진화 현상을 흥미진진하게 들려준다.

삼엽충의 시대였던 고생대

고생대는 삼엽충 시대라고도 한다. 태백 고생대박물관이 반가웠던 이유는 삼엽충 연구자인 리처드 포티의《삼엽충》을 읽었기 때문이다. 삼엽충은 고생대 당시 얕은 바다를 주름잡은 포식자였다. 5억 4,000만 년 전부터 3억 년에 걸친 고생대를 꽉 채워 살았고, 무려 4,000종으로 분화했다. 삼엽충 화석 산지를 보면 과거 대륙의 이동을 가늠할 수 있을 정도다. 3억 년 넘게 살았기 때문이다. 3억 년이면 5대륙 6대양의 지리가 완전히 바뀔 정도의 긴 시간이다. 삼엽충은 그만큼 성공적인 종이다. 인류가 살아온 기간은 삼엽충의 0.5퍼센트에 불과하다. 포티는 "삼엽충은 공룡만큼 매력이 넘치고, 존속 기간은 공룡보다 두 배나 길다"며 삼엽충에 합당한 영광을 부여해야 한다고 말한다.

삼엽충은 고생대가 끝나면서 사라졌다. 하지만 화석을 대량 생산했고, 그것으로 5억 년 전 세상을 우리에게 보여준다. 딱딱한 등껍질을 갖고 있어 화석으로 남을 수 있었고, 성장하면서 허물을 벗기 때문에 그 허물들이 화석이 될 수 있었다. 오늘날 애완용으로 키우는 투구게가 가까운 친척이다. 거미도 모습은 달라도 유전적으로는 가까운 친척이라고 한다. 특히 삼엽충의 눈이 놀랍다. 삼엽충은 방해석이라는 광물렌즈를 통해 세상을 보았다. 방해석은 석회암과 대리석의 주성분이다. 영국 도버 해안의 아름다운 흰색 절벽이 방해석이다. 방해석은 조개껍질을 만드는 재료이기도 한데, 삼엽충이 눈 재료로 갖다 쓴 방해석은 불순물이 없어 투명했다.

삼엽충 눈의 방해석은 대개 육각형 수정체인데, 길고 가는 작은 수정체들이 모여 벌집 모양을 이루고 있다. 삼엽충은 돌 렌즈를 통해 물속 세계를 보았다. 학자들은 삼엽충의 방해석 눈이 초점이 맞을까, 아니면 초점이 잘 맞지 않아 상이 흐릿하게 보였을까 하는 게 궁금했다. 결국 초점을 잘 맞추는 눈이었다는 걸 확인했다. 리처드 포티는 삼엽충이 5억 4,000만 년 전에 구면수차 문제를 해결했다고 말한다. 구면수차는 렌즈의 초점이 맞지 않는 문제다. 인류는 17세기에 와서야 네덜란드인 크리스티안 하위헌스나 프랑스 수학자이자 철학자 르네

데카르트가 구면수차 문제를 해결한 렌즈를 내놓았다. 삼엽충이 그 오래전에 해결한 문제를 붙잡고 인류는 오래 전전긍긍했다.

앤드루 파커의 《눈의 탄생》에서 놀란 건 삼엽충이 눈을 가진 첫 생물이라는 부분이다. 그는 왜 고생대 맨 처음 시기인 캄브리아기 지층에 생물 화석이 폭발적으로 나타나는가 하는 오래된 질문에 답을 제시한다. 캄브리아기 지층에서 화석이 갑자기 쏟아지는 이유에 대해 여러 가지 가설이 있었으나 그간 검증대를 통과하지 못했다. 앤드루 파커는 화석이 쏟아진 이유가 눈의 출현이라고 말한다. 삼엽충 가문의 첫 세대는 올레노이데스이다. 올레노이데스가 눈을 뜨고 바닷속을 훑고 다니면 인간의 진화상 선조인 작은 물고기 피카이아는 서둘러 달아나야 했다. 지구 역사상 처음으로 삼엽충이 눈을 떴을 때, 그 눈은 세상을 바꾸었다. 앤드루 파커는 "지질시대를 시각 이전과 시각 이후로 나눈다면 경계선은 5억 4,300만 년 전"이라며 "생명 역사에서 이 시기에 빛 스위치가 켜졌으며, 그 스위치는 한 번 켜진 뒤로 내내 켜있다. 하지만 그 이전에는 내내 꺼져 있었다"라고 말한다.

고생물학자인 최덕근 서울대 명예교수를 만난 건 2016년 그가 《10억 년 전으로의 시간 여행》을 출간했을 때다. 이 책은 그의 학문적 전기다. 저자 소개가 독특했다. "삼엽충이라는 화석을 연구하는 지질학자로 스스로 '삼엽충을 요리하는 사람'이라고 말한다." 지질학자는 암석과 화석을 요리하는 셰프이기도 하고, 과거를 기록한 암석 속 증거를 찾아내 지구에서 일어났던 사건을 밝히는 탐정이라고도 했다. 그는 고古지리 연구를 통해 한반도라는 땅이 어떻게 만들어졌는지, 한반도 형성사를 연구했다. 그가 손에 쥔 주요 도구 중 하나는 '삼엽충'이다.

최 교수는 2011년 미국 리버사이드-캘리포니아 대학의 나이젤 휴즈 교수로부터 이메일을 받고 깜짝 놀랐다고 한다. 학회에서 만난 삼엽충학자 휴즈는 히말라야 산중인 부탄에서 강원도 태백의 삼엽충 화석이 나왔다고 말했다. 카올리샤니아Kaolishania, 타이파이키아Taipaikia 등 모두 세 종이 인도와 티벳 고원 사이의 땅에서 발견됐다는 것이었다. '타이파이키아'란 학명은 한국어 '태백'을 일본 학자 고바야시가 1930년대 일본어로 표기하면서 붙은 이름이다. 삼엽충은 지역마다 사는 종이 다른데, 같은 삼엽충이 한반도에서 멀리 떨어진 히말라야 산속에서 발견되었다니, 최 교수는 말도 안 된다고 생각했다. 삼엽충은 깊은 바다를 건널 수 없다. 얇은 바다에서 산다. 심지어 느리다.

최 교수는 고민했다. 이 세 종의 삼엽충 화석은 중국 시안西安, 랴오둥遼東에서도 나온다. 결국 히말라야 깊은 산속의 부탄, 시안, 요동, 태백 땅이 한데 연결되었다는 이야기여야만 했다. 그는 지르콘 광물 분석으로 위 지역들을 분석했다. 부탄, 중국 시안, 태백의 캄브리아기 사암에 들어있는 지르콘 광물의 연령을 분석해 보니 놀라울 정도로 비슷했다. 최 교수는 2007년 일을 떠올렸다. 호주 삼엽충이 태백-영월과 같다는 걸 그때 알았다. 호주 학자가 학술지에 제출한 논문을 심사하다가 그 내용을 접했다. 호주, 부탄, 태백-영월을 연결하는 그림이 그의 머리에 떠올랐다. 한국의 태백산 분지와 히말라야의 퇴적분지, 북호주가 지리적으로 붙어 있어야 했다.

부탄과 한반도 태백-영월, 그리고 호주는 지금은 멀리 떨어져 있다. 하지만 5억 년 전에는 가까이 있었으며, 당시 위치는 적도였다고 최교수는 추정한다. 알프레트 베게너가 대륙이동설로 깨우쳐줬듯이, 대륙은 장구한 시간 속에서 서서히 이동하며, 그러는 동안에 합해졌다가 쪼개졌다가를 반복해 왔다. 대륙이 하나로 모두 합쳐졌던 초超대륙의 이름이 판게아다. 최교수는 영월과 태백이 고생대에는 1,000킬로미터 떨어져 있었다고 본다. 오늘날 강원도 산중의 두 지역은 50킬로미터로 붙어 있다. 그는 고지리를 알아내는 탐정과 같았다.

이후 과학책을 읽는 사람들과 함께 최 교수를 따라 태백과 영월 지질 답사를 다녀왔다. 최 교수가 보여준 태백 석개재와 영월 공기리, 마차리의 지형은 떡 반죽처럼 휘어져 있었다. 한쪽에서 강한 힘으로 밀어붙이니 지층이 녹은 엿가락처럼 구부러졌다. 1,000킬로미터 거리가 50킬로미터가 되도록 민 힘이라니 그 세기를 상상할 수조차 없다. 태백고생대박물관에서 좀 내려간 동점역 인근 황지천 변에서 최 교수는 20억 년을 건너뛰는 부정합면을 보여줘 일행을 놀라게 했다. 부정합면은 지층이 시기적으로 연속적으로 나타나지 않고 건너뛰어 나타나는 지층이다.

황지천 변을 따라 걸어갔더니 오른쪽 암석은 25억 년 전(선 캄브리아기) 암석이고, 왼쪽 암석은 5억 년 전(하부 고생대 캄브리아기)에 만들어진 곳이 나왔다. 양쪽에 한 발씩 올려 놓으면 20억 년의 공백이 존재했다. 20억 년 동안 무슨 일이 있었기에 두 지층 사이에는 무한의 시간 공백이 있었을까? 엄청난 역사가 있었을 것임에 틀림없었다.

동물을 유혹했던 시체 냄새

캄브리아기의 유명한 화석 산지는 캐나다 록키산맥의 유명한 휴양지 밴프 인근에 있다. 버제스 셰일 화석단지는 1911년 미국인 찰스 월콧이 발견했다. 고생물학자 스티븐 제이 굴드는 버제스 셰일 화석과 관련해

《원더풀 라이프》라는 책을 썼다. 동아시아에도 캄브리아기 화석이 쏟아져 나오는 곳이 있다. 중국 윈난성의 청장 화석단지다. '마오톈샨帽天山 Maotianshan 셰일'이라고도 불린다. 버제스 셰일보다 시기가 앞서고, 종류가 다른 화석들이 나오는 것으로 유명하다.

척추동물보다 먼저 출현한 게 척삭동물이다. 사람도 발생 초기에 척삭이 생기며 나중에 척추로 바뀐다. 연골 조직인 척삭을 평생 갖고 사는 생물도 있다. 두 곳의 캄브리아기 화석단지에서 가장 오래된 척삭동물 화석이 나왔다. 버제스 셰일에서는 '피카이아'라는 작은 물고기(4센티미터)가, 청장 화석단지에서는 '하이코우이크티스'가 발견되었다. 피카이아는 5억 3,000만 년 전에 살았고, 하이코우이크티스는 5억 4,000만 년 전에 살았다고 추정된다. 사람과 곧바로 이어지는 최초의 생물이라고 '피카이아'가 유명했으나, 뒤늦게 발견된 하이코우이크티스에 밀려 인류의 가장 오래된 선조 자리에서 내려왔다.

현재 바다생물을 보면 창고기나 멍게가 가장 오래된 척삭동물이라고 알려져 있다. 멍게는 어려서는 척삭을 갖고 이동하지만 성체가 될 때쯤 특정 장소에 자리를 잡으면 뇌와 함께 척삭을 제거해 버린다. 뇌가 필요 없기 때문이다. 창고기가 오래됐는지, 멍게가 더 오랜 척삭동물인지는 학계 논쟁거리다.

나의 진화적 기원을 따져 보면 고생대 초기에는 분명 바닷속에 살았다. 그러다가 물을 떠나 뭍으로 올라왔다. 고생대 데본기에 왜 물을 떠난 것일까? 바다에서 살 수 없어, 도망쳤을 것이라는 이야기가 그럴듯하게 들린다. 사람도 정든 땅을 떠나 다른 곳으로 이주하는 이유 중에 그곳에 강자나 포식자 때문에 살 수 없게 된 경우가 많다. 강자는 자기 고향을 등지지 않는다. 이즈음 '틱타알릭Tiktaalik'을 알게 되었다. 틱타알릭은 물고기 고생물학자 닐 슈빈이 지난 2004년 캐나다의 북극권 엘즈미어 섬에서 찾은 화석 물고기 이름이다. 그의 《내 안의 물고기》는 물과 뭍을 연결하는 진화 역사에서, 소위 '잃어버린 고리missing link'를 찾아낸 이야기다. 손목과 발목 관절을 가진 물고기가 생명 역사상 이때 처음 발견됐고, 틱타알릭은 3억 7,500만 년 전에 살았던 걸로 조사됐다. 《뉴욕타임스》는 닐 슈빈의 발견을 2006년 4월 5일 자에 보도했다. 기사 제목은 〈과학자들, 물고기 화석을 잃어버린 고리라고 부르다〉이다. 틱타알릭 화석의 발견과 4년 후에 쓴 《내 안의 물고기》로 닐 슈빈은 학계뿐만 아니라 대중에게도 알려졌다. 그는 그리 두껍지 않은 분량의 《내 안의 물고기》에서 사람 몸이 옛 물고기 시절과 어떻게 이어져 있는가를 보여준다. 인간의 손목과 발목, 손, 이빨, 머리, 몸, 후각, 시각, 청각의 기원 이야기를 하는데, 책 제목 '내 안의 물고기'는 저자의 그런 의도를 잘 드러낸다.

> "인체는 여러모로 개조된 폴크스바겐 자동차의 비틀과 비슷하다. 물고기 체제를 가져다가 포유류의 옷을 입힌 뒤, 미세한 조정을 가해 두 다리로 걷고, 말하고, 생각하고, 손가락을 정교하게 움직이도록 만들었다." 내 안의 물고기 | 닐 슈빈 지음 | 김명남 옮김 | 김영사

닐 슈빈은 "사람 몸은 물고기 몸을 개조한 것"이라고 말한다. 팔뼈 구조를 자세하게 설명하는데, 어깨에서부터 손가락 끝 방향으로 '뼈 1개(위팔)-뼈 2개(아래팔)-관절 뼈-손가락' 구조라고 한다. 이는 동물 팔다리의 공통 패턴이다. '뼈 1개-뼈 2개-관절 뼈-손발가락.'

틱타알릭 발견 이전까지는 '관절뼈' 부분 화석이 없었다. 팔을 갖

고 설명하면 상박근이 붙어 있는 뼈와 하박근이 붙어 있는 뼈 화석(뼈 1개-뼈 2개)은 있는데, 여기에 달린 관절뼈 화석이 발견되지 않았다. '뼈 1개-뼈 2개-관절뼈'는 틱타알릭 화석에서 처음 나온 것이다. 틱타알릭은 팔다리의 관절을 갖고 있다. 달리 말하면 팔꿈치와 무릎을 가진 걸로 확인된 최초의 생명체다. 틱타알릭은 팔굽혀 펴기를 할 수 있었다. 내가 가슴 근육을 만들기 위해 팔굽혀펴기를 할 때 내 몸이 북극권의 엘즈미어 섬 남단에 3억 7,500만 년 전에 살았던 물고기 틱타알릭과 연결되어 있음을 느낄 수밖에 없다.

물고기 몸을 개조해서 살고 있다 보니, 구조의 한계 혹은 취약점이 있다. 닐 슈빈은 "물고기를 포유류로 변장시키면서 대가를 치르지 않을 수 있겠는가"라고 말한다. 인류가 치질에서 정맥류, 암까지 온갖 질병으로 고통 받는 건 그 때문이라는 것이다.

나의 조상은 처음 물 밖에 나왔을 때 물과 뭍의 경계지역에서 삶을 시작했을 거다. 내가 컸던 포구의 개펄에서 보았던 망둥어처럼 물속과 물 밖을 오가며 살았다. 그러다가 물을 떠나 뭍으로 완전히 올라왔다. 그리고는 내내 뭍에서 살고 있다. 고생대를 끝낸 무시무시한 페름기 대멸종 사건도 그를 어쩌지 못했다. 그는 페름기 멸종사건에서 살아남았다. 하지만 중생대에 만날 공룡 때문에 이후로도 오랜 세월 때를 기다리며 몸을 낮추고 살아야 했다.

고생대를 다룬 책들을 읽고 창 밖을 내다보니 키 큰 은행나무들이 햇빛을 받아 노랗게 반짝인다. 바로 이곳이 고생대 숲이구나 싶다. 은행나무는 고생대에 출현, 현재까지 2억 년 가까이 살아온 장수 생물이다. 그 많은 은행나무 품종이 다 사라지고 하나의 종이 남았다. 가을이면 은행 씨앗에서 고약한 냄새가 난다. 리처드 포티는 《위대한 생존자들》에서 이 냄새를 "동물을 유혹했던 시체 냄새"라고 했다. 씨앗을 퍼뜨리기 위해 포식자가 좋아하는 냄새를 은행나무가 만들어냈다는 것이다. 고생대 숲에 신생대 저녁이 다가왔다. 그 오른쪽으로는 중생대에 만들어진 북한산 비봉능선이 보인다. 고생대, 중생대는 사라진 시간이 아니라 내 옆에 있다.

4
중생대, 공룡이 꽃을 피우다

공룡의 조건

서울은 중생대 도시다. 중생대에 땅속 7~10킬로미터 깊숙한 곳에서 마그마가 식으면서 만들어진 바위 위에 앉아있다. 조홍섭의 《한반도 자연사 기행》에 따르면 이 지역의 화강암은 중생대 중반(1억 8,000만 년 전~1억 6,000만 년 전)에 만들어졌다. 10킬로미터 땅속 바위는 이후 2억년 가까운 세월 지표를 두들긴 비바람 등으로 인한 침식 작용으로 모습을 밖에 드러냈다. 관악산, 북한산, 도봉산, 불암산, 수락산은 중생대 화강암이 지각변동으로 융기한 이후 오랜 시간 침식작용이 빚어낸 절경들이다. 현재의 산 정상 위로는 몇 킬로미터 두께의 암석이 있었다. 이들은 세월과 함께 깎여 없어졌다. 가령 100년에 1센티미터가 깎인다고 해보자. 1만 년이면 1미터이고, 1억 년이면 10킬로미터의 암석이 침식 작용으로 사라질 수 있다. 장구한 시간의 가공할 힘이다.

2억 5,200만 년 전 고생대가 끝나고 중생대 막이 올랐다. 그런데 무대에 등장인물들이 보이지 않았다. 고생대를 끝낸 페름기 말 대멸종

사건의 후유증은 크고 길었다. 페름기 대멸종은 지구 생명 역사에 있었던 5번의 대멸종 중 최강을 기록했다. 이 때문에 '대멸종의 어머니'라고 불리며, 원인은 지구온난화다. 기후변화는 고생대 종의 90~95퍼센트를 멸종시켰다. 중생대 생태 서판에 새로운 종이 나타나기까지는 무려 50만 년의 시간이 필요했다. 중생대 초 한동안은 생명체 발자국을 찾기가 힘들었다.

아비규환에서 가까스로 생환한 동물이 있었다. 일부 파충류가 낯익은 모습을 드러냈다. 이들은 생태계에 구멍이 숭숭 나 있는 걸 알아차리고는 빈 구멍을 빠르게 채워갔다. 여러 가지 형태와 크기로 몸을 새롭게 설계해냈다. '파충류 시대'라는 중생대 호칭은 그래서 생겨났다. 그중 공룡이 중생대의 최종 승자가 되었다. 공룡은 중생대 1억 8,600만 년 중 1억 5,000만 년을 지배했다.

왜 공룡은 지구 생물 사상 유례없는 성공을 거두었을까.《공룡 오디세이》의 저자 스콧 샘슨에 따르면 공룡 드라마의 키워드는 우연과 필연이다. 성공은 우연이고, 멸종은 필연이다. 성공 측면에서 보면, 공룡은 기회주의자다. 공룡은 오늘날 유럽인과 같다고 스콧 샘슨은 말한다. 유럽인이 성공한 건 그들이 똑똑해서가 아니라 적당한 장소와 적당한 때에 우연히 있었기 때문이다. 미국의 재레드 다이아몬드는《총, 균, 쇠》에서 왜 16세기에 남미 원주민이 유럽으로 쳐들어가지 않고, 왜 유럽인이 남미에 배를 타고 건너가 아즈텍 문명을 멸망시켰는가라는 의문에 답한 바 있다. 요인은 세 가지다. 지리(유라시아 대륙의 축이 동서 방향으로 길어서 기술 전파가 쉬웠다), 가축화(유라시아 대륙에 가축화 잠재력이 있는 동식물이 다른 곳보다 많았다), 인구(유라시아 대륙은 인구가 더 많아서 발명과 전파 기회가 많았다)이다.

이는 공룡의 위대한 성공에도 적용된다. 공룡은 최고 포식자들이 환경의 습격을 받고 고꾸라지자 무주공산의 기회를 잡았다. 생태계 문호가 개방되어 있을 때 공룡은 생태계 에너지 흐름의 빈자리를 밀고 들어갔다. 키 작은 공룡에서부터 높은 나무의 잎을 따먹을 수 있는 몸무게 1,000톤에 가까운 초식공룡에 이르기까지, 몸집을 다양하게 만들었다. 거대한 초식 공룡의 몸집은 지구 역사상 전무후무한 크기였다. 스콧 샘슨은 공룡을 "신데렐라 사우루스"라고 재치 있게 부른다. 자신의 힘이 아닌 구원 천사(대멸종)가 나타나 행운의 주인공이 되었다는 뜻이다. 중생대라는 연극은 3막으로 구성된다. 트라이아스기(2억 5,200만 년 전~2억 130만 년 전), 쥐라기(2억 130만 년 전~1억 4,500만 년 전), 백악기(1억 4,500만 년 전~6,600만 년 전). 흥미로운 건 1막인 트라이아스기에서는 공룡이 주역이 아니라는 점이다. 1막 내내 파충류, 양서류, 수궁류가 같이 살았다. 수궁류獸弓類, Therapsid라는 낯선 동물이 득세했다.

《대멸종》 저자인 고생물학자 마이클 벤턴은 공룡이 중생대 2막부터 주역이 된 이유로 트라이아스기 말의 두 차례 대멸종을 지적한다. 첫 번째 대멸종은 중생대 1막 후반인 2억 2,500만 년 전에 일어났고, 두 번째 대멸종은 이보다 2,500만 년 후인 2억 년 전에 일어났다. 첫 번째 대멸종은 대형 초식동물을 싹 쓸어냈다. 수궁류와 린코사우루스류라고 불리는 지배파충류Archosauria의 친척이 멸종했다. 지배파충류는 트라이아스기 후반에 나타났는데 악어, 공룡, 조류를 낳은 그룹이다. 트라이아스기 후반에는 한때 학자들이 생각했던 것만큼 공룡이 다양하지 않았다. 2억 년 전 일어난 트라이아스기 두 번째 대멸종은 중생대 1막을 끝냈다. 이 대멸종은 악어류 대형 육식동물을 제거했다.

공룡은 중생대 1막이 끝날 때쯤 나타났고, 2막과 3막의 주인공으로 군림했다. 첫 번째 생태계 청소로 원시용각류가 대형 초식 공룡이 되는 길이 열렸고, 두 번째 생태계 청소로 육식공룡인 수각류가 퍼져 나갔다. 스콧 샘슨은 "공룡은 다른 동물 집단이 사라지면서 생겨난 텅 빈 생태적 지위를 이용해, 무일푼에서 거부가 되는 신데렐라 이야기의 주인공이 되었다. 모든 적을 물리치는 영웅 서사가 아니었다"라고 말한다. 공룡 이야기를 다룬 오래된 책을 보면 바다에는 어룡과 수장룡이 있고, 하늘에는 익룡이 있고, 중생대 땅과 바다, 하늘을 공룡이 다 차지했다고 나오지만, 이건 잘못이다. 《공룡 오디세이》를 읽고서야 이를 알았다. 공룡은 육상동물이다. 바다에 살고 하늘을 날았던 거대한 공룡처럼 생긴 동물은 공룡이 아니다. 스콧 샘슨은 "공룡은 중생대 마지막 1억 6,000만 년 동안 살았던, 특수화된 엉덩이와 뒷다리를 지닌 육상동물"이라고 정의한다.

공룡은 육상동물이다. 그러니 하늘을 나는 시조새는 공룡이 아니다. 또 중생대 거주민이어야 한다. 따라서 매머드는 공룡이 아니다. 매머드는 중생대가 아닌 신생대에 살았기 때문에 자격 미달이다. 공룡 정의 속의 '특수화된 엉덩이와 뒷다리'는 공룡과 다른 파충류를 구분한다. 최초의 공룡은 똑바로 선 자세를 취했다. 넓적다리뼈가 수직 방향에 더 가까웠다. 파충류 선조 대부분과 달리, 초창기 공룡은 뒷다리로만 걸어 다닌 두발 보행자였다. 물론 나중에 네 발로 걷는 공룡이 나타났다. 파충류는 다리가 옆으로 벌어져 있고, 무릎 관절을 펴지못하며 구부리고 움직인다. 공룡의 두 발 사이는 좁으나 파충류 발자국은 상대적으로 많이 벌어져 있다. 파충류는 걷기가 힘들기 때문에 몇 걸음 움직이고는 쉬기 위해 배를 지면에 내려놓아야 한다. 공룡은 파충류에 비해 빨리 그리고 오래 움직일 수 있었다. 두발 보행은 공룡 초기 진화의 견인차였다.

공룡은 중생대 3막인 백악기에 위세가 절정에 이르렀다. 우리가 알고 있는 거대한 육식 공룡 티라노사우루스는 백악기 북반구를 지배했다. 영화 〈쥐라기 공원〉에는 티라노사우루스가 나오지만, 쥐라기에 티라노사우루스 렉스는 없었다. 그들은 쥐라기 다음 지질시기인 백악기에 살았다. 이 때문에 화석에서 추출한 유전자를 갖고 공룡을 되살려낸다는 영화 〈쥐라기 공원〉은 사실 〈백악기 공원〉이라고 해야 정확하다. 《공룡 오디세이》에 따르면, 지금까지 발견된 공룡은 700종이다. 우리가 아직 모르는 공룡이 무수히 많다. 미국 통계학자 스티브 왕과 공룡학자 피터 도슨은 전체 공룡 종의 3분의 2는 발견되지 않았다고 추정한다. 공룡 한 종은 평균적으로 다른 멸종된 척추동물 종처럼 약 100만 년 존속했다고 한다.

몽골 고비사막의 하루

이융남 서울대 지질학과 교수는 한국을 대표하는 공룡 연구자로, 한국 최초의 고척추생물학(공룡) 박사다. 그가 쓴 《공룡대탐험》은 한국 연구자가 쓴 공룡 책 중 최고다. 도판도 좋아 그림을 보면서 공룡 이야기를 읽을 수 있다. 이 교수는 동아시아에 살았던 공룡 화석을 연구한다. 몽골 고비사막에서는 공룡 화석이 쏟아져 나오며, 한반도 남해안에는 공룡 발자국이 무수히 찍혀 있다. 책을 읽고 이 교수를 찾아갔다. 그가 몽골 고비사막으로 공룡 화석을 찾아간 건 1996년 여름이라고 했다. 일본 후쿠이대학의 공룡 연구자 아즈마 요이치 박사가 고비사막 탐사에 이 교수를 초청했다. 후쿠이 현립 공룡박물관은 캐나다 로얄 티렐

박물관, 중국 쯔궁박물관과 함께 세계 3대 공룡박물관이다.

고비사막의 공룡 화석은 백악기 것이다. 공룡이 살던 때와는 환경이 달라져 지금 이곳에는 풀 한 포기 없다. 하지만 화석을 찾는 사람에게는 천국이다. 이 교수는 "거기처럼 환상적인 곳은 없다. 7,000만 년 전 지층인데, 지층이 단단하지 않다. 지층이 단단해 화석 발굴이 어려운 한국과 다르다. 몽골 화석은 공룡이 어제 죽은 것처럼 뼈 색깔도 좋다"라고 말했다.

고비사막에는 20세기 초부터 학자들이 찾아왔다. 가장 유명한 탐사대는 뉴욕 미국자연사박물관의 로이 앤드루스가 이끈 '중앙아시아 탐사대'(1922~1928)다. 로이 앤드루스는 현생인류의 '아시아기원설'을 확인하기 위해 몽골에 대규모 탐사대를 이끌고 왔다가 인류 화석은 찾지 못하고 대신 다량의 공룡 화석을 발견했다. 뒤를 이은 것은 1940년대 러시아 팀이다. 러시아는 서방국가의 몽골 접근을 막은 채 고비사막을 발굴했는데, 이 교수는 "역사상 최악의 발굴이었다"라고 비판한다. 발굴작업은 뼈 화석을 추리는 게 능사가 아니다. 뼈가 어떤 환경에서 나왔는지 관련 정보를 꼼꼼히 챙겨야 한다. 그런데 러시아 학자들은 중장비를 동원해 불도저로 밀듯이 발굴했다.

러시아 팀의 고비사막 발굴이 한 가지 남긴 게 있다. 폴란드 과학자들이 소비에트 러시아 과학원을 방문했다가 몽골 공룡 화석을 보고 감명받아 1965년 고비사막으로 향했다. 전설적인 폴란드 여성 공룡학자 4명은 이래서 탄생했다. 이 교수는 "중생대 포유류 연구의 최고 전문가인 조피아, 데이노케이루스 논문을 1970년대에 쓴 오스몰스카, 갑옷공룡 전문가가 된 메리안스카, 목이 긴 공룡전문가가 된 볼숙의 당시 탐사는 고비사막 공룡 화석 연구 중 가장 중요했다고 평가받는다"

고 말했다.

이융남 교수는 1999년 경기도 화성에서 발견된 공룡알 화석 연구
자로도 유명하다. 그는 화성 시화호 남쪽 간척지에서 발견된 공룡알
화석을 연구했고, 이 지역은 천연기념물 414호로 지정됐다. 공룡을 지
역의 문화 콘텐츠로 활용하기로 한 화성시는 공룡박물관을 건립할 예
정이다. 고비사막에서 나온 화석은 화성시 공룡박물관에 일부 전시될
예정이라고 한다. 고생물학을 공부한 박진영의《박진영의 공룡열전》
도 좋다. 이 책은 6종의 공룡 이야기를 들려준다. 폭군 도마뱀 티라노
사우루스, 세 개의 뿔이 달린 얼굴을 가진 트리케라톱스, 팔 도마뱀 브
라키오사우루스, 이구아나 이빨을 가진 이구아노돈, 무서운 발톱을 가
진 데이노니쿠스, 아름다운 골판을 등에 장식으로 갖고 있는 스테고사
우루스다.

공룡이 활개 칠 때 인간의 진화적 조상은 무엇을 했을까. 포유류
는 공룡과 중생대 동기생이다. 공룡과 함께 2억 2,000만 년 전인 중생
대 1막(트라이아스기) 후반에 지구상에 얼굴을 드러냈다. 고생대를 끝낸
페름기 멸종에서 살아남은 '포유류 형 파충류'가 오늘날 포유류의 조
상이다. 리처드 도킨스의《조상 이야기》에 따르면 포유류 조상은 고
생대 말과 중생대라는 긴 기간에 살았으나 그 흔적을 찾기는 쉽지 않
다. 도킨스는 포유류 조상 후보가 3개라며 이들을 "그림자 포유류"라
고 부른다. 반룡류, 수궁류, 키노돈류가 그것이다. 도킨스는 "당신의 1
억 6,000만대 선조는 페름기에 살던 수궁류였겠지만, 이를 대변할 특
정한 화석을 고르기는 쉽지 않다"고 말한다.

중생대 1막인 트라이아스기 말에 살았던 포유류 조상은 메가조스
트로돈이라고 한다. 몸집이 10센티미터 정도로, 중생대 2막(쥐라기) 전

기까지 살았다. 메가조스트로돈은 1억 5,000만 년이 넘도록 작은 몸집을 유지해야 했다. 햇볕이 들 날을 기약 없이 기다리며 그늘 속에서 종종걸음쳐야 했다. 낮은 포식자 때문에 위험했기 때문에 밤에 주로 활동했다. 포유류는 중생대 말 공룡생태계가 백지가 되었을 때야 기회를 잡을 수 있었다.

포유류의 초기 진화와 관련 '밤의 병목 가설Nocturnal bottleneck'이라는 것이 있다. 포유류는 낮에는 공룡을 피하고 밤에만 활동하는 설치류였다는 주장이다. 미국 워싱턴의 스미소니온 자연사박물관에서 내가 본 것도 '쥐'와 같이 생긴 포유류 조상 모형이었다. 은빛의 쥐 모양으로 만들어놓았다. 그런데 이런 포유류 초창기 이미지가 조금씩 변하고 있다. 중생대에 몸집을 많이 키우지 못했지만 활발히 진화했고, 종류가 다양해졌다는 연구가 이어지고 있다. 중국에서는 공룡 새끼 두 마리를 삼킨 채 소화시키기 전에 죽은 포유류 화석이 발견되었다. 공룡의 먹이가 된 건만은 아니고 공룡을 먹이로 삼기도 했다는 포유류의 자긍심을 높여주는 화석이다.

미국 몬태나주에 있는 로키산맥 박물관은 손꼽히는 공룡 박물관이다. 이곳을 유명하게 만든 이는 공룡학자 잭 호너이다. 대중 강연도 많이 하는 잭 호너는 특이하게도 "공룡 멸종의 이유를 내게 묻지 말라"고 말한다. "공룡이 어떻게 죽었는지 알게 뭡니까. 나는 공룡이 어떻게 살았는지 알고 싶습니다." 그의 말은 공룡 연구가 공룡 그 자체에서 공룡이 살았던 생태계까지 아우르는 방향으로 달라지고 있음을 보여준다. 스콧 샘슨의 《공룡 오디세이》도 '공룡 오디세이'라기보다는 '중생대 이야기'로 읽혔다. 공룡이 살았던 생태(공간)와 진화(시간)를 함께 들려주면서 공룡이 살았던 중생대를 설명하려고 애쓴다.

공룡학자는 공룡이 무엇을 먹었는지, 짝은 어떻게 구했는지, 새끼는 어떻게 키웠는지를 살핀다. 중생대 시작 당시 하나의 거대한 초대륙이었던 지구가 중생대가 진행되면서 다시 쪼개졌다. 이런 사실들이 공룡에게 어떤 영향을 줬는지, 공룡 당시 식물 생태계는 어땠는지, 공룡이 지구 생태계를 어떻게 바꿔놓았는지를 알아야 한다. 스콧 샘슨에 따르면, 후기 트라이아스기는 위대한 진화적 혁신의 시대였다. 트라이아스기에 출현한 많은 신참이 중생대 2막인 쥐라기까지 살아남지 못했지만, 일부는 오늘날의 육상 생태계 근간을 만드는 데에 기여했다.

"트라이아스기 초로 돌아간다면 가장 먼저 동물 소리가 잘 들리지 않는다는 걸 알 수 있다. 새도 없고, 개구리도 거의 없다. 동물 소리라고는 곤충이 내는 소리뿐이다. 벌레도 다양하지 않았다. 2억 4,000만 년 전까지는 모든 곤충이 날개 달린 형태들이었던 것 같다. 그러다 트라이아스기 후반기에 곤충 다양성이 폭발해 지상을 흔들었다. 오늘날 살아 있는 곤충의 대다수는 네 개의 집단(목目), 즉 파리목, 벌목, 딱정벌레목, 나비목에 속한다. 이 네 집단 가운데 파리, 벌, 딱정벌레목이 트라이아스기에 출현했다. 따라서 트라이아스기가 저물 무렵, 식물, 곤충, 척추동물을 포함한 현생 육상 생태계의 필수적인 벽돌이 확고하게 자리 잡았다." 공룡 오디세이 | 스콧 샘슨 지음 | 김명주 옮김 | 뿌리와이파리

꽃이 피기 시작한 것도 중생대다. 꽃을 피우는 속씨식물이 중생대에 진화했다. 그래서 나온 말이 "공룡이 꽃을 피웠다"이다. '우연'으로 시작한 공룡의 운명은 '필연'을 맞는다. 중미 유카탄반도를 때린 대형 운석이 공룡 시대를 끝냈다. 한반도 남해안의 고성과 여수에 그 많은 발

자국을 남긴 공룡은 몰살했다. 그 환경에 가장 잘 적응한 생물은 환경 변화에 가장 취약하다. 그 조건이 아니면 살기 힘들기 때문이다. 또다시 대멸종이었다. 공룡은 그의 시대를 열어준 대멸절에 의해 끝나고 말았다. 물리학자 리사 랜들의 《암흑 물질과 공룡》은 이 사건을 흥미롭게 들려준다.

하지만 그게 끝이 아니다. 흔히 알고 있는 것과 달리, 공룡은 죽지 않았다. 공룡은 새가 되어 공중으로 날아갔다. 쥐라기의 어느 시점에서 작은 육식 공룡 집단이 하늘로 올라가는 길을 발견하고 몸의 비늘을 공기를 붙잡는 필라멘트 구조로 바꿨다. 오늘날 새가 공룡의 후손이고, 공룡 그 자체이다. 새들은 포유류보다 훨씬 더 다양하다. 조류는 1만 종 이상으로, 파충류와 양서류의 6,000종, 포유류의 4,000종보다 많다. 신생대는 '포유류 시대'라고 한다. 하지만 공룡 버전 2.0인 조류가 생명의 꽃을 만개한 '조류의 시대'이기도 하다.

5
영장류를 있게 한 신생대 기후 변화

과학에 눈 뜬 카이로 특파원 시절

이집트 카이로 특파원으로 일할 때 국내 기업이 카이로 외곽에 아메리칸대학의 새 캠퍼스 공사를 했다. 둘러보기 위해 가봤다. 현장 책임자가 "터를 닦다가 이런 게 나왔다"며 나무화석들을 보여줬다. 사막을 파니 쏟아져 나왔다고 했다. 두께로 보아 아름드리나무는 아니었다. 높이 30센티미터 안팎의 화석 10여 개가 바닥에 놓여 있었다. 사막의 모래흙 색깔인데, 나무 모양 그대로 돌덩어리가 되었다.

공사장은 카이로 도심에서 동쪽으로 40~50킬로미터 떨어진 사막 한가운데였다. 나무화석들은 풀도 자라기 힘든 이 땅이 그 옛날에는 나무가 빼곡한 숲이었다는 걸 증언하고 있었다. 나무들은 어느 날 급격한 환경 변화로 지하에 매몰되었다. 섬유질이 썩어 없어질 새도 없었다. 산소 공급이 안 되는 깊은 땅속에 파묻힌 뒤 눌리면서 화석이 되었다. 현장 책임자는 "다른 현장에서는 조개껍질도 나왔어요. 바다였다는 말이죠"라고 말했다. 그의 말에 내 턱이 떨어졌다. 모래밖에 없는 이 사막이 언젠가 우거진 숲이었고, 또 언젠가는 바다였다니. 이집트는 아프리카 대륙 동북부 끝이고, 사하라사막의 동쪽 끝자락에 있다. 거대한 사막의 나라다. 시간만 충분하면 얼마든지 그 땅의 얼굴이 바뀔 수 있다는 건 믿기 힘든 이야기였다.

도대체 지구 환경은 어떻게 변해온 것일까? 그러고 보니 138억 년 빅히스토리, 혹은 생명의 역사 공부는 막바지에 가까워졌다. 신생대라고 불리는 지질시대다. 신생대는 공룡이 사라진 뒤, 지금으로부터 6,500만 년 전에 시작되었다. 신생대는 '포유류 시대'라고 불린다. '파충류 시대'라고 불리는 중생대를 뒤로 하고, 포유류가 새로운 시대의 주인공이 되었다. 우리가 살고 있는 21세기도 층서학자들의 구분에 따르면 신생대에 속한다. 나는 신생대를 기후 변화 면에서 주목했다. 매머드, 검치호랑이 등 대형 포유류 이야기도 흥미롭지만, 신생대의 요동치는 지구 기후 변화가 가장 흥미로웠다.

왜 고생대나 중생대가 아니고 신생대 기후 변화에 예민하게 반응하는 걸까? 그건 신생대가 가까운 과거여서 기후 정보를 알아내기가 쉽기 때문이다. 중생대나 고생대에 비해 신생대 기록은 많다. 이걸 연구하는 분야가 고古기후학이다. 고기후 학자는 신생대의 경우 수백 년이 아니라 수십 년 단위의 기후 변화까지 들여다본다. 기후 변화는 특히 미래를 볼 수 있는 과거의 창이라는 점에서도 흥미롭다. 신생대 기후 변동을 알면 앞으로 지구의 미래 기후가 어떨지 가늠할 수 있다.

신생대에 대한 궁금증을 풀어준 책은《공룡 이후》《걷는 고래》《새로운 생명의 역사》《얼음의 나이》다.《공룡 이후》는 신생대 6,500만 년을 지질시대 6개로 나눠 살펴보는 신생대의 교과서와 같다. 생명의 역사와 기후 변화, 지질의 변동 등 모든 걸 담았다. 고생물학자인 도널드 R. 프로세로가 2006년에 썼다. 《걷는 고래》는 미국 고래 진화 연구자 한스 테비슨이 2014년에 내놓았다. 뭍에 살던 고래 조상이 신생대에 어떻게 물로 다시 돌아갔는가를 말한다. 개인적으로는 신생대 동물 중 고래가 재미있었다. 물에서 뭍으로 올라왔다가 다시 물로 돌아간 이 동물은 왜 이렇게 주거지를 극적으로 바꿨을까 궁금했다. 다시 돌아간 물에서는 최상위 포식자가 됐으니 성공 스토리이기는 하다. 발상의 전환으로 '대박'이 난 경우다. 《걷는 고래》와 《공룡 이후》는 내가 좋아하는 '오파비니아' 시리즈의 한 권이다. 오파비니아 시리즈는 생명과학-지구과학 책이 대부분이다.

《새로운 생명의 역사》에서는 포유류 진화의 역사를 눈여겨 보았다. 저자 두 사람은 당대 최고의 지구생물학자다. 호주 애들레이드대학 교수인 피터 워드는 저서 《진화의 키, 산소 농도》와 《지구의 삶과 죽음》이 한국에 소개돼 있다. 또 다른 저자인 조 커슈빙크는 캘리포니아공과대학 교수이다. 커슈빙크는 지구 전체가 24억 년 전 얼음으로 뒤덮인 바 있다는 '눈덩이 지구snowball earth' 가설을 1992년 내놓아 세계적인 명성을 얻었다. 고古자기학자이기도 한 그는 지자기 화석을 최초로 발견한 바 있다. 지구자기장은 북과 남이 때때로 바뀔 정도로 유동적이다. 가장 근래에 자기장이 거꾸로 뒤바뀐 건 78만 년 전이다. 퇴적암 속에 들어있는 자철석이나 적철석 입자는 '나침반' 기능을 한다. 퇴적될 당시 지구자기장의 N극과 S극 방향으로 정렬해 있기 때문이다. 퇴적암의 자기장 방향을 알면 해당 화석의 연대를 추정하는 데 도움이 된다.

지구온난화는 어제 오늘 일이 아니다

신생대 관련 가장 탐독한 책은 생물지구화학자 오코우치 나오히코의 《얼음의 나이》이다. 고기후를 알아내기 위해 깊은 바다 바닥의 흙을 파 올리고, 그린란드와 남극대륙의 빙하를 파고 들어가 오래된 얼음을 꺼내고, 탄자니아에 있는 킬리만자로 산꼭대기의 빙하를 시추한 이야기가 흥미로웠다. 이렇게 파낸 걸 '코어core'라고 부른다. 고기후를 측정하기 위해 학자들이 고안해낸 방법은 기상천외했다.

특히 해수면 상승의 중단과 고대 4대 문명의 등장 시기가 비슷한 점이 흥미진진했다. 대륙에 있던 빙하가 빙하기가 끝나면서 녹기 시작했고, 녹은 물은 바다로 들어갔다. 해수면은 이로 인해 꾸준히 올라갔고, 지금으로부터 7,000년 전에 멈췄다. 당시 대륙빙하의 크기는 상상을 초월했다. 빙하기 절정 때에는 바닷물의 3.5퍼센트에 해당하는 물이 대륙내의 빙하에 붙잡혀 있었다. 북미 대륙 북부에 있었던 로렌타이드 빙상, 북유럽의 페노스칸디나비아 빙상, 러시아 북부 지방을 덮었던 바렌츠-카라 빙상이 유명하다.

회사 일로 과거 뉴욕에 거주할 때 빙하시대에 캐나다에서부터 뉴욕까지 거대한 빙하로 덮여 있었다는 걸 알았다. 뉴욕주의 수없이 많은 작은 호수는 빙하가 사라지면서 만들어진 것이다.《얼음의 나이》가 그걸 떠올리게 했다. 뉴욕주에는 참으로 아름다운 호수가 많다. 아인슈타인이 미국에 와서 살 때 여름이면 찾던 뉴욕주 업스테이트에 있는 새러낙 호수도 빙하가 남긴 흔적이다.

빙하기는 지금으로부터 1만 9,000년 전에 끝났고, 그때 간빙기가 시작되면서 오늘날까지 계속되고 있다. 해수면 상승 속도는 한때 매우 빨랐던 것으로 보인다. 오코우치 나오히코 박사는 이 해수면 상승과 '노아의 홍수'와 같은 세계 여러 지역에서 전해오는 대홍수 이야기가 관련이 있지 않은가 추론한다. 노아의 홍수는 유대 민족의 전승으로, 불어난 물로 사람들이 살던 땅을 떠나야 했던 이야기다. 이들은 홍수가 그친 뒤 아라라트 산에 배를 대고 뭍을 다시 밟았다.

지구온난화의 가속으로 해안선 침식에 대한 우려가 많지만 나는 실감이 나지는 않았다. 그런데 인류학자이자 고고학자인 브라이언 페이건의 《바다의 습격》을 보니 그게 아니었다. 책에는 충격적인 역사적 사실이 나와 있었다. 현재 영국과 유럽 대륙은 도버해협과 북해에 의해 갈라져 있다. 그런데 불과 1만 년 전에 영국은 유럽 대륙과 연결되어 있었다. '도거랜드'라고 이름 붙은 오늘날 북해 해저에 해당하는 땅에 사람들이 살고 있었다. 북해에 그물을 던지는 오늘날 영국과 덴마크의 어부들은 옛 사냥 기구들이 저인망 그물에 올라오는 걸 알고 있다. 처음에는 '왜 이런 것들이 바닷속에서 나오지' 의아해했다. 연구가 계속되면서 그 땅이 과거 육지였던 것을 학자들은 알아냈다.

북해 인근의 발트해는 반대의 경우다. 스웨덴, 핀란드, 러시아, 라트비아, 독일로 둘러싸인 이 좁은 바다는 앞으로 없어질 게 분명하다. 이 땅은 빙하기가 끝났을 때 녹아내리기 시작한 대륙빙하인 페노스칸디나비아 빙상의 한복판이었다. 이 땅을 짓눌렀던 무거운 빙하가 사라지자 땅이 솟아오르고 있다. 현재 수심이 5미터 안팎인데, 머지않아 육지로 변하게 된다.

한반도 서해는 어떤가? 서해는 육지였다. 불과 1만 5,000년 전에 바닷물이 들어와 육지가 바다로 변했다. 태평양 물이 들어온 건 역시 해수면 상승 때문이다. 그러니 서해 바닥에 옛 사람들이 살았던 흔적이 남아 있는지 모른다. 1996년 부안 앞바다의 상왕등도 인근에서 털

매머드 이빨 2개가 발견되었다. 매머드가 바다를 헤엄치다가 죽었을 리는 없고, 오늘날 서해인 상왕등도 인근 바다가 당시에는 육지였다는 증거다. 어금니 두 개가 나온 곳은 수심 10~30미터 바다이다. 유럽과 달리 동아시아는 지역 연구가 늦게 시작돼 우리가 이 지역의 옛날 이야기를 잘 모르고 있을 뿐이다.

기후는 왜 이렇게 변할까? 요즘은 인간이 만들어낸 기후 변화에 대한 경고가 요란하다. 하지만 인간이 대기 중에 이산화탄소를 배출하지 않아도, 인간이 없었던 시대에도 기후 변화는 지구에서 수없이 일어났다. 기후는 대기, 바다, 얼음, 땅, 생물권과의 복합적인 상호작용의 결과다. 여러 요소가 미묘한 균형을 이루고 있다. 그런데 이 중 하나가 달라지면 기후 시스템 전체에 큰 변화를 불러올 수 있다. 지구에 들어오는 태양 에너지양의 변화가 근본적인 이유 중 하나다. 지구에 공급되는 에너지는 태양에서 오는 열과 빛 형태의 복사 에너지다. 태양 흑점 활동에 따라 태양을 출발하는 에너지양에 변화가 올 수 있다. 지축의 흔들림과 공전궤도 변화도 변수다. 여름에는 지구와 태양의 거리가 멀고, 겨울에는 가깝다. 그래서 여름은 덜 덥고, 겨울에는 덜 춥다. 다른 때가 과거에 있었다. 여름에는 지구가 태양에 더 가까웠고, 겨울에는 태양에서 멀었다. 그 결과 여름에는 더 덥고, 겨울에는 더 추웠다.

세르비아 기후학자이자 수학자인 밀루틴 밀란코비치(1879~1958)가 태양 복사량의 최댓값과 최솟값이 빙하의 발달과 후퇴를 비교한 자료와 일치한다는 것을 알아냈다. 1924년에 나온 이 발견을 '밀란코비치 법칙'이라고 부른다. 1972년 미국 브라운대학이 주도한 기후조사와 예측 프로그램은 세계에서 채취한 수백 개 해저 '코어'의 동위원소와 플랑크톤(유공충과 방산충) 변화를 분석했는데, 지난 70만 년 동안 빙하기-간빙기가 19회 이상 반복된 걸로 나왔다. 이 주기는 밀란코비치 이론과 잘 맞아떨어졌다. 지각판 충돌과 산을 만드는 조산운동도 기후에 큰 변화를 준다. 히말라야산맥은 신생대에 인도대륙판이 아시아대륙판과 충돌하면서 생겼는데, 이는 지구 한랭화에 영향을 주었다. 대륙판 융기로 풍화작용이 활발해졌으며, 대기 속의 이산화탄소가 더 흡수됨으로써 이산화탄소량이 줄어들어 기온이 떨어졌다는 논리다. 신생대 마이오세라는 지질시대에 히말라야산맥, 유럽의 알프스산맥, 미국 서부의 로키산맥의 융기가 시작됐다.

기후 변화는 신생대에 어떤 모습으로 나타났을까. 신생대는 팔레오세로 시작하며 에오세, 올리고세, 마이오세, 플라이오세, 플라이스토세, 그리고 1만 년 전에 시작된 홀로세가 이어진다. 신생대의 첫 지질시대인 팔레오세가 끝나고 에오세가 시작될 즈음 기온이 급상승했다. 대기의 이산화탄소, 메탄가스 양이 급속도로 올라가 온실효과가 발생했다. 이 시기는 '팔레오세-에오세 극열기Paleocene-Eocene Thermal Maximum' 라고 불린다. 이 시기는 7만 년 동안 계속되었다. 공룡의 씨를 말린 중생대 말 대멸종 사건으로부터 900만 년이 지난 시기였다. 이번 대량 살상사건은 범인은 소행성이 아니라 '불타는 얼음'이라고도 하는 메탄 하이드레이트였다. 해저 땅속의 메탄 하이드레이트가 녹아 대기 중에 유입되면서 지구 역사상 가장 빠른 속도로 기온이 올라갔다.

《공룡 이후》는 에오세의 런던 기후가 "오늘날 열대의 싱가포르와 같았다"고 말한다. "런던 땅속에 있는 점토층에서는 에오세 초기의 식물상을 볼 수 있다. 런던의 점토층은 열대의 큰키나무와 떨기나무들이 주를 이룬다. 식물 중 92퍼센트는 오늘날 동남아시아 정글에서 살고 있는 식물들과 가까운 종류다. 이런 증거로 볼 때 과거 런던의 평균 기온은 섭씨 25도 정도였다. 오늘날 런던의 평균 기온은 섭씨 10도다. 에오세 초기의 런던은 춥고 안개로 뒤덮인 셜록 홈즈의 런던이 아니라, 싱가포르처럼 따뜻한 열대의 런던이었다."

북극에서 가까운 북위 61도가 넘는 알래스카의 풍경도 지금과는 달랐다. "알래스카에 야자나무나 소철 같은 활엽상록수가 있었다. 이는 이 지역 평균 기온이 섭씨 18도쯤이었다는 걸 의미한다."

내가 특파원으로 머문 이집트 카이로도 에오세 풍경이 지금과 달랐다. 따뜻한 바다였고, 이 바다에는 유공충이라는 해양 미생물이 만든 껍데기가 쌓였다. 화폐석이라는 불리는 이 원반모양 껍데기의 양은 놀라웠다. 화폐석으로만 이뤄진 석회암이 많다. 이 석회암이 후대에 뭍으로 솟아올라 피라미드들을 세울 때 건축자재가 되었다. 에오세는 5,600만 년 전에 시작돼 3,390만 년 전까지 지속되었다. 에오세가 끝나고 올리고세가 시작되자 지구 기후가 급변했다. 온탕에서 냉탕이 되었다. 빙하가 남극을 뒤덮었고 지구 전체가 냉동실이 되었다. 에오세 초기 평균 13도이던 해저 온도가 점차 내려가, 다음 지질시대인 올리고세 초기에는 섭씨 0도에 가까워졌다. 남극에는 오늘날 볼 수 있는 빙하가 생겼다.

올리고세가 시작되면서 남극에는 왜 빙하가 생겨났을까? 지금 남극대륙에 빙하가 있는 것을 이상하게 생각하는 사람은 없다. 하지만 내가 에오세에 살았다면 남극이 울창한 숲으로 덮여 있는 걸 보았을 거다. 그런데 지질시대가 바뀌니 거대한 숲의 땅이 동토凍土로 변했다.

여기에는 바닷물의 흐름 변화가 등장한다. 세계의 바다는 대륙 주변을 돌며 그 결과 바닷물 간의 온도 차이를 줄인다. 지금도 마찬가지다. 대서양에서는 따뜻한 멕시코 만류가 북대서양으로 올라가 북유럽의 기온을 올리는 효과를 만든다. 그런데 올리고세 초기에 남극대륙 주변 바다의 물 흐름이 바뀌었다. 즉 남극해의 차가운 물이 위로 올라가지 못하고 대륙 주변에 갇혔다. 《공룡 이후》에 따르면 남극 환류ACC, Antarctic Circumpolar Current는 남극 대륙 주위를 시계방향으로 돈다. 남극 환류는 지구상에서 가장 빠르고 수량이 많은 해류 중 하나다. 초당 2억 3,300만 제곱미터의 물이 흐르며, 이는 아마존강 유량의 1,000배가 넘는 양이다. 현재의 남극 환류는 냉장고 문과 같은 구실을 하는데, 남극 주위의 차가운 물이 온대 지방의 좀 더 따뜻한 물과 섞이는 걸 방해한다. 그게 남극대륙을 얼게 만들었다.

그리고 전 세계의 깊은 바다 온도가 떨어져 해양생태계에 충격을 가져온 건 남극과 북극해 깊은 바다의 차가운 물이 전 세계로 공급되었기 때문이다. 대륙판 이동으로 남극대륙이 호주나 남미와 연결되어 있던 게 끊어져 남극 환류가 돌기 시작하고 남극 저층수가 다른 바다로 더 공급되기 시작했다. 북극해도 비슷한 상황. 대륙에 의해 갇혀 있던 북극해가 올리고세 초기의 대륙판 이동으로 북대서양과 연결되었다. 그린란드와 북유럽 사이의 바다로 북극해의 차가운 물, 즉 북대서양 심층수가 내려오기 시작했다. 공교롭게도 남극 저층수와 북대서양 심층수는 올리고세 초기에 세계의 바다에 등장했고, 대양의 해류를 급격히 바꾸었다. 적도와 극지방 사이의 열 교환이 일어나면서 올리고세 초기의 전세계적인 한랭화가 촉발했다. 에오세의 열탕 기후는 한랭 기후로 급변했고, 생태계는 급변사태를 맞았다.

지구 기후는 또 역전된다. 지구 전체가 따뜻해졌다. 이 시기를 마이오세(2,300만~500만 년 전)라고 한다. 신생대에서 두 번째로 긴 시기다. 마이오세 초기에는 온난화로 시베리아 동부와 캄차카반도에 아열대 숲이 생겼다. 지중해 주변에는 따뜻한 바다에 사는 거대한 산호초가 형성되었다. 마이오세의 지구 기후는 요동쳤다. 중기에는 한랭화와 건조화가 진행돼 중위도 지방에서는 사바나 초원이 생겨났다. 700만 년 전이다. 마이오세를 '사바나 이야기'라고 정리할 수 있을 정도였다. 동부 아프리카에는 마이오세의 옛 모습이 일부 남아 있다. 마이오세 아프리카 대륙에는 영장류가 살고 있었고, 영장류 중 한 그룹이 나무에서 내려왔다. 사바나 초원에서 허리를 펴고 지평선을 바라 보았다. '허리를 편 원숭이'라고도 불리는 인류의 조상이었다. 인류는 마이오세가 끝날 무렵 출현했고, 나무 위로 다시 올라가지 않았다.

9장.

우리는 모두
아프리카인이다

1
너도 아프리카인이야!

인류의 요람 동아프리카

케냐 나이로비는 볕이 뜨겁지 않고 거리도 화사하다. 동아프리카가 그
렇게 쾌적하고 아름다운지 몰랐다. 나이로비는 적도에 있다. 정확히
말하면 적도에서 아래로 1.28도에 있다. 남위 1.28도인데 평균기온이
15~25도이다. 적도 땅이 어떻게 이렇게 온화하단 말인가? 답은 고도
에 있었다. 나이로비는 해발고도 1,750미터 고원지대에 자리 잡고 있
다. 고도가 높으니 적도라 해도 덥지 않다. 연평균기온으로만 보면 한
국보다 훨씬 기후 환경이 좋다.

　　언론사 카이로 특파원은 중동-아프리카 대륙을 담당한다. 아프
리카 대륙만 해도 43개 국이나 되는데, 중동까지 커버한다는 게 난센
스다. 하지만 그렇게 했다. 케냐 남쪽 국경은 탄자니아, 그 아래는 말
라위, 모잠비크가 있다. 탄자니아에는 그 유명한 세렝게티 국립공원이
있다. 세렝게티 역시 무더운 계절이라 해도 낮에 30도를 넘지 않는다.
동아프리카의 발견이 나에게는 카이로 특파원 시절 얻은 최대 소득 중

하나이다. 그곳에 살고 싶다는 생각이 들 정도로 아름다웠다. 당시는 이 땅이 내 오랜 조상이 걸었던 곳이라고는 생각하지 못했다.

동아프리카는 '인류의 요람'이라고 한다. 500만 년 전~700만 년 전 시점에서 인류와 침팬지의 공통조상이 살았다. 인류와 침팬지 구분은 없었다. 이후 진화의 나무에서 두 유인원은 가지를 쳐 나왔다. 침팬지와 헤어져 인간의 길을 걸어간 최초의 유인원은 누구일까? 어떻게 생겼을까? 왜 그들은 나무에서 내려왔을까? 왜 두발로 걷고, 말을 하게 되었으며, 뇌가 커졌을까? 피부의 털은 왜 빠졌을까?

인류 기원과 관련한 궁금증에 대한 답을 찾다 보니 책 몇 권이 눈에 들어왔다. 찰스 다윈의《인간의 유래》는 그 질문에 답하는 가장 오래된 책이다. 아프리카에서 고인류 화석을 찾았던 고인류학자의 욕망과 분투를 전하는 스토리는 도널드 조핸슨의《루시, 최초의 인류》와 리처드 리키의《인류의 기원》에서 볼 수 있다. 다만 두 책은 낡은 느낌이 있다. 최신 연구는 서울대 고고미술사학과의 이선복 교수의《인류의 기원과 진화》에서 확인할 수 있다. 미국 과학잡지《사이언티픽 아메리칸》이 출간한《인간의 탄생》도 흥미로웠다. 리버사이드-캘리포니아대학의 인류학자 이상희 교수가 쓴《인류의 기원》은 고인류학자의 연구가 '화석 사냥'에서 '진화사'로 바뀌었음을 보여준다. 이상희 교수는 왜 할머니가 등장했을까 하는 '할머니 가설'을 연구한 바 있다. 인류학자 로빈 던바의《멸종하거나 진화하거나》는 고인류학자가 요즘 무얼, 어떻게 연구하는지를 보여주는 흥미로운 책이다. 뼈와 돌은 인간 진화의 진짜 이야기를 들려주지 못한다고 비판하며, 현생 인류를 낳은 건 점진적이고 불확실한 사회적·인지적 변화라고 말한다. '사회성'을 들여다보면 웃음과 언어, 노래라는 혁신 상품을 인간이 만들어냈음을 알 수 있다고 한다. 이 책들이 공통으로 말하는 게 있다. 인류의 선조가 누구였는지는 짙은 안개에 가려져 있다는 것이다. 인류의 오래된 족보 책은 흐릿하고, 누락된 페이지도 허다하다. 전해오는 책도 글자를 알아보기 힘들다. 지구물리학자 데이비드 버코비치는 《모든 것의 기원》에서 이렇게 말한다.

> "호모의 직계조상은 누구일까? 안타깝게도 명확한 답은 없다. 인간의 직계조상을 추적하는 작업은 그리 만만하지 않고, 어떤 결론을 내려도 반론에 부딪히기 십상이다. 누가 나서서 '이들이 인간의 직계조상이다'라고 주장한다면, 그는 슈퍼스타가 되거나 학계에서 왕따가 될 것이다(물론 후자일 가능성이 훨씬 높다)." 모든 것의 기원 | 데이비드 버코비치 지음 | 박병철 옮김 | 책세상

서양 세계가 고인류에 대해 관심을 갖기 시작한 때는 19세기 중후반이다. 찰스 다윈은 1871년 《인류의 유래》를 내놨고, 아프리카를 인류의 고향으로 지목했다. "고릴라와 침팬지는 현재 인간의 가장 가까운 친척이므로 인간의 초기 조상도 다른 곳이 아닌 아프리카에서 살았을 가능성은 어느 정도 있는 편이다." 하지만 아프리카가 야만의 땅이라는 당시 차별의식으로 인해 아프리카가 인류의 발생지라는 생각은 받아들여지지 않았다.

고인류 화석이 처음 나온 건 1856년 독일 네안더 계곡(네안데르탈)이다. 《종의 기원》 출간 3년 전 유럽의 한복판에서, 나중에 네안데르탈인이라고 불리게 될 인류 화석이 발견되었다. 이어 1868년에는 프랑스에서 현대 인류의 오래된 화석이 나왔다. '크로마뇽인'이다. 이리하여

인류의 뿌리 추적이 10만 년 전까지로 올라갔다. 유럽의 인류학자들은 아시아로 눈을 돌렸다. 1891년 인도네시아 자바섬에서 네덜란드인 외젠 뒤부아가 자바원인을 발견했다. 1921년 스웨덴과 미국 학자들이 중국에서 '베이징 원인'이라 불리는 호모 에렉투스 화석을 찾았다. 인류의 뿌리를 캐려는 노력은 50만 년 전으로 올라갔다.

이후 남아프리카가 인류의 새로운 요람으로 부상했다. 1920년대 보츠와나와 남아프리카공화국에서 고인류 화석이 발견되었다. '오스트랄로피테쿠스'라는 속명을 갖는 화석이다. 이때를 고인류학의 여명기라고 부른다. 1950년대 이후에는 동아프리카가 주목을 받았다. 케냐 출신의 루이스 리키라는 걸출한 인류학자가 시작했고, 그의 부인(메리), 아들(리처드), 며느리(미브), 손녀(루이즈)가 대를 이어가며 케냐와 탄자니아, 에티오피아의 오래된 지층을 뒤지고 있다.《루시, 최초의 인류》를 쓴 도널드 조핸슨이 '루시'라는 320만 년 전 화석을 찾은 곳도 에티오피아다.

21세기에 들어서는 아프리카 내륙에서 더 오래된 화석이 발견되었다. 전통적으로 고인류 화석이 나오던 동아프리카나 남아프리카가 아니라 아프리카 내륙 국가인 차드에서 2001년 나왔다. 발견된 나라 이름을 따서 '사헬란트로푸스 차덴시스'로 이름 붙였는데, 700만 년 전 화석이다. 700만 년 전이면, 인류-침팬지 공통조상에서의 분기 시점 전후이다. 이 화석은 인류 조상이 아프리카 대륙 곳곳에 퍼져 살고 있었다는 걸 말해준다.

미국 워싱턴의 스미소니언 자연사박물관과 시카고의 필드자연사박물관, 영국의 런던자연사박물관은 진화관을 잘 만들어놓았다. 자연사박물관에 가면 항상 인류의 기원 대목을 어떻게 설명해 놓았는지 유심히 본다. 이들은 인류기원관련 몇 가지 가설이 있다고 전시물에 써놓았다. 호모 사피엔스로부터 올라가는 진화의 직선 사다리를 모르기 때문이다.

나는 인류 진화사를 다룬 책을 보고, 머릿속에 이렇게 정리해놓기로 했다. '침팬지-인류 공통조상(700만 년 전~500만 년 전)→오스트랄로피테쿠스(400만 년 전)→호모 에렉투스(180만 년 전)→호모 사피엔스(30만 년 전).' 수없이 많은 오스트랄로피테쿠스와 호모 속의 이름을 다 따라가기에는 숨 가쁘고, 그럴 필요도 없다.

침팬지와 인류 공통조상은 어떻게 생겼는지는 모른다. 그들이 침팬지와 비슷할 거라고 생각하기 쉽지만 그렇게 하면 안 된다. 인류가 독자 노선을 700만 년 걸어오면서 변했듯이, 침팬지도 그들의 오래전 조상과 달라졌다. 유전학자 매튜 한의 2006년 연구에 따르면, 인간과 침팬지가 갈라진 후 인간에게는 689개 유전자가 새로 생겼고, 침팬지에게는 729개가 사라졌다. 유전자가 아니더라도 침팬지가 오늘날 침팬지와 보노보라는 2개 종으로 갈라진 줄은 우리가 안다. 보노보는 침팬지보다 몸집이 작아 '피그미 침팬지'라고도 불린다.

물론 침팬지와 인류 공통조상의 모습이 사람보다는 침팬지에 가까울 것으로 생각된다. 인간은 머리가 커지고 몸에서 털도 빠졌고, 나무에서 내려오면서 팔-다리 등 체형이 많이 변했기 때문이다. 오래된 화석을 보면서 침팬지 조상인지, 인류 조상인지는 어떻게 구별할 수 있을까? 우선 대공大孔 위치로 알 수 있다. 척추와 머리를 연결하는 신경다발이 들어가는 머리 아래 구멍이 대공이다. 대후두공大後頭孔이라고도 한다. 직립보행을 하기 위해 적응하던 인류의 조상은 대공의 위치가 침팬지 조상과는 달랐다. 대공이 몸 뒤쪽에서 가운데 쪽으로 이동해가고 있었다. 그걸 보면 인류인지 침팬지 조상인지 구분할 수 있다. 두개골 화석이 발견되면 좋은 데 그렇지 않은 경우가 태반이다. 이빨만 발견되기도 한다. 여기에도 포인트가 있다. 침팬지와 사람은 전체 이빨들이 자리 잡은 구조가 다르다. 유인원은 치열이 U자형이며, 사람은 포물선형으로 바뀌었다. 사람의 치열이 포물선형인지 궁금하면 거울 앞에 가서 입을 크게 벌리고 들여다보면 된다.

이스트사이드 스토리

오스트랄로피테쿠스로의 등장은 침팬지와 인류 공통조상에서 현생 인류로 이어지는 긴 여정에서 첫 번째 변곡점이다. 400만 년 전 아프리카 동부와 남부에 살았다. 오스트랄로피테쿠스는 생물분류 체계의 하나인 '속Genus'명이다. '속'의 하위분류는 '종Species'인데, 오스트랄로피테쿠스 속에 아파렌시스, 아나멘시스, 아프리카누스 등 종이 많았다. 이들은 200만 년 동안 공존하며 번성했다. 200만 년이라는 시간은 최대 30만 년 밖에 안 된 현생 인류에 비교하면 매우 길다. 오스트랄로피테쿠스는 매우 성공적인 종이었다.

오스트랄로피테쿠스는 두발보행을 하는 유인원이다. '침팬지-인간 공통 조상'에 비해서는 팔이 짧아졌고, 다리는 길어졌다. 나무에서 완전히 내려오지는 않았으나, 땅을 걷는 데 적응했다. 그의 선조들이 오스트랄로피테쿠스를 봤다면 "요즘 애들은 왜 철봉을 우리 때처럼 잘 못하나. 땅에 내려가서 너무 노는 것 같아"라고 혀를 끌끌 찼을지 모른다. 과일을 먹는 조상과는 식생활이 달라졌다. 동물성 단백질을 섭취하기 시작했다. 오스트랄로피테쿠스가 직립보행을 먼저 했는지 아니면 머리가 먼저 커졌느냐는 인류학계의 오랜 논란이었다. 도널드 조핸슨이 발견한 화석 '루시'가 논쟁을 끝냈다. 루시는 뇌가 그리 커지지 않았으나 직립보행을 했다.

한때 오스트랄로피테쿠스라고 분류됐으나 이들보다 더 오래된 고인류 화석으로 판명된 아르디피테쿠스 라미두스 화석(440만 년 전 ~420만 년 전)이 있다. 에티오피아에서 발견된 이 화석은 인류가 나무에서 내려온 곳이 초원이라는 인류학자의 오래된 생각을 바꿨다. 이전까지의 가설은 '이스트사이드 스토리Eastside Story'라고 한다. 아프리카 대륙의 서쪽은 밀림이나 동쪽은 기후 변화로 초원으로 변했다. 밀림에서 사는 인간을 제외한 다른 유인원은 서아프리카의 기후 변화 속에서도 그냥 그곳에 살았다. 초원으로 변한 동아프리카에서 한 유인원이 나무에서 내려와 사파리를 걸었다. 그리고 허리를 펴고 멀리 지평선을 바라보았다. 이 유인원이 인류의 조상이다. 이게 '이스트사이드 스토리'이다. 하지만 오스트랄로피테쿠스보다 몇십만 년 전에 살았던 아르디는 초원이 아니라 밀림에서 지냈다. 아르디피테쿠스가 최초로 허리를 펴고 직립보행하기 시작한 것은 맞다. 하지만 발을 보면, 손인지 발인지 구분이 안 된다. 엄지발가락이 엄지손가락처럼 다른 발가락들에 닿을 수 있다. 이는 발가락으로 나뭇가지를 잡고 있었다는 증거다. 그리고 이 화석이 발견된 토양을 보면 아르디피테쿠스가 살았던 환경이 사파리가 아니다.

오스트랄로피테쿠스 화석 중 가장 유명한 것은 '라에톨리 발자국' 화석이다. 1978년 탄자니아 올두바이 협곡에서 남쪽으로 45킬로미터 떨어진 라에톨리에서 인류 조상 세 사람의 발자국이 발견되었다. 360만 년 전 화석이다. 루이스 리키의 부인 메리 리키가 이끌던 탐사팀의 성과였다. 이곳은 그레이트 리프트 밸리라는 동아프리카의 유명한 지질 지역에 있다. 한국말로 대열곡大裂谷인 이 지역에서는 동아프리카 대륙의 인도양에 접한 거대한 땅 덩어리가 아프리카 대륙으로부터 서서히 떨어져 나가고 있다. 지각판 충돌로 일어나는 대륙이동 현상이다.

발자국의 주인공은 셋이다. 어른 두 사람의 발자국들과 아이 발자국이 35미터가량 이어진다. 발자국은 근처에서 간헐적으로 폭발했던 사디만 화산이 토해낸 가벼운 화산재에 덮여 있었다. 화산재가 덮인 직후에 보슬비가 내려 재를 다져주었고, 그 위로 다시 화산 잔해가 켜켜이 쌓이면서 그대로 보존되었던 모양이다. 어른 두 명은 각자의 보폭을 유지하며 걸었고, 아이는 어른 발자국 양쪽을 왔다갔다하며 어지러이 걷고 있다. 화석 발자국은 오늘날 인간의 발자국과 거의 같고, 유인원 발자국과는 완전히 달랐다. 보폭이 비교적 짧고 발 모양이 완전히 찍힌 것으로 보아, 서둘지 않고 느긋하게 걸어간 듯하다. 이들이 걸어간 길의 한 지점에는 말 발자국이 가로지르고 있다.

사람들은 이 장면을 가족의 일상이 담긴 스냅사진으로 보고 싶어 했다. 하지만 그럴 가능성은 별로 없다. 오스트랄로피테쿠스는 일부일처제가 아니었다. 짝짓기 시스템의 단서는 암컷과 수컷의 몸집 차이에서 찾을 수 있다. 오스트랄로피테쿠스는 현재 인류보다 훨씬 컸다. 남녀 몸집 차이가 크면 일부다처제 사회일 가능성이 높다. 현재 지구에 사는 다른 유인원을 보면 특히 고릴라가 암수의 몸집 차이가 크다.

오스트랄로피테쿠스 시대에 이어 '호모'(사람)가 나온다. 호모 속에는 호모 하빌리스, 호모 에렉투스, 호모 에르가스테르, 호모 날레디, 호모 네안데르탈시스, 호모 사피엔스 등 많은 종이 있다. 호모 하빌리스는 '도구를 사용하는 인간'이라는 뜻이고, 호모 에렉투스는 '똑바로 선 인간'을 말하며, 호모 에르가스테르는 '일하는 사람', 호모 사피엔스는 '현명한 사람'을 의미한다. 현재 지구에 살고 있는 우리는 호모 사피엔스다.

인류의 직접적인 조상인 '호모'와 그 선조인 오스트랄로피테쿠스를 나누는 건 무엇일까? 고화석을 보고 이건 호모이고, 저건 오스트랄로피테쿠스라고 단정할 수 있는 것은 무엇인가? 이런 구분은 없는 듯하다. 직립보행, 머리의 크기 등 여러 정보를 보고 판단한다. 호모의 특징은 머리 크기가 오스트랄로피테쿠스보다 훨씬 크고, 도구를 사용했으며, 불도 사용한 것 같다는 점을 들 수 있다. 몇 개의 호모 종이 한때 지구에 동시에 살았던 게 분명하다. 호모 사피엔스를 제외한 다른 종은 모두 멸종했다. 많은 오스트랄로피테쿠스 종이 사라져갔듯이 호모 네안데르탈시스, 호모 플로렌시스는 지구에서 사라졌다.

호모 사피엔스, 즉 현재 우리의 조상은 어디에서 태어났을까? 아프리카 대륙인가? 아니면 아프리카 밖 대륙인가? 쉬워 보이는 데 그렇게 명료하게 정리되지 않는다. 호모 사피엔스가 태어난 땅이 어디냐를 둘러싸고 인류학자는 두 그룹으로 나뉜다. 아프리카 기원설과 여러 지역 기원설이다. 과거에는 여러 지역 기원설이 다수설이었다. 아시아인과 유럽인은 각각 자신의 지역에서 고인류로부터 진화해 오늘날에 이르렀다고 생각했다. 여러 지역 기원론자에는 밀포드 월포프와 에릭 트린카우스가 있다.

오늘날 다수설은 아프리카 기원설이다. 아프리카 기원설은 아프리카에서 현대 인류가 태어났으며 이후 다른 대륙으로 퍼져나가 살게 되었다고 말한다. 대표적인 학자는 체질인류학자 크리스 스트링거다. 현생 인류는 아프리카에서 태어난 호모 에렉투스에서 진화했다는 생각이다. 호모 에렉투스는 200만 년 전에 '탈脫 아프리카'했고, 유라시아 대륙에 흩어져 살았으나 모두 멸종했다. 베이징 원인은 후손을 남기지 못하고 죽었다는 것이다. 아프리카에 살던 호모 에렉투스에서 네안데르탈인과 호모 사피엔스가 나왔다고 본다.

뜻밖의 심판, 유전학자

끝나지 않을 듯한 논쟁에 뜻밖의 심판이 나타났다. 유전학자다. 분자생물학 기술이 발전하면서 이들은 유전자 내 변이를 연구하면 인류의 기원과 이동 경로를 알아낼 수 있다는 걸 깨달았다. 유전학자 루카 카발리-스포르차는 현대인의 유전자 변이가 아프리카 대륙으로부터 멀리 살고 있을수록 작다는 걸 알아냈다. 오래된 유전자는 아프리카 대륙에서 만들어졌고, 유전자 변이는 그들이 아프리카 대륙을 떠나 살고 있는 특정 지역에서 나타났음을 뜻했다.

1980년대 미국 버클리-캘리포니아대학의 앨런 윌슨이 세포내 에너지 공장인 미토콘드리아를 연구했다. 미토콘드리아가 유전자DNA를 갖고 있음에도, 이 유전자는 다른 유전자와 섞이지 않아 변이가 적다는 특성에 주목했다. 그는 이 미토콘드리아 유전자가 세대를 내려가면서 조금씩 변이를 일으키는 걸 추적했다. 미토콘드리아 DNAmtDNA는 특히 어머니 것만이 후대에 전해진다. 아버지 mtDNA는 후대에 전해지지 않는다. 따라서 mtDNA는 모계 족보를 말해준다. 앨런 윌슨 연구실에 있는 레베카 캔과 마크 스톤킹이 mtDNA를 파고들어 최초의 여성이 아프리카에서 태어났고, 시기는 약 20만 년 전으로 추정된다는 논문을 1987년에 내놨다. 이 논문을 큰 파장을 불러일으켰고, 최초의 여성은 '미토콘드리아 이브'로 불리게 되었다. '아프리카 기원설'의 승리였다.

'우리는 모두 아프리카인이다We are all Africans!'는 서구에서 인종차별에 반대하는 사람이 사용하는 구호다. 인종차별주의에 대항하기 위해 사용되는 이 말은 강력한 설득력을 갖고 있다. 오늘날 인류의 선조는 모두 아프리카인이라는 메시지를 담고 있다. 지구상에 흩어져 사는 사람들이 다른 피부색과 얼굴 모양을 갖고 있으나, 불과 몇 만 년만 올라가면 같은 고향 사람이다. '네 나라로 돌아가라'는 말은 인종차별주의자의 구호이다. 이런 인종차별주의자에게는 이런 말을 돌려줘야 한다. "그래? 그럼 나와 함께 아프리카로 돌아갈래? 너도 아프리카인이야!"

2
5만 년 전 홍해를 건너다

모든 사람의 어머니, 미토콘드리아 이브

홍해는 에메랄드 빛 산호 바다다. 한쪽에는 이집트-수단이, 다른 한쪽에는 사우디아라비아-예멘이 있다. 모두 사막 지형이다. 홍해는 교역로로 유명하다. 지금은 수에즈운하가 홍해와 인도양을 지중해와 연결한다. 세계에서 물동량이 가장 많다. 중근세에는 커피와 향신로 무역로였다. 에티오피아산 예가체프 커피와 예멘 모카 커피가 홍해 연안을 따라 이집트 수도 알 카히라(카이로)로 올라왔다. 카이로 최대 시장인 칸알칼릴리 상인들은 이윤을 두둑하게 붙여 베네치아나 이스탄불에서 온 상인에게 넘겼다. 커피 중개상으로 부를 쌓았던 이집트 상인의 고급 석조 주택들은 오늘날도 카이로의 구 시가지 한복판에 관광명소로 남아 있다. 모세는 홍해를 걸어서 건넌 사람으로 유명하다. 구약성경을 보면 모세가 이끄는 유대인들은 이집트 파라오 람세스 2세(재위 기원전 1279년~1213년) 때 홍해를 건너 시나이 사막으로 들어갔다. 바닷물이 갈라졌다는 놀라운 상상력을 발휘한 유대 민족의 신화다.

현대 집단유전학자들에 따르면, 이들보다 오래전 홍해를 건넌 인류가 있었다. 5~6만 년 전 후기 구석기 시대였다. 이들이 건넌 곳은 모세가 건넌 곳보다 한참 아래쪽 홍해다. 그들은 홍해가 인도양과 만나는 밥엘만뎁 해협을 건넜다. 오늘날 아프리카의 뿔이라고 불리는 소말리아 땅 바로 위쪽이다. 바다를 건너면 오늘날 아덴항이 있는 예멘 땅이다. 5만 년 전 아프리카 엑소더스를 한 이들이 아프리카를 제외한 다른 대륙에 사는 현생인류의 조상이다. 20만 년 전 아프리카 대륙에서 태어났던 인류가 신대륙으로 향하고 있는 것이다.

닉 레인의 《미토콘드리아》와 스펜서 웰스의 《최초의 남자》는 여자가 갖고 있는 미토콘드리아 유전자와 남자가 갖고 있는 Y염색체를 통해 각기 인류의 기원과 이동 경로를 알 수 있다고 말한다. 인류 유전자에는 그 유전자 운반자의 이동 시기와 경로가 표시된 지도가 들어있다. 물론 이 언어와 지도를 읽어낼 수 있는 유전학자만이 접근 가능한 암호로 쓰여 있다.

유전자로 기원을 추적하는 방법은 세 가지가 있다. 모계로 전해 내려오는 미토콘드리아DNAmtDNA 판독법, 남자가 갖고 있는 부계 유전자 Y염색체 분석법, 일반유전자(상常염색체) 분석법이다. 이 유전자들의 변이도를 추적하면, 얼마나 오래되었다는 걸 알 수 있다. 분자생물학이 알려주는 이 시간 측정법을 '분자 시계'라고 한다. 미토콘드리아 분석법은 모계 유전자를 추적한다. 어머니의 어머니, 그 어머니의 어머니를 따져 본다. Y염색체는 부계를 추적한다. 남자쪽 뿌리만을 기록한 족보와 같은 기록법이다. 상염색체는 성별 특성이 따로 없다.

미토콘드리아DNA 판독법은 세포 안의 미토콘드리아가 갖고 있는 유전자를 조사한다. 어머니가 갖고 있는 미토콘드리아가 후손에 전해진다. 수정 과정에서 정자 꼬리에 들어있는 아버지의 미토콘드리아가 잘려나가기 때문이다. 미토콘드리아는 600세대마다 변이를 일으키며, 이 변이를 추적하면 미토콘드리아 운반자가 그 옛날 지구촌을 이동해온 경로를 추적할 수 있다. 이 연구의 대가는 앨런 윌슨과 브라이언 사이키스이다. 앨런 윌슨 연구실(버클리-캘리포니아대학)의 레베카 갠(마노아-하와이대학 교수)이 20만 년 전 아프리카에 살았던 한 여인이 현재 지구에 살고 있는 모든 사람의 어머니임을 1987년 알아냈다.

Y염색체, 즉 부계유전자를 비교 분석해 인류의 기원과 이동 경로를 알아낼 수도 있다. '궁극의 족보'라고 할 수 있다. 이 분야에서는 유전학자 스펜서 웰스과 스티븐 오펜하이머가 유명하다. 스펜서 웰스는 Y염색체 변이도를 연구, 최초의 남자인 Y염색체 아담이 6만~9만 년 전 아프리카에서 기원했다고 주장한다. 그는 인류의 이동 경로를 확인하는 '유전지리학 프로젝트The Genographic Project'를 지난 2005년부터 10년간 이끈 바 있다. Y염색체 족보는 정복자의 역사다. 가령 멕시코 남자가 가진 Y염색체는 대부분 스페인산이다. 스페인 정복자가 원주민 여성의 몸을 통해 오늘날 멕시코 남자들에게 전한 것이다.

상염색체 변이를 분석해 인류의 이동 경로를 추적한 전문가는 집단유전학자 루카 카발리-스포르차다. 스탠포드대학에 적을 둔 그는 버클리 캘리포니아대학의 유전학자 앨런 윌슨과 당대 인류유전학 분야에 쌍벽을 이룬다. 그의 책《유전자, 사람, 그리고 언어》가 번역돼 있다. 상염색체는 사람 유전체에 들어 있는 23쌍의 염색체 중 성염색체 1쌍을 제외한 22쌍의 염색체를 말한다. 스펜서 웰스는 카발리-스포르차의 제자다. 그가 학생이던 시절 카발리-스포르차의 실험실은 생물학 연구의 지평을 새로 연다는 소명감과 의욕이 용광로처럼 끓어오르던 장소였다. 한 주가 멀다 하고 새로 개발된 통계 처리 방법과 유전학 기법이 쏟아져 나오고, 이를 수용하기에 충분한 인적 자원이 있었다. 스펜서 웰스는 최근 인류유전학 분야를 이끌어 가고 있는 과학자는 거의 모두 이 무렵 학생이나 연구원 신분으로 스탠퍼드에 모여 있었다고 《최초의 남자》에서 전한다. 이 중에는 오늘날 중국 인류진화유전학을 이끄는 상하이 푸단대학 리진 교수도 있었다. 오늘날 Y염색체 연구의 세계적 권위자인 미국 스탠퍼드대학 피터 언더힐 교수도 이 연구실에서 연구했다.

아프리카 탈출, 대이주의 서막

현생 인류 일부는 아프리카를 왜 떠났을까? 이유는 분명치 않다. 스펜서 웰스는 다음과 같이 말한다.

> "인류 조상의 아프리카 대탈출은 처음부터 떠나겠다는 의도에서 감행된 것 같지는 않다. 그보다는 하루하루 살아가는 과정에서 생존을 위해 내린 크고 작은 결정이 축적되어 점차 그 행동반경이 넓어진 결과였을 가능성이 높다. 당시 기후 조건이 악화되던 아프리카에서 인류가 빠져나오려고 했을 것은 당연하다. 아프리카를 사막으로 변하게 만든 기후 변화가 다른 지역에는 많은 식량을 만들었을 수도 있다." 최
초의 남자 | 스펜서 웰스 지음 | 황수연 옮김 | 사이언스북스

아프리카를 떠나왔을 때는 비교적 소수 그룹이었다. 수십 명인지 수백 명인지 알 수 없다. 분명한 건 아프리카를 벗어나 '신대륙'으로 들어가

면서 인류는 빅뱅을 겪었다는 점이다. 《1만 년의 폭발》을 쓴 유전학자 헨리 하펜딩에 따르면 5만 년 전에 인구가 폭발적으로 증가했다. 그는 mtDNA 변이형의 분포 양상을 조사한 결과, 과거에 인류 숫자가 기하급수적으로 늘어났다. 시기는 후기 구석기 시대였고, 인류의 조상이 아프리카 밖으로 나왔던 때라는 결과를 얻었다. 사람이 늘어나면 새로운 땅을 찾아 떠나는 그룹이 나온다. 아프리카를 벗어났다고 해도 이주가 끝난 게 아니었다. 이는 대이주의 서막이었다. 그에 따르면 각 인종이 서로 다른 속도로 인구가 증가했다. 예컨대 아프리카인은 약 6만 년 전에, 아시아인과 유럽인은 각각 5만 년 전과 3만 년 전에 인구 팽창을 겪었다. 정착지에 비교적 최근에 도착한 그룹일수록 인구 팽창 시기가 최근이다.

　Y염색체 유전경로를 캔 학자들에 따르면 인류는 홍해를 5만 년 전 건넌 뒤 오래도록 '동부 개척시대'를 살았다. 유라시아 대륙에 입성한 뒤 동으로 동으로 이주하며 퍼져나갔다. 오늘날 예멘, 사우디아라비아 남쪽 해안을 따라 올라가 페르시아만을 건너 현재 이란 땅으로 들어갔다. 당시 페르시아만은 오늘과 같은 바다가 아니다. 《인류의 위대한 여행》 저자 앨리스 로버츠에 따르면, 페르시아만은 풀이 자라던 뭍이었다. 빙하기였으니 해수면이 현재보다 100미터 정도 낮았다. 현재 페르시아만 평균 수심이 50미터이니, 해수면이 이보다 100미터 내려가면 당연히 육지였다. 이들이 앞서 건너온 홍해 역시 오늘과는 사정이 달랐다.

　Y염색체 집단유전학자들이 연구한 인류 이동 경로를 성경 〈창세기〉 형식으로 표현하면 이럴 것이다. 인류가 아프리카에서 전 세계로 뻗어간 경로다. M168(유라시아 아담)은 M130(호주 원주민)과 M89(중동

형)를 낳고, M89(중동형)는 M9(유라시아형)를 낳고, M9(유라시아형)는 M175(한국-일본인-중국인 등 극동형), M45(중앙아시아형), M20(인도형)을 낳고, M45(중앙아시아형)는 M173(유럽형)을 낳고…….

아프리카를 벗어나 유라시아 대륙인 아라비아반도에 발을 디딘 이들은 스펜서 웰스에 따르면 M168형이다. 그는 아프리카인을 제외한 모든 인류의 선조다. '유라시아 아담'이라고 불린다. 그는 '유라시아 이브'인 L3와 함께 건넜을 것으로 추정된다. L3는 mtDNA를 추적한 학자들이 찾아낸, 아프리카 대륙을 떠나온 최초의 유전자형 그룹이다. 물론 여성이다. M168형의 가장 오래된 후손이 호주 원주민이다. M130형이다. 이들은 인도, 말레이반도를 지나 호주에 도착했다. 이들은 해안을 따라 이동한 경로를 보여주는 확실한 흔적을 남겼다. 남인도 타밀나두주의 대도시 마두라이가 있다. 스펜서 웰스가 이곳의 오래된 부족을 찾아 남자를 대상으로 Y염색체 변이형 검사를 하니, 그중 일부에서 M130형이 검출되었다. 유전자는 거짓말을 하지 않는다. mtDNA도 Y염색체와 한 목소리로 이들의 해안 이동을 말한다. 대장정 시기는 4만 년~6만 년 전으로 추정된다.

M89는 M130보다 조금 늦게 아프리카를 떠났다. 이들은 처음으로 레반트 지역에 진출한 그룹이다. 이스라엘, 시리아, 요르단에서 발견되는 4만 5,000년 전 선사시대 유적지는 이들의 흔적이다. M130이 해안선을 따라 계속 이동했다면 M89는 내륙으로 들어갔다. 4만~4만 5,000년 전 일이다. 이들이 이동을 계속했고, 이들의 후손형인 M9(유라시아형)는 4만 년 전 이란과 중앙아시아 남쪽에 살았다. M9의 후손인 M20은 인도로 들어가 드라비다족의 조상이 되었다. M9의 다른 후손인 M45(중앙아시아 형)와 M175(한국-일본-중국인 등 극동형)는 중앙아시

아 스텝지대로 올라갔다. M175는 여기에서 시베리아와 몽골로 갔다. 유럽인은 M45(중앙아시아형)의 후손인 M173이다. 이들은 중앙아시아에서 서부를 향해 스텝지대를 끝없이 걸어 유럽까지 갔다. 이들이 중동 레반트 지역에서 바로 유럽으로 들어가지 않고, 왜 중앙아시아까지 올라갔다가 그곳에서 서행西行했는지는 큰 의문이다. 중앙아시아 초원지대에서 유럽과 시베리아로 갈라져 민족 이동이 이뤄졌고, 오늘날 유럽인과 동북아시아인으로 나뉜 게 확실시된다.

스펜서 웰스는 중앙아시아 혈통을 집중적으로 연구했다. 그는 1991년 소비에트 연방이 붕괴되면서 철의 장막이 열리자 그곳에 DNA 장비를 갖고 들어가 유럽인과 동북아시아인의 조상인 중앙아시아인의 Y염색체를 연구했다.

한국인의 이동 경로

한국인의 이동 경로는 어떨까. 스펜서 웰스에 따르면, 극동 지역은 북쪽과 남쪽 두 방향에서 들어온 두 그룹의 현생 인류에 의하여 정복되었다. 유라시아인으로 구성된 북쪽 집단은 3만 5,000년 전 쯤 시베리아 남부의 스텝 지대를 거쳐서 들어왔다. 해안 지역 거주자가 주류를 이루는 남쪽 부대는 이보다 앞서 약 5만 년 전에 중국 땅을 밟았을 것으로 추정된다.

유라시아형인 M9에서 갈라져 나온 M175 변이형은 한국인 남자 30퍼센트에서 발견된다. 3만 5,000년 전 일이다. M175에서 갈라져 나온 또 다른 변이형으로 M122가 있다. 이 두 표지형은 전체 극동지방 남자에서 발견되는 Y 염색체 변이형의 60~90퍼센트를 차지한다.

유럽인은 자신들이 네안데르탈인 후손이라고 믿고 싶어 했다. 네안데르탈인은 3만 년 전 유럽에서 멸종했다. 현생 인류보다 먼저 나타난 고인류다. 노랑머리 유럽인은 자신들이 노랑머리 네안데르탈인의 후예이기를 바랐다. '우리는 다르다'는 빗나간 우월의식이 이런 사고에 깔려있다. 이는 유전학자들의 연구로 근거 없음이 확인됐다. 빗나간 자의식은 중국인에게도 발견된다. 중국학자들은 중국에는 오래전 베이징 원인이 살았고, 현재의 중국인은 베이징 원인의 후손이라고 주장해 왔다. 유전학자들이 들여다본 DNA는 다른 이야기를 들려줬다. 현생인류가 우여곡절 끝에 도착한 중국에는 그들의 먼 친척뻘인 호모 에렉투스는 없었다. 호모 에렉투스는 100만 년 전부터 살았으나 흔적이 10만 년 전 중국에서 사라져 버렸다. 4만 년 전 현생인류가 동북아시아에 진출했을 때 이 땅은 무인지경이었다.

중국 상하이 푸단대학의 리진은 1만 2,000여 명의 극동 지역 남성을 조사했는데, 이들이 모두 5만 년 전 아프리카에서 태어난 인류의 후손임을 밝혀냈다. 조사 대상 남성의 Y염색체는 한 명의 예외 없이 M168 표지형을 갖고 있었다.

한국인은 참 먼 길을 왔다. 아프리카를 떠나 홍해를 건너, 유라시아 대륙의 반대쪽 끝까지 왔다. 쫓겨 왔건, 새로운 기회를 적극적으로 찾아왔건 멀리 왔다. 서울-아덴 직선 거리를 찾아보니 8,452킬로미터이다. 이 길을 이리저리 돌아왔으니 1만 5,000킬로미터는 족히 될 것이다. 남방 루트와 북방 루트로 왔다. 몸을 움직이는 데 지구상 누구보다 뛰어난 유전자를 갖고 있는 게 한국인이다.

3
궁극의 족보, Y염색체

이름은 기원을 말한다

차가 뉴델리 순환도로의 언덕길을 올라서자 오른쪽 저편에 붉은색 사암으로 지은 대통령궁이 보였다. 1947년까지 영국령 인도총독부 건물이었다. 4차선 도로가 마침 한산해 가속페달에 발을 살짝 올렸다. 내리막을 기분 좋게 내려가는 순간 왼쪽 갓길에 교통경찰이 보였다. 내게차를 세우라고 손짓한다. 다가온 경찰관이 종이를 주면서 빈칸을 채우라고 했다. 내 이름을 쓰고 다음 칸을 보니 '아버지 이름' 칸이다. 오래전에 돌아가신 분의 이름을 적으라니 당혹스러웠다. 함정 단속도 짜증나는데, 선친 이름을 외국에 와서, 그것도 과속 위반 기록에 올려야 했다. 당시 나는 인도 수도 뉴델리에서 신문사 특파원으로 일했다.

돌아보면 그때 잘못 생각했다. 세상을 나를 기준으로 재단하는 나쁜 습관 탓이다. 낯선 땅에 대한 이해가 부족해 공연히 인도를 뭐라 했다. 인도는 한 사람의 정체성을 아는데 아버지 이름을 중시한다. 중동에서는 아버지는 물론 아들 이름까지 따진다. 몇 년 뒤 회사 일로 이집트에 가보니 중동 사람은 이름 표기에 아버지, 아들 이름을 쓰기도 한 다. 9세기의 위대한 수학자 아부 압둘라 무함마드 이븐 무사 알콰리즈 미(780?~850?)가 있다. 그의 이름 맨 뒤의 '알콰리즈미'에서 알고리듬 algorithm이라는 단어가 유래했다. 그의 긴 이름은 알고 보면 아들 이름, 자기 이름, 아버지 이름이 나열된 것이다. '무함마드'는 '압둘라의 아버 지'(아부 압둘라)이고, '무사(모세의 아랍식 표기)의 아들'(이븐 무사)이고, '콰리즘 출신'(알콰리즈미)이라는 뜻이다. 러시아인도 아버지 이름이 성 처럼 들어간다. 이반의 아들이 이바노비치인 식이다.

아랍인, 러시아인과 달리 한국인은 이름에서 자기 정체성을 자신 의 '성'과 '이름'으로 드러낸다. 이름에서 오래된 뿌리를 드러내는 정 보는 성씨다. 그 이상을 알려면 본관을 알아야 하고, 족보를 들여다봐 야 한다. 가까운 유전적 뿌리는 족보에서 확인할 수 있다. 족보란 정체 성을 따져 보기 위한 한 흥미로운 방법일 뿐이다. 또 나의 조상이 누구 인지 전체 그림을 보여주지 못하고, 부계만을 드러낸다. 사람은 아버 지와 어머니 두 사람의 유전자를 한 벌씩 갖고 있다. 아버지와 어머니 는 또 그분들의 아버지, 어머니로부터 각각 유전자를 받았다. 할아버 지, 할머니들은 또 그분들의 부모로부터 유전자를 물려받았다. 내 유 전체에 기여한 조상의 수는 대를 따라 올라갈수록 기하급수적으로 늘 어난다. 1대 올라갈 때마다 2의 제곱으로 늘어난다. 2(아버지, 어머니), 2×2(할아버지, 할머니, 외할아버지, 외할머니), 2×2×2(증조부 대), 2×2× 2×2(고조부 대) 하는 식이다. 족보를 꺼내보니 전주 최씨 시조 최아阿 할아버지는 나의 22대 할아버지다. 그의 대까지 올라가면 선조의 수는 2의 22승해서 419만 4,304명이 된다. 내 유전자에 들어있는 선조 숫자 가 엄청나다. 419만 명이 넘는 조상이 실제 있었다는 건 아니다. 이들

중 겹치는 경우가 상당히 많다. 조상 수는 이 숫자보다 매우 적다. 어쨌든 중요한 건 내 몸속의 유전자에는 수많은 사람의 DNA가 들어있다.

그러니 전주 최씨라는 부계만 따지는 건 내 몸을 만든 유전체의 실체와는 동떨어진 일이다. 내 유전자 뿌리를 찾으면 고려말까지만 해도 400만 명이 넘으니, 전주 최씨 부계의 내 유전체 기여도는 전체의 400만 분의 1에 그친다. 그러면 나는 어디서 왔는가를 어떻게 알아봐야 할까? 한국인 전체 표본을 볼 수밖에 없다. 한국인 유전자 풀을 보면 된다. 한국인은 어디서 왔는가가 바로 내 유전자는 어디서 왔는가, 나는 어디서 왔는가에 대한 답이 된다.

이홍규 서울대 의대 교수의 《한국인의 기원》은 유전자지리학 연구를 바탕으로 한 책이다. 유전자지리학은 유전자를 분석해 이 유전자가 어디서 왔는가를 추적한다.

기원을 추적하는 다른 방법이자 오래된 연구는 역사학이다. 역사시대 이전인 선사시대에 관해서는 고고학 연구가 있다. 이들은 한국인 뿌리를 오래도록 캐왔다. 여기에는 한계가 있다. 시간을 거슬러 올라갈수록 기록이 적어지고, 고고학자를 위한 유물도 찾아보기 힘들어진다. 하지만 유전자는 사람들이 누구나 갖고 있다. 유전자는 그 보유자가 살아온 기록이기 때문에, 그걸 읽어낼 수 있는 독해력만 갖추면 된다. 1953년 왓슨과 크릭이 시작한 분자생물학 발전으로 인간은 유전자에 숨어있는 수많은 정보를 읽어낼 수 있다.

《한국인의 기원》에 따르면, 한국인 유전자의 70퍼센트는 북방계이고, 30퍼센트는 남방계다. 한반도인은 세 차례에 걸쳐 이 땅에 이주해 왔다. 먼저 온 건 남방계였고, 이들은 두 차례에 걸쳐왔다. Y염색체 기준으로 말하면 D형을 가진 사람들은 최소 1만 5,000년 이전에, C형을 가진 이들은 1만 2,000년 이전에 도착했다. 북방계는 1만 년 전 마지막 빙하기가 끝나면서 바이칼호 부근에서 남하했다. Y염색체 유전자 O를 가진 사람들이다. 이들 원原-몽골리언은 요하 부근으로 내려와, 먼저 살고 있던 남방계 사람들과 섞이면서 새로운 문명을 발달시켰다. 이게 요하 문명(홍산 문화)이다. Y염색체 O2b형을 가진 남자가 한국, 만주, 일본에까지 들어갔다. 오늘날 이 유전자형을 가진 사람이 이 지역에 많다.

이 몽골리안의 원류가 바이칼호 부근에서 진화한 건 2만 2,000~3만 4,000년 전이다. 빙하기가 최고점에 이른 추운 시기에 몽골리안 원류가 네오파니(유아 성숙. 어른이 됐는데도 어렸을 때 얼굴을 갖고 있다. 일종의 동안童顔) 특징을 보이며 진화했다. 이들은 강풍과 추위에 적응하면서 몸의 에너지 손실을 줄이기 위해 뭉툭한 체형을 발달시켰고, 찬 바람에 대처하기 위해 작고 가늘게 찢어진 눈을 갖게 됐다. 추위로부터 눈동자를 보호하기 위해 '몽골 주름'(눈꺼풀의 두 겹 지방층)이 발달했다.

유전자지리학의 발견은 학교 교과서 내용과 좀 다르다. 오늘날 교과서는 한국인이 전기구석기, 중기구석기에 살았던 옛사람의 후예인 것처럼 설명한다. 소위 '여러 지역 기원설'에 근거한 해석이다. 한때 '여러 지역 기원설'은 학계의 다수 의견이었으나, 유전자지리학 발견에 의해 부정되었다. 한반도의 전기구석기 문화를 일군 호모 에렉투스, 그리고 중기구석기 문화를 일군 옛사람(유럽의 경우는 네안데르탈인)은 사라졌다. 오늘날 한국인은 이들을 멸종시킨 후기구석기인의 후예이다.

우리는 흔히 북방계하면 긴 얼굴과 큰 몸집이고, 남방계하면 둥근 얼굴과 작은 몸집을 연상한다. 한국인은 북방계임에 더 자부심을 느끼

고, 남방계와 비슷하다고 하면 불쾌하게 생각하는 경향이 있다. 바닷
길보다 초원의 길을 더 그리워한다. 북방계 유전자가 더 많이 섞여 있
는 탓인가? 이홍규는 《한국인의 기원》을 마무리하면서 "바이칼로 가
야 한다. 요하로 가야 한다. 북방으로 가야 한다. 가서 우리의 흔적을
더 찾아야 한다"는 문장을 썼다. 강렬한 문장이다. 그래서 그는 북방으
로 갔다. 그 일행이 내놓은 책이 《바이칼에서 찾은 우리 민족의 기원》
이다.

10장.

나의 (귀)신 추방기

1
(귀)신은 있는가?

교회 앞에서 보낸 어린 날들

교회 앞에서 자랐다. 동네 이름을 딴 교회였다. 교회 앞길에서 공차고 비석치기를 하며 컸다. 예배당 안에 들어가지는 않았다. 교회에 가는 건 1년에 한 번, 크리스마스 때였다. 교회는 아이들에게 선물을 나눠줬다. 아버지는 "예수쟁이"라며 교회 다니는 사람을 탐탁히 여기지 않으셨고, 어머니도 교회에 나가시지 않았다. 나를 키워주신 외할머니는 집 앞 교회를 마다하고 사월 초파일이면 멀리 도시 외곽에 있는 절에 다녀오셨다. 그럼에도 나는 교회의 중력권에서 오랫동안 벗어날 수 없었다. 중고교 때는 부모 몰래 교회를 잠시 다녔다. 이성에 대한 호기심 때문이었다. 교회에 가면 여학생들에 시선을 두느라 설교가 귀에 들어오지 않았지만, 찬송가가 왠지 익숙했다. 어려서 내내 들은 동네 교회 차임벨 소리가 그 찬송가였다. 나도 모르는 새 찬송가 세례를 듬뿍 받았던 것이다.

서울로 대학 진학을 했다. 미션스쿨이어서 매주 채플에 참석해야 했다. 기독교는 내 주변을 뱅뱅 맴돌았다. 교회와의 인연은 거기까지 인가 싶었다. 내가 다니고 있는 언론사는 교회에 다니는 사람이 별로 없었다. 대한민국 평균에 비해 교회 신자 비율이 훨씬 적었다. 내가 기억하는 동료 선후배 중 기독교인은 손가락으로 꼽을 정도다.

교회에 가본 지 오래됐지만 교회 중력권에서 벗어난 건 아니었다. 나의 사고를 휘어잡는 건 서구 학자들 책이었고 회화, 문학, 철학, 심지어는 과학도 어느 하나 기독교 영향 아래 있지 않은 게 없었다. 한국은 미국 교회의 대표적인 선교 성공 사례다. 1970~1980년대를 거치면서 교회는 팽창했다. 서울 곳곳에 있는 대형 교회 건물들이 그 성공의 증거다. 지금도 서울 광화문 한복판에서 '예수 천당, 불신 지옥'이라는 피켓을 들고 다니는 사람을 종종 볼 수 있다. 기독교라는 존재를 외면하고 지낼 수가 없다.

(귀)신은 어디에도 없다

어느 날 책을 읽다가 덮으며 '(귀)신은 없다'고 생각하게 되었다. 교회가 말하는 신은 없으며, 천당과 지옥 같은 것도 없다고 결론 내렸다. 기독교뿐 아니라 다른 종교가 말하는 신 또는 귀신도 없다는 생각을 다졌다. 돌아가신 아버지나 할머니가 어디선가 나를 기다리고 있지도 않을 것이다. '(귀)신은 없다'고 생각하니, 마음이 편했다. 안개가 걷히고 시야가 넓어지니 두려워할 게 없어졌다. 언제 올지 모르나 최후 순간을 두려워하지 않고 맞을 수 있다고 생각했다.

이같은 생각 변화에 결정적인 영향을 준 것은 진화생물학자 리처드 도킨스의《만들어진 신》이다. 사람은 한 권의 책으로 바뀌지 않는다는 말이 있는데, 틀렸다. 나는 바뀌었다. 그는 《만들어진 신》에서 과학자 입장에서 종교를 난도질했다. 세계를 설명하는 데 있어 종교가 과학과 경쟁할 수 없다는 게 도킨스의 주장이다. 그의 말은 거침이 없었고, 예의를 차린 구석을 어디서도 볼 수 없었다. 《만들어진 신》을 열면 "누군가 망상에 시달리면 정신 이상이라고 한다. 다수가 망상에 시달리면 종교라고 한다"라는 문장과 가장 처음 맞이하게 된다.

철학소설 《선과 모터사이클 관리술》 작가인 로버트 피어식의 말인데, 도킨스는 그의 문장을 인용해 책의 제사題詞로 사용했다. 나는 이 문장이 《만들어진 신》의 핵심 메시지라고 본다. 거대한 세력인 종교를 한마디로 이렇게 찌그러뜨리다니, 도킨스의 용기에 감탄했다. '무신론자'로 돌아서는 용기를 얻은 건 무엇보다 무신론자, 불가지론자, 회의주의자가 세상에 많다는 걸 도킨스를 통해 알았기 때문이다. 유명한 과학자인 스티븐 호킹, 칼 세이건, 제임스 왓슨, 스티븐 와인버그가 무신론자다. 그들뿐 아니다. 과학 저널 《네이처》는 1998년 "미국 국립과학아카데미 회원인 저명한 미국 과학자 중에 인격신을 믿는 사람이 7퍼센트에 불과하다"고 적었다. "나는 신의 존재를 믿지 않는다"고 떠들고 다닐 이유가 없었을 뿐, 많은 과학자가 무신론자였다.

미국 건국의 아버지인 벤저민 프랭클린, 토머스 제퍼슨, 존 애덤스는 기독교에 대해 독설을 퍼부었다. 18세기 미국 건국 아버지들의 자유분방함에 입이 다물어지지 않을 정도다. 벤저민 프랭클린은 "교회보다 등대가 더 쓸모 있다"고 했고, 2대 대통령 존 애덤스는 "종교가 없는 세계가 최상"이라고 말했다. 3대 대통령 토머스 제퍼슨은 "기독교 신은 잔인하고 복수심 많고 변덕스럽고 불공평한, 끔찍한 성격을 지닌 존재"라면서 "그 누구도 삼위일체에 관한 명확한 개념을 갖고 있지 않다. 그것은 그저 자칭 예수의 사제라는 협잡꾼들의 헛소리에 불과하다"며 삼위일체설도 비판했다.

존 스튜어트 밀(1806~1873)의 《자유론》은 찰스 다윈의 《종의 기원》과 같은 해인 1859년에 출간되었다. 이 책에서 밀은 "가장 명석한 사람들, 지혜와 덕을 겸비한 사람 중에 종교적 회의론자가 얼마나 많은지를 안다면 세상은 경악할 것이다"라고 말했다. 계몽주의 철학자 볼테르(1694~1778)는 "신이 존재하지 않는다면 그것을 발명해 내야 한다"라고 말했다. 신이 인간의 피조물이라는 말이다.

도킨스는 "무신론자가 생각보다 많다"면서 무신론자의 결집 필요성을 말한다. 무신론자 혹은 비종교인은 자신의 자유로운 삶을 살아가기 위해 종교가 주는 폐해에 맞설 필요가 있다는 것이다. 무신론자의 수가 임계점에 다다르면 사회를 바꿀 수가 있다고 한다. 그럴듯한 말이다. 그 전까지는 내 주변에서 그런 이야기를 같이 할 사람이 별로 없었고, 사실 그런 문제로 진지하게 이야기를 나누는 주변 분위기도 아니었다.

신무신론자들

도킨스는 신新무신론자라고 불린다. 도킨스와 함께 대니얼 데닛, 샘 해리스, 크리스토퍼 히친스가 신무신론자로 유명하다. 이들의 저작 《주문을 깨다》(대니얼 데닛), 《기독교 국가에 보내는 편지》(샘 해리스), 《신은 위대하지 않다》(크리스토퍼 히친스)는 도킨스의 《만들어진 신》과 함께 2006년을 전후해서 출간되었다.

도킨스 책이 화제를 모은 건 당시 세계정세 때문이다. 미국의 조지 W. 부시 대통령은 2003년 3월 이라크를 침공하면서 "신이 이라크를 침공하라고 말씀하셨다"고 말하는 등 미국이 세속 국가가 아니라 신정국가인 양 행동해서 반발을 샀다. 미국 사회가 급속도로 기독교 근본주의 국가를 향해 가고 있었다.

이 책은 한국에서도 돌풍을 일으켰는데, 20만 부 이상 판매되면서 스테디셀러로 자리매김했다. 그는 《만들어진 신》을 "무신론자가 되고 싶다는 소망이 현실적인 열망이고, 용감한 행위라는 사실을 일깨우기 위해 썼다"면서 "내가 의도한 효과를 이 책이 발휘한다면 독자는 책을 덮을 때면 무신론자가 되어 있을 것이다"라고 말한 바 있다. 내가 바로 그런 독자다. 2017년 1월 도킨스가 서울을 처음 찾았을 때 나는 그를 만나 "고맙다"는 인사를 전했다.

아인슈타인도 신에 대한 말을 많이 남겼다. 그는 "신은 주사위를 던지지 않는다" "나는 스피노자의 신을 믿는다. 그는 세상의 법칙이 주는 조화 속에 자신을 드러낸다" "신은 미스터리다. 자연법칙을 관찰하면 그저 외경의 마음이 솟아날 따름이다" 등의 말을 쏟아냈다. 아인슈타인의 말은 이렇게도 저렇게도 해석할 수 있는 여지가 많다. 유신론자와 무신론자 양 진영은 아인슈타인 말을 자신에게 유리한 대로 갖다 썼다.

스티븐 호킹은 베스트셀러 《시간의 역사》의 마지막 문장을 아인슈타인 스타일로 써놓았다. "우리가 우주에 대한 완전한 이론을 갖게 된다면 신의 마음을 알게 될 것이다." 책은 유신론 진영으로부터도 사랑받지 않았을까 싶다. 그러나 호킹은 2010년 내놓은 《위대한 설계》에서 무신론자의 이빨을 드러냈다. 그는 이 책에서 "우주들은 창조되기 위해서 어떤 초자연적인 존재 혹은 신의 개입은 필요하지 않다"라고 잘라 말한다. 그는 200쪽 남짓의 책에서 '우주에 신은 없다'는 증명을 시도한다.《위대한 설계》에서는 현대 물리학의 최전선도 구경할 수 있다.

호킹은 물리 법칙이 자연을 지배한다면 '법칙의 기원은 무엇이며, 법칙의 예외는 존재할까'라고 묻는다. 법칙의 기원에 대한 대답으로 '신'을 제시한다면, 그건 하나의 수수께끼를 다른 수수께끼로 바꾸는 것에 불과하다고 말한다. 또 법칙의 예외가 존재하느냐는 질문에 대해서는 "기적 즉, 자연법칙의 예외는 존재하지 않는다"라고 한다.

오래된 교회의 풍경

도킨스 책으로 '종교 무중력' 공간에 들어선 것을 전후해 나는 현자들을 많이 만났다. 공자는 귀신 문제에 대해 "사람도 제대로 섬기지 못하는 데 어찌 귀신을 섬길 수 있겠느냐"고 했고, 죽음 관련 질문에 "삶도 잘 알지 못하는데 어찌 죽음을 알겠는가"(《논어》 11편 11)라고 말했다. 나는 기원전 5세기 중국인의 탁견에 무릎을 치지 않을 수 없었다.

장자는 "삶을 잘 사는 것이 죽음을 잘 맞이하는 것"이라고 했다. 노자는 "모든 것이 변함을 알면 아무것도 붙잡으려 하지 않는다. 죽음을 두려워하지 않으면 이루지 못할 것이 없다"며 지옥 걱정은 하지 말라고 했다. 양명학의 아버지인 왕수인은 "배고프면 먹고 고단하면 자는 것이 진리요 종교이지, 그밖에 무슨 신비한 비밀이 있겠는가. 세상 사람은 이런 것을 평범하다고 하여 믿지 않고 세상 넘어 산다는 신선만 찾고 있다"며 '지금, 여기'가 중요하다고 했다.

도킨스의《만들어진 신》은 과학책 읽기를 위한 지도로도 좋다. 많

은 과학자와 생물학, 우주학, 물리학 이야기가 나온다. 《만들어진 신》
은 내게 어떤 과학책을 읽을지 안내하는 지도가 되어주었다. 예컨대
도킨스가 비판했던 스티븐 제이 굴드는 유명한 생물학자였다. '보잉
747가설'을 내세워 자연선택이 보잉 747과 같은 복잡한 물체를 만들어
내기란 불가능하다고 주장했던 물리학자 프레드 호일은 모든 원소의
기원을 알아낸 위대한 연구자였다. 물리학자 리 스몰린은 다중우주론
책을 읽을 때 등장했다. 진화생물학자 로버트 트리버스는 '자기기만'
이 무엇인지를 내게 가르쳐줬다. 더글러스 애덤스는 《은하수를 여행
하는 히치하이커를 위한 안내서》를 낸 유쾌한 SF 작가이고, 심리학자
스티븐 핑커는 《언어본능》, 《마음은 어떻게 작동하는가》, 《빈 서판》,
《우리 본성의 선한 천사》 등 보석 같은 책들의 저자이다.

내가 태어난 시골 동네에 가본다. 삶의 활기가 넘치던 그 골목은
죽었다. 교회만 우두커니 서 있다. 인근 집들은 폐가이거나 철거돼 교
회 주차장이 되었다. 교회가 동네를 집어삼킨 모습이다. 사람은 떠나
고 신이 산다는 교회만 남았다. 기괴한 모양이 아닐 수 없다. 고향에 사
시는 어머니에 따르면 교회 자산을 둘러싸고 싸움이 벌어졌다. 나는
한국 교회의 미래상이 바로 이 지방 도시 교회 모습에 있지 않나 생각
한다. 이제라도 내 눈이 밝아진 게 다행이다. 나는 종교를 뒤로 하고 과
학을 발견했다. 나는 과학이 알아낸 인간과 우주의 실체를 알기 위해
공부의 길을 떠났다. 아직 그 길 위에 있다.

2
종교는 왜 내 곁을 떠나지 않나

종교가 사라질 거라는 착각

교회 앞에 오래 살았지만 교회를 거들떠보지도 않던 우리집이었다. 그런데 시간이 지나면서 내 주위에 종교의 그림자가 바싹 다가왔다. 돌아가신 할머니가 "성당이 엄숙하고 좋다"고 하시더니 성당에 맨 먼저 나가셨다. 당신의 마지막을 준비하고 계시는 거라고 나는 생각했다. 할머니는 젊어서는 절에 다니셨다. 어머니는 아버지가 돌아가실 때를 전후해서 가톨릭 신자가 되셨다. '예수쟁이'를 싫어하시던 아버지는 병상에서 세례를 받으셨다. 동생 한 명은 결혼 후 교회에 나간다. 왜 (귀)신은 내 곁을 쉽게 떠나지 않는 것일까? 개명되면 (귀)신은 퇴치될 것이라고 생각했다. 종교에 신경을 끄고 살 수 있을 거라고 생각했다. 그건 착각이었다.

사회생물학자 에드워드 윌슨의 《인간 본성에 대하여》를 읽는 데 "종교는 사회의 생명력으로서 오랜 기간 버텨낼 것이다"라는 문장이 있다. 눈앞에서 불이 번쩍하는 것 같았다. 윌슨은 종교의 끝이 쉽게 오지 않는다며 내 머리를 망치로 꽝 내려쳤다. "어머니인 대지로부터 에너지를 끌어내는 신화 속 거인 안타이오스처럼, (종교가) 단순히 그것을 내던지는 자들에 의해 정복당할 리 없다"

《인간 본성에 대하여》는 인간의 사회적 행동을 진화생물학으로 설명하겠다는 사회생물학자 윌슨의 야심작이다. 윌슨에 따르면, 종교는 인간 본능으로 유전자에 새겨져 있다. 인간은 종교 만들어내기 챔피언이다. 종교인류학자 앤서니 월리스의 연구에 따르면, 호모 사피엔스는 10만 개의 종교를 만들어냈다. 역사상 종교를 갖지 않은 민족과 국가는 거의 없다. 종교와 신앙을 갖고자 하는 성향은 인간 정신 중 가장 복잡하고 강력한 힘이자, 인간 본성에서 근절할 수 없는 부분이라고 한다. 생물학자가 왜 종교에 대해 말하는건가 의아하게 생각할 수 있다. 보통 종교의 기원과 기능 관련 연구는 종교학자나 사회학자, 인류학자가 하는 일이다. 에밀 뒤르켐(1858~1917), 로이 라파포트(1926~1997)가 대표적인 종교 현상 연구자다. 하지만 세상이 바뀌었다. 에드워드 윌슨은 종교 연구를 생물학으로 잡아당겼다. 종교는 인간 본성의 문제이며, 인간 본성은 생물학시대와 선사시대, 역사시대를 거쳐 만들어진 것이므로 생물학자가 발언권을 갖고 있다는 것이다. 사회 현상을 생물학으로 설명한다고 해서 '사회생물학'이라는 학문 분야도 만들었다.

윌슨 이전에는 종교의 출현이 인간 진화와 관련되어 있다는 생각을 하지 못했다. 생물학자 눈에는 그 연결 고리가 잘 안보였다. 몇 가지 이유가 있다. 우선 생물학자가 연구해온 다른 동물에는 종교와 의례가 없다. 종교는 인간이라는 동물이 만들어낸 문화다. 그러니 생물학자는 종교에 관해 연구할 일이 없었다. 종교적 경험의 복잡성도 진화와의 관련성을 알아보기 어렵게 한다. 에드워드 윌슨은 "종교적 경험이 찬란하고 다면적이어서 가장 세심한 정신분석학자나 철학자조차 그 미궁에서 헤맬 정도다. 복잡하다"라고 말한다. 또 하나, 종교란 자기 이익을 집단 이익을 위해 희생하고 종속시키는 과정이라는 특징이 생물학자의 시야를 흐렸다. 눈 밝은 에드워드 윌슨은 인간의 신체 발달 프로그램과 학습 규칙을 통해 종교적 행동 요소가 쉽게 형성될 수 있다며 다음과 같이 말한다.

> "유전자는 어떤 행동의 성숙과 다른 행동의 학습 규칙을 속박한다. 근친상간 금기, 일반적인 금기, 낯선 것 혐오증, 대상을 성聖과 속俗으로 양분하는 태도, 우리들주의nosism(자신을 '나'라고 하지 않고 '우리'라고 표현하는 행위), 계급 지배 체제, 지도자에 대한 추종, 카리스마, 황홀경 유도가 그 예다. 이런 과정은 한 사회 집단의 경계를 정하고 그 구성원을 충성심으로 결속시킨다. 나의 가설은 그런 속박이 존재하고, 생리적 근거를 갖고 있으며, 그 생리적 근거는 유전적 기원을 가진다는 것이다." 인간 본성에 대하여 | 에드워드 윌슨 지음 | 이한음 옮김 | 사이언스북스

인간의 종교 본능이 얼마나 끈질긴지는 소비에트 러시아의 경험에서 확인한 바 있다. 소비에트 러시아는 1991년 와해되기까지 종교 말살을 시도했으나 실패했다. 마르크스는 "종교는 인민의 아편이다. 종교 폐지는 인민의 진정한 행복을 위한 필요조건이다"라고 말했고, 레닌과 스탈린은 그 말을 실천에 옮기려고 애썼다. 75년의 긴 실험에도 불구하고 인민의 '종교 아편 중독'을 끊어내지 못했다. 러시아정교는 블라디미르 푸틴이라는 새로운 차르 아래 옛 영화를 누리고 있는 듯하다.

미국 역시 지식 확산과 계몽에도 불구하고 '종교 유전자'를 제거하기에는 역부족으로 보인다. 지금 미국은 역사상 최고의 지식과 과학을 보유한 나라이다. 하지만 다윈주의 불신자가 가장 많다. 미국인은 다윈주의 반대에 관한 한 무슬림과 같은 줄에 서 있다. 리처드 도킨스가 종교를 비판한《만들어진 신》의 미국 내 판매가 늦어진 것도 그런 분위기 때문이다. 도킨스의 출판에이전트인 존 브록만이 오죽하면《만들어진 신》의 미국 판매는 불가하다고 한때 말했을까. 그만큼 미국은 양극성이 심하다. 지식과 부의 편재가 극단적이다. 사람들은 알려고 하기보다는 믿으려 한다는 게 에드워드 윌슨 주장이다.

종 다양성 보호 위해 지구 절반을 비우자

에드워드 윌슨과 리처드 도킨스는 '종교'에 대한 생각이 다르다. 이 차이는 2006년 이들이 출간한《생명의 편지》와《만들어진 신》에 드러난다. 기독교 세계와 이슬람 세계의 종교전쟁이 벌어지는가 하는 세인의 우려가 깊은 시점이었다. 미국의 2003년 이라크 침공과 그에 대한 무슬림 극단주의자의 반발 테러로 사람들은 동요했다. 도킨스가 '종교'를 문명 간 전쟁의 책임자로 지목하고 제거를 말했을 때, 윌슨은 교회를 향해 손을 내밀었다. 도킨스와 같은 '신무신론자'들과는 결이 달랐다. 윌슨은 종교와 과학의 협력을 말한다. 윌슨은 미국 남침례교 목사에게 보내는 형식의 긴 편지를 썼고, 종 다양성 보존을 위해 과학과 종교가 손잡아야 한다고 제안했다. "과학과 종교는 사회에서 가장 강력한 두 힘입니다. 둘이 손을 잡으면 창조물을 구할 수 있습니다."

윌슨은《생명의 편지》집필 배경에 대해 "미국 복음주의 연합에 가입된 신도 수가 얼마인지 아세요. 수천만 명이에요. 미국 무신론자 연맹은 얼마나 될까요? 많아야 수만 명일 겁니다. 나도 무신론자이지만 더 중요한 이슈를 위해서 이 엄청난 수의 사람들과 대화하지 않으면 안 된다고 생각했죠"라고 말했다.

《생명의 편지》《만들어진 신》이 같은 해 나온 뒤 윌슨과 도킨스가 전화 통화를 할 일이 있었다. 윌슨은 도킨스에게 "전사戰士같다"고 말했고, 도킨스는 이에 "외교관 같은 책을 내셨더라"고 응수했다. 윌슨으로부터 박사학위 논문 지도를 받은 최재천 이화여대 석좌교수가 전하는 말이다. 생물학계의 외교관이라고 해서 윌슨이 싸움을 마다하는 겁쟁이는 아니다. 논란에 휩싸이는 걸 마다하지 않는다. 1975년 출간된 그의 책《사회생물학》은 미국 과학계에서 유례없이 격렬한 논란을 일으킨 걸로 명성 높다. 학문간 융합 연구를 외친《통섭》은 '생물학 제국주의'라는 비난에 시달렸다.

나는 도킨스와 윌슨의 거의 모든 책을 그러모았다. 두 사람 모두 생각이 비범하고 문장이 아름답다. 도킨스는 "노벨문학상을 받을 만하다"는 말을 듣기도 했고, 윌슨은《인간 본성에 대하여》와《개미》가 각각 퓰리처상(비소설 부문)을 받았다.

종교로 위장한 정치 싸움?

종교학자들은 종교의 종말이 멀었다고 주장한다. 대표적 인물이 세계적인 명성의 종교학자 카렌 암스트롱이다. 그의 책은 한국에 많이 소개되어 있는데,《축의 시대》《이슬람》《스스로 깨어난 자 붓다》《마호메트 평전》《신화의 역사》《신을 위한 변론》《성서》《성서 이펙트》

《카렌 암스트롱의 바울 다시 읽기》《카렌 암스트롱, 자비를 말하다》
《신의 역사》 등이다. 암스트롱은 《신의 역사》에서 이렇게 말한다. "다른 활동과 마찬가지로, 종교 역시 남용되는 경우가 없지 않다. 그러나 그것은 인간이 언제나 행해왔던 무엇이다. 종교는 백성을 조종하려는 왕이나 성직자가 고안한 본질적으로 세속적인 것이 아니라 인류에게 지극히 자연스러운 것이다." '종교가 자연스럽다'는 암스트롱의 말은 윌슨에게는 '종교 유전자'라는 말로 들릴 것이다.

　　종교학자 김윤성, 과학철학자 장대익, 신학자 신재식 세 사람은 2008년에 《종교전쟁》을 출간했다. 도킨스의 《만들어진 신》 출간 3년 뒤였다. 저자 서문에 따르면, 《종교전쟁》은 '종교의 유통 기한을 확인하고 싶은 분, 도킨스에게 열광하시는 분, 분노하시는 분'을 위한 책이다. 종교학자 김윤성은 "버트런드 러셀, 리처드 도킨스와 달리 나는 종교가 악의 근원이라고 생각하지 않는다"며 도킨스의 '종교와의 전쟁'은 번지수가 틀렸다고 비판한다. 그는 종교가 아니라 사람이 문제라고 말한다.

　　"전쟁과 테러 같은 악을 양파 껍질 벗기듯 벗겨 가면 그 핵심에는 종교라는 알맹이가 떡 하니 들어 있을 거라고 생각하는 듯하다. 그런 알맹이로서 종교 따위는 없다. 껍질부터 속까지 다른 온갖 요소들과 뗄 수 없이 복잡하게 얽혀 있는 '종교적인 것'이 있을 뿐이다." 종교전쟁 | 신재식,
　　김윤성, 장대익 지음 | 사이언스북스

종교학자 브루스 링컨은 《거룩한 테러》에서 세계사적 사건인 2001년 9·11 테러를 분석한 바 있다. 링컨은 이 책에서 '종교'가 문제가 아니

니 허깨비와 싸우지 말라고 말한다. 그는 국제테러조직 알카에다가 일
으킨 9·11테러를 이슬람과 기독교라는 종교 간 충돌로 보지 않는다.
그는 '종교로 위장한 정치 행위'가 핵심이라며 본질을 놓치지 않기를
주문한다.

종교학자의 말 중에서 수긍할 수 없는 게 있다. 사람과 종교의 문
제를 착각하지 말라는 주장이다. 공산주의가 이 대목에서 생각난다.
스탈린, 마오쩌둥, 크메르루즈 정권은 무수한 국민을 정치적 목적을
위해 죽였다. 이를 개인의 잘못일뿐, 이들이 입고 있던 공산주의라는
옷에는 책임이 없다고 말할 수 있을까? 나는 그렇지 않다고 생각한다.
실제로 역사는 '공산주의'에 그 책임을 물었다. 종교도 마찬가지다. 종
교와 종교인(사람)을 구분하라는 건 옳지 않다.

노벨문학상을 받은 포르투갈 작가 주제 사라마구의 소설《예수
복음》이 뇌리를 떠나지 않는다.《예수복음》은 사라마구가 쓴 예수 전
기이다. 소설의 핵심 장면 중 하나는 예수가 갈릴리 호수에서 신과 나
눈 이야기다. 예수는 신의 야심을 깨닫는다. '유대민족의 신'에서 '많은
민족의 신'이 되려는 게 신의 계획이다. 신은 예수를 그 구상을 위한 제
물로 삼는다. 사라마구는 "인간은 늘 신들을 위해 죽었다"며 신의 야
심 실현을 위해 죽은 사람들 명단을 길게 나열한다. 소설의 무려 7쪽에
걸쳐 희생자 이름과 그들이 어떻게 죽음을 맞았는지를 적었다.

현자들이 주는 말

고대 그리스 철학자 크세노파네스는 신 현상의 본질을 꿰뚫어 보았다.
그는 신이 사람 모습이라고 하는 인격신 아이디어를 조롱했다. "만일

소와 말, 그리고 사자가 손을 가졌거나, 손으로 그림을 그릴 수 있고, 인간이 하는 일을 행할 수 있다면, 말은 신의 모습이 자신을 닮도록, 소는 소의 모습으로 그리고 신의 몸을 그들 각자가 가지고 있는 형태에 따라서 만들었을 것이다." 기원전 570년경, 그러니까 지금으로부터 약 2,600년 전 사람의 이야기다. 내가 접한 가장 놀라운 상상력 중 하나다. 크세노파네스 뒤를 많은 현자가 따랐다. 데이비드 흄, 오귀스트 콩트, 존 스튜어트 밀, 쇼펜하우어, 니체, 사르트르, 알랭 바디우, 조르주 바타유, 슬라보예 지젝……. 모두 무신론자 혹은 불가지론자다.

유럽 교회는 텅텅 비어가고 있다고 한다. 구체적인 프랑스 상황은 종교사학자 프레데릭 르누아르가 쓴《신의 탄생》에서 확인할 수 있다. 프랑스 가톨릭은 급속도로 와해 중이다. 1981년 가톨릭 신자라고 한 프랑스인이 70퍼센트였으나, 2000년대 들어서는 40퍼센트대로 곤두박질했다. '종교 없음' '무신론자'라고 한 사람이 27퍼센트에서 50퍼센트로 상승했다. 그는 "프랑스에서 일어나는 일이 다른 선진국에서도 일어날 일"이라고 말한다. 영국 분위기는 철학자 메리 미드글리의 말에서 확인할 수 있다. "오늘날 영국에서 종교를 믿는다고 알려지는 것은 미국에서 무신론자로 알려지는 것만큼이나 경력에 불리하다." 덴마크, 노르웨이, 스웨덴 등 북유럽 상황은 영국과 프랑스보다 더하다. 기독교는 문화 형태로 마지막 숨을 쉬고 있을 뿐이다.

한국 교회의 미래는 어찌될까? 한국 교회는 그 뿌리가 미국이다. 나는 한국 교회가 근본주의 성격을 띤 미국 교회와 세계사적인 운명을 같이하지 않을까 우려한다.《종교전쟁》의 공저자인 신학자 신재식은 한국 보수 교회를 걱정한다. 보수적인 미국보다도 더 걸음이 늦다고 한다. 예컨대 미국 기독교계에서는 '창조론' 주장은 끝났고, 다음 버전인 '지적 설계론'도 서서히 한물가고 있다. 그런데 한국은 아직도 '창조론' 시대에 머물고 있다. 2013년 신재식이 《예수와 다윈의 동행》을 출간한 직후 그를 만났는데, 보수적인 한국 교계가 자신의 책에 어떤 거부감을 보일지 다소 우려하는 모습이었다. 다윈도 인정하지 않는 한국 교회라니.

에드워드 윌슨에 따르면, 호모 사피엔스가 만든 '종교' 신화는, 과학이 만든 '빅뱅' 신화로 대체할 때가 되었다. '진화 서사시'가 21세기 이후 인간의 위대한 신화가 되어야 한다는 게 그의 주장이다. 그 '진화 서사시'는 '빅히스토리'라고 불리기도 한다. 나는 사람 중심의 인문학을 벗어나 인간을 포함한 자연과 우주를 함께 보는 '초超인문학' 혹은 '과학-인문학'이라는 말은 어떨까 생각해 본다.

3
점쟁이 말에 솔깃했던 이유

역술인을 만난 사연

20대 후반, 결혼을 앞두고 역술인을 찾은 적 있다. 점집에 간 건 그때가 처음이자 마지막이다. 어머니가 집사람과 나의 궁합이 좋지 않다고 해서 가봤다. 대책 수립을 위해서라도 점쟁이가 뭐라고 하는지를 알아야 했다. 서울 신촌 로터리 인근 주택가 낡은 역술원에서 50대 남자와 마주했다. 그는 내게 생시生時를 물었다. 그걸 갖고 역술 책을 넘겨보며 종이에 한자로 뭔가를 썼다. 고개를 들더니 대뜸 "신문기자 아니에요?"라고 물었다. 나는 소스라치게 놀랐다. 동행했던 신문사 동기도 마찬가지였다. 나는 동기 얼굴을 바라보며 '어떻게 이럴 수가 있지' 하는 표정을 지었다. 궁합 내용은 뒷전이고 내 직업을 그가 어떻게 알았는지가 궁금해졌다.

나는 어떻게 알았는지 말해 달라고 했다. 그에 따르면 나는 경찰서를 드나들 팔자라고 했다. "선생 얼굴을 보니 피의자로 잡혀가거나 직업상 경찰서에 드나드는 경관은 아닌듯하다. 그래서 또 누가 경찰서

를 드나들까 생각했더니 기자가 떠올랐다." 수많은 직업 중 '신문기자'
라고 족집게로 알아맞힌 역술인 내공에 탄복하지 않을 수 없었다. 복
채를 주고, 감탄사를 연신 내뱉으며 그 집을 나왔다. 궁합 이야기는 뭐
라 했는지 기억나지 않는다. 어쨌든 결혼했으니까. 자식을 이기는 부
모는 없다.

　　마이클 셔머의 《왜 사람들은 이상한 것을 믿는가》는 과학의 시대
임에도 왜 이렇게 이상한 믿음이 넘치는지를 파고든다. 마이클 셔머는
미국의 과학사학자이자 잡지 《스켑틱》 발행인이다. 그는 "요즘 사람
이라면 유령이 존재하지 않음을 알아야 되는 것이 아닐까?"라고 아쉬
워한다. 그는 미국인에 대한 1990년 조사 결과를 언급하며 혀를 끌끌
찬다. 기독교 성경에 나오는 노아 홍수 이야기를 믿는다 65퍼센트, 점
성술을 믿는다 52퍼센트, 유령이 있다고 생각한다 35퍼센트, 외계인이
지구에 착륙했다고 믿는다 22퍼센트였다. 좀 오래된 자료이기는 하지
만, 이후 미국인이 얼마나 달라졌을까 싶다.

　　과학적 증거가 없는 이상한 믿음은 세상에 수없이 많다. 수맥 찾
기, 버뮤다 삼각해역에서의 이유를 알 수 없는 선박 실종 사건들, 흉가
에 귀신이 출몰한다는 폴터가이스트 현상, 바이오리듬, 공중 부양, 염
력, 초능력 탐정, 원격 투시, 사후의 삶, 괴물, 투시, 영매, 흉가, 반反중력
장소……

　　바이오리듬 하니 생각나는 일이 있다. 서울대 생명과학부 김빛내
리 교수는 노벨상에 가장 근접한 한국인이라며 매년 노벨상 시즌이 되
면 언론에 후보로 이름이 오르내린다. 그는 분자생물학자로 메신저
RNA를 연구한다. 서울대에서 열린 그의 특강을 취재하러 갔는데, 강
의가 끝나고 질의응답 시간에 한 참석자가 "바이오리듬이 진짜 맞습

니까"라고 정색을 하고 물었다. 그는 언론사 간부로 일하는 이였다. 언론사 간부면 한국 사회의 대표적인 지식인이다. 그가 '바이오리듬'을 심심풀이로 생각하지 않고, 정상급 과학자에게 질문할 사안으로 생각하는 데 나는 놀랐다. 김 교수는 바이오리듬 질문에 "아니다"라며 웃어넘겼다.

수맥봉은 짧은 안테나 두 개를 들고 다니면서 안테나가 가리키는 방향을 보면 물이 있다는 걸 알아낼 수 있다는 장치다. 선친 묘자리 고를 때 수맥을 피해야 한다며 지관地官이 그걸 들고 왔다갔다한 게 기억난다. 수맥탐지기와 비슷한 모양으로 미국에는 '대마초 탐지봉'이 있다고 한다. 700달러 정도면 살 수 있는데, 주 구매자는 교사들이다. 마약 찾는 방식은 수맥 찾기와 비슷하다. 탐지봉을 양 손에 하나씩 든 교사가 학생들 라커 앞을 지나간다. 그러면 탐지봉이 대마초가 들어있는 라커를 신통하게 가리킨다는 원리다. 웃기는 건 대마초 탐지봉이 때로 효능을 발휘한다는 거다. 이는 대마초 사용이 광범위하게 미국 학생 사이에 퍼져 있기 때문이다. 대마초 라커를 찾아낼 때마다 그걸 사용한 교사는 그전에 대마초 탐지봉이 찾아내지 못한 건 기억하지 않고 '역시 효과가 있군'이라고 잘못 생각한다.

밀밭이나 옥수수밭에 이상한 대형 문자나 패턴으로 곡물들이 하룻밤 새 베어 넘어져 있다는 이야기도 한때 나돌았다. 외계인 소행이 아니냐는 추정이 난무했다. 영국에서 시작돼 꼬리에 꼬리를 물고 세계로 퍼져나갔다. 이 일은 영국인 형제의 장난으로 밝혀졌다. 그러나 누구 소행인지 드러났다는 이야기는 세인의 관심을 끌지 못한다. 그래서 언론도 이를 크게 보도하지 않았고, 사람들은 기억하지 못한다. 나도 몰랐다. 여전히 옥수수밭에 생긴 이상한 패턴은 '불가사의한 일' 중의 하나로 사람들 뇌리에 남아 있다.

'이상한 것' 리스트는 끝이 없다. 새로운 게 계속 나타난다. 요즘 유행하는 '타로점'도 그 중 하나다. 서울 종로와 미아리고개 양쪽을 가득 채웠던 점집들이 문을 닫고, 타로점이라는 '신상'을 들고 서울 강남역 사거리로 진출한듯하다. 타로점 역술인은 곳곳의 축제 현장에 가면 버젓이 부스를 차리고 있다. 이 시대를 대표하는 문화 현상 중 하나다.

베스트셀러 소설《82년생 김지영》은 이 시대 젊은 여성이 겪는 차별과 불평등을 잘 전달한 것으로 주목받았다. 출간 2년 1개월 만에 100만 부가 팔렸다. 작가 조남주에게 한 신문사 기자가 물었다. "당신 책장에 있다고 하면 사람들이 놀랄 만한 책은 무엇입니까?" 조남주는 "카발라 책은 타로카드 공부하느라, 사주역학 책은 공부하느라 구입했다. 실력은 아주 형편없지만 공부한답시고 내 사주를 하도 많이 들여다봤더니 이제 내가 어떤 사주팔자를 타고났는지 정도는 알겠다"라고 말했다. 한국의 잘 나가는 작가가 '이상한 것을 믿는' 이야기를 하다니 어처구니가 없었다.

이상한 걸 믿는 사람들은 특이한 이들인가? 아니다. 마이클 셔머는 "내가 볼 때 기적, 괴물, 신비를 믿는 사람 중 대부분은 사기꾼이나 협잡꾼, 광신자가 아니다. 대부분 정상적이며, 어떤 식으론가 제대로 된 사고를 하지 못하게 된 사람이다"라고 말한다. '이상한 것'에 대한 믿음은 이상한 소수의 기벽이 아니라 보편적이다. 그래서 극복하기 어려운 문제다.

사람들은 왜 이상한 걸 믿을까?《믿음의 엔진》저자인 생물학자 루이스 월퍼트는 사이비과학과 반反과학에 약한 인간의 조건을 소설《거울나라의 앨리스》에 나오는 문구를 빌려 말한다. 소설 속에 나오는 여왕은 "어떤 때는 아침을 먹기도 전에 말도 안 되는 일들을 여섯 가지나 믿기도 했지"라고 말한다. 우리가 그만큼 많이 속는다는 이야기로 내게는 들렸다. 이상한 걸 믿는 인간에 대해 월퍼트는 "우리 뇌는 믿음을 만들어내는 믿음 엔진이어서 사실과는 별 관련이 없는 믿음을 만들어낼 수 있다"고 말한다. 증거에 입각하지 않고 '권위자'의 말에 의존하고, 한 개인의 비범하고 신비로운 체험에 근거하는 경우가 많다.

영국 철학자이자 수학자인 버트런드 러셀은 1938년 이런 글을 쓴 바 있다. "사람은 누구나 자신을 편안하게 해 주는 확신의 구름에 둘러싸인 채 살아간다. 그 구름은 여름날의 파리 떼처럼 그를 따라 이동한다." '확신의 파리떼'에서 벗어나는 게 나에게는 과학책 읽기다. 파리떼가 꼬이지 않으면 벗어날 필요도 없다. 하지만 내 몸 또한 확신의 구름에서 자유롭지 않다.

신을 만들지는 말자

동서양 현자와 종교 지도자들이 여러 가지 신비 체험에 대해 말해왔다. 붓다의 깨달음, 모세와 유대 부족장들, 예언자들과 기독교 전통, 그리고 노자가 전한 자연과의 합일, 우주와의 혼연일체가 되는 경험, 물아일체가 그런 경우다. 이들은 종교 체험의 최고봉이라 할 수 있는 신비 체험을 해보라고 한다. 불교의 일부 전통은 호흡을 통해 영적 경험을 할 수 있다고 말한다. 교회 부흥회의 흥분된 분위기도 다르지 않다.

신경과학자 앤드류 뉴버그는 종교의 신비 체험을 신경과학으로 설명한다.《신은 왜 우리 곁을 떠나지 않는가》《믿는다는 것의 과학》이 국내에 소개되어 있다. 나는 그의 책을 읽고 종교 체험의 정수인 신비 체험이 뇌의 특정한 상태, 즉 '뇌의 착각'이라고 볼 수도 있겠다고 생각했다. 무당의 신내림 현상도 같은 맥락이 아닌가 싶다. 신경학자의 이런 연구 분야는 '신경신학神經神學'이라고도 한다.

뉴버그는 티베트 승려와 가톨릭 수녀를 대상으로 실험했다. 티베트 승려는 우주와의 합일이라는 궁극의 체험에 가까이 가봤다고 하고, 수녀들은 신을 만났다고 말했다. 뉴버그는 그 순간 두 그룹의 뇌 안 같은 영역에 있는 신경들이 발화하는 걸 발견했다. 그는 "위대한 종교의 기원은 비슷하다. 그 창시자가 신, 신성한 존재, 절대자, 정령, 도道, 무한한 인식을 영적으로 착각하는 데서 시작했다"고 말한다. 그는 무함마드, 예수의 이야기를 '영적인 착각'이라고 주장한다. 뉴버그는 "예수의 내면에서 아버지와 그의 관계가 실현되는 것에도, 예언자 무함마드가 천사장 가브리엘의 명상을 통해 알라의 계시를 경험한 것에도 그것은 분명히 존재한다"고 말한다. 뉴버그에 따르면 결국 신이란 인간이 만들어낸 게 아니며 체험하는 것이다.

많은 종교가 권하는 신비 체험이 뇌의 특정 상태에서 느끼는 환상, 환각, 특별한 상태라면 그건 의미가 달라진다. 우주와의 일체감을 느낀다는 많은 종교의 텍스트는 허망한 이야기가 된다. 환상이나 환각을 경험하는 게 도대체 무엇이란 말인가? 정신적으로 들뜬 특정한 상태일 뿐이다. 환각제로도 쉽게 느낄 수 있는 체험과 무엇이 그리 다르겠는가?

황홀경 간질이라는 게 있다. 러시아 문호 도스토예프스키가 이 병을 앓았다고 전해진다. 그는 작품에서 황홀경 간질이 발작했을 때의 느낌을 글로 남겼다. 모든 감각이 열린 듯 자신의 몸과 주위에서 일어나는 모든 일을 그 어느 때보다도 강하게 느꼈다. 시간이 매우 천천히 지나가는 듯한 강렬한 체험이다. 자신과 주위와의 경계가 흐려지는 경험이기도 했다. 이런 것이 현자들이 말해온 신비 체험이라면 나는 사양하고 싶다. 맨정신으로 현실을 살아내고 싶을 뿐이다. 많은 '이상한 것'이 내 주변을 떠났다. 미신은 세가 꺾인 건 분명하다. 이사갈 때 '손 없는' 날을 잡는 습속도 사라져간다. 나는 이사를 몇 번 다녔지만, 한 번도 그걸 따진 적이 없다. 사주와 궁합도 내 부모 세대가 끝이었다. 어렸을 때 한두 번 몸에 지녀봤던 부적을 내 아이에게는 한 번도 권한 적이 없다. 집안 벽에 부적을 붙인다면 장식용일 것이다.

세상에는 이해할 수 없는 일이 많다. 30년 전 만난 역술인이 내 직업을 맞춘 것도 이해하기 힘든 일이다. '경찰서를 드나들 팔자'인 걸 어찌 그가 알았는지 나는 모른다. 이걸 어떻게 풀어야 할까? 초자연적인 존재가 그에게 알려줬다고 봐야 하나? 아니면 내가 기자라는 걸 암시하는 정보를 그와의 대화에서 나도 모르게 제공했을까? 그를 다시 만날 수 없기에 뒤늦게 궁극적인 답을 찾을 수는 없다.

마이클 셔머는 초자연적 현상을 설명하기 위해 신을 만들어내지 말자고 한다. 그는 설명이 될 때까지 기다려보자고 한다. "세상에는 정말로 풀리지 않는 신비가 많이 있기 때문에 이렇게 말해도 상관없다. '아직은 모르지만 언젠가는 알게 될 거야.' 그러나 문제는 우리 대부분은 풀리지 않거나 설명되지 않은 신비들을 그대로 두고 살아가는 것보다는, 제아무리 설익었다 할지라도 확신을 갖는 걸 더 편하게 여긴다는 것이다."

11장.

인류는 미래를 위해
무엇을 할 것인가

1
종의 대부분은 멸종했다

송추의 고추잠자리와 인류세 풍경

뉴델리 특파원을 마치고 돌아온 직후 칼럼을 하나 썼다. 아내와 북한산 국립공원 북서쪽 송추에 바람 쐬러 갔다가 떠오른 생각을 담은 글이었다. 계곡 물가에서 잠자리채를 들고 고추잠자리를 잡는 아이들을 보았다. 늦여름과 초가을 한국의 전형적인 풍경이다. 나도 그렇게 자랐다. 그런데 이 풍경이 낯설게 다가왔다. 이 아이는 도대체 왜 잠자리를 잡는 것인가. 아이들은 학교 과제 제출을 위해 잠자리 채집을 하는지 모른다. 재미로 잡는지도 모른다. 두 가지 모두, 결과는 같다. 잠자리는 죽는다. 아이들은 왜 잠자리 목숨은 쉽게 빼앗아도 된다고 생각하는 것일까? 어른이 그렇게 가르친 것일까?

위대한 사상의 탄생지 인도에서 일하며 나는 여러 번 놀랐다. 인도인은 모기조차 죽이려고 하지 않았다. 여름이면 40도 기온이 일상인 뉴델리에서 승용차 안에 모기가 들어오면 나는 기겁을 했다. 손바닥이나 손에 들고 있는 신문이나 책자로 쳐서 죽였다. 생각할 것 없이, 즉각

반응을 보였다. 인도인은 그렇지 않다. 인도인 운전사는 조용히 창문을 내리고 손으로 모기를 내보내려고 했다. 모기를 보고 발작적 반응을 보인 내가 무안해진다. 소가 제멋대로 사람들 사이를 돌아다닌다고 속으로 힌두교도를 비웃던 나의 우월의식이 순간 갈 데를 잃었다.

살상금지라는 불가의 가르침이 구체적인 모습을 띠고 다가오는 순간이기도 했다. 붓다가 생명을 죽이지 말라고 말한 걸 한국인인 나는 소고기나 돼지고기를 먹지 말라로 번역했다. 그리고 불교 승려가 고기반찬을 먹는지 안 먹는지 지켜봤던 게 떠올랐다. 그런데 인도에 잠시 살아보니 그게 아니다. 소는 물론이고 모기나 잠자리도 인도인에게는 살상금지 대상에 들어간다. 한국인에게는 비교적 낯설지만 자인교(자이나교)라는 인도 종교는 살생금지를 극단적으로 실천한다. 자인교 성직자는 입을 천으로 가리고 다닌다. 혹시라도 벌레가 입안에 들어가 죽을까 싶어서다. 비가 오면 자인교도는 쟁기질을 하지 않는다. 빗물을 보고 땅속의 벌레가 기어나오니, 거기에 쟁기를 들이대면 살상을 하기 때문이다. 인도인은 살아 있는 생명에 대한 경외심을 생활 속에서 보여주고 있다. 채식주의라는 위대한 문화 전통을 만든 것도 그들이다. 나의 '고추잠자리에 관한 명상' 칼럼에 대한 독자들의 반응은 좋았다. 익숙한 걸 낯설게 보자고 권했기 때문이다.

다른 생물의 목숨을 쉽게 생각하는 건 익숙한 풍경이다. '정령 신앙'을 갖고 있을 때는 우리 스스로를 자연의 일부라고 생각했다. 하지만 기술이 발달하면서 자연에서 위치를 바꿔 스스로를 지구의 정복자이자 지배자로 자리매김했다. 그 증거가 아브라함의 종교다. 《구약성경》은 신이 만물을 인간을 위해 만들었다고 말한다. "하나님이 이르시되 우리의 형상을 따라 우리의 모양대로 우리가 사람을 만들고 그들로 바다의 물고기와 하늘의 새와 가축과 온 땅과 땅에 기는 모든 것을 다 스리게 하자 하시고"(창세기 1장 26절).

그 결과는 참담하다. 인간이 지구상에 가장 성공한 동물이 되자 다른 동물은 피해자가 되었다. 삶의 터전에서 쫓겨 나고 죽임을 당했다. 이들은 인간의 부상에 발맞춰 공진화하지 못했다. 인간이 진군해올 때 이에 맞서 살아남을 수 있는 생존 대책을 세울 시간이 없었다. 야생은 지구촌에서 거의 사라졌다. 우리는 TV다큐멘터리 〈동물의 왕국〉을 보면서 야생이 지구에 남아 있는 듯 생각하지만, 이는 착각이다. 야생은 극히 제한된 공간, 예컨대 국립공원 몇 곳에 남아 있을 뿐이다.

야생 대신 인간이 키우는 가축과 인간이 먹는 곡물 등이 지구를 뒤덮고 있다. 한국에 제일 많이 살고 있는 대형 동물은 닭, 사람, 돼지, 오리, 소 순이다. 치킨과 삼겹살, 한우 고기에 사족을 못 쓰는 한국인이 만들어낸 풍경이다. 2019년 상반기 기준 닭 2억 490만 마리, 돼지 1,130만 마리, 오리 930만 마리, 소 319만 마리가 산다. 한국 어디를 보아도 야생개인 늑대는 한 마리도 없다. 지구는 인간을 위하여 완전히 재조직되었다. 인간에게 필요가 없는 건 살아남지 못했다. 지구의 공간은 인간이 다 차지했다.

멀리 갈 것 없이 내 주변을 살펴본다. 내 주변의 동물이라고는 내 집에 있는 고양이 한 마리와 집 밖의 길냥이들, 숲에 이따금 보이는 청설모 두 마리, 그리고 몇 년에 한 번 모습을 드러내는 다람쥐 한 마리, 그리고 개들이 전부다. 얼마 전까지 동네의 새벽을 깨웠던 수탉 소리는 더 이상 들리지 않는다. 몇 년 전 멧돼지 가족도 떠오른다. 밤중에 멧돼지 가족이 내 집 가까이 와서 특유의 쳇소리를 내는 통에 긴장했다. 누가 신고했는지 다음 날 맹견을 차에 실은 사냥꾼이 동네에 나타나 멧돼지를 사냥한다고 법석을 피웠다. 호랑이가 조선의 세 번째 임금 태종의 궁전 뜰에 나타났던 땅이다. 《조선왕조실록》 태종 5년 기록은 "궁의 근정전 뜰에 호랑이가 밤에 나타났다"고 전한다. 그로부터 610여 년이 지났을 뿐인데, 호랑이가 놀던 북한산 생태계에 '호랑이과'의 한 종인 고양이만 오간다.

대기과학자 파울 크뤼천은 현재의 지질시대를 '인류세'로 바꿔야 한다고 주장했다. 후대의 지구 거주자가 우리 시대의 지층을 파보면 이전과는 명백히 다르다고 생각할 것이라는 주장이다. 플라스틱으로 가득 찬 지층, 인간이 키운 동물의 잔해만 나오는 시대, 즉 종의 다양성이 달라진 시대이기 때문이다. 국제층서학회는 이 주장을 무겁게 받아들여 '인류세' 채택 문제를 검토하고 있다. 현재의 지질시대는 1만 5,000년 전부터 시작된 홀로세로 구분된다. 인류세의 시작 시기로는 '1945년 이후' 혹은 '농업혁명이 시작된 이후' 두 가지가 주로 논의된다. 인류가 핵무기를 터뜨린 '1945년 이후'가 더 많은 사람의 동의를 얻고 있다.

이 모든 건 늘어난 인구 때문이다. 인구 증가를 감당하기 위해 지구의 자원을 모두 빨아내고 있다. 1970년대 한국 인구는 '3,000만'이었다. 지금은 '남한 5,000만'이고 북한을 더해 '7,000만 민족'이다. 수십 년 새 인구가 수천 만 명이 늘었다. 한국을 포함 지구촌 전체가 그렇다. 75억 명의 사람을 먹여 살리기 위해 전 지구의 자원을 동원하고, 지구를 재조직해야 한다. 문제는 이같은 방식의 삶이 계속될 수 있을까 하는 점이다. 당연히 지속될 수 없다. 자연의 보복이 시작되었다. 조류독감, 조류바이러스, 에볼라 등 보지 못했던 질병이 인간을 공격하고 있다. 기후변화는 더 강조할 필요도 없다. 북극 얼음이 녹아내린다는 건 더 이상 뉴스도 아니다. 인간은 어떻게 되는 걸까? 인간은 어디를 향해 가고 있는 걸까? 우리는 이 모든 걸 감당할 지혜가 있는 걸까? 우리는 스스로가 무슨 일을 하는지 모르고 있다.

눈앞에 다가온 여섯 번째 대멸종

신생대에 들어 포유류인 인류에게 가장 위험한 순간은 지금으로부터 7만 5,000년 전에 일어났다. 호모 사피엔스는 멸종할 뻔했다. 남은 사람의 수가 1,000~1만 명 정도라는 주장이 있을 정도다. '인구 병목 현상'이 왜 나타났는지 모른다. 우리 종과 가까운 친척인 침팬지는 이런 인구 병목 현상을 겪지 않았다.

　'토바 재앙' 가설이 한때 인구 병목 현상을 설명해 주목을 끌었다. 《최초의 인류》 저자로 학술지 《사이언스》의 기자인 앤 기번스가 1993년 처음 보도했다. 토바 재앙 가설은 7만 5,000년 전 인도네시아의 토바 화산이 터져 지구를 화산재와 구름으로 뒤덮었고, 이로 인해 '화산 겨울'을 불러왔다고 주장한다. 토바 화산 분출은 인도양 건너편에 있는 동아프리카 기후를 급변시켰고, 이로 인해 인류는 멸종할 뻔했다. 토바 화산은 인도네시아 수마트라에 있고, 폭발 후 그 자리에는 오늘날 인도네시아 최대 크기의 호수가 생겨났다. 호수 크기는 제주도보다 크다. 토바 화산 폭발은 지난 250만 년 지구 역사에서 최대 규모로, 토바 초超화산이라고도 불린다. 그러나 동아프리카에 토바 초화산 분출이 재앙을 불러오지 않았다는 반증이 2017년에 나오면서 이 가설은 급속히 가라앉고 있다.

　인구 병목 지점을 통과한 이후 호모 사피엔스는 1,000~1만 명에서 75억 명으로 개체 수를 늘리는 데 성공했다. 그러나 잘 적응했다는 말은 환경이 극적으로 바뀌면 달라진 환경에 매우 취약할 수도 있다는 걸 의미한다. 지구 생명의 역사 30억 년을 돌아보면, 지구는 예측할 수 없었던 환경 변화를 몇 차례 겪었는데, 그때마다 생명에 결정타를 가했다. 가장 적응을 잘 했던 우점종에게 종말을 가져왔다.

《대멸종》《생명 최초의 30억 년》《새로운 생명의 역사》《암흑 물질과 공룡》은 지구 생태계를 지우개로 지워버린 대멸종이 여러 차례 일어났음을 보여준다. 지구 생명의 역사 30억 년에서는 5대 대멸종이 있었다고 흔히 말한다. 지질시대 이름이 바뀌는, 즉 지질시대 구분이 있는 그 지점에서 생태계 격변이 일어났다. 가장 유명한 대멸종은 공룡을 죽인 사건이다. 6,500만 년 전 이 일로 중생대(백악기)가 끝나고 신생대가 시작되었다.

백악기 멸종보다는 덜 유명하지만 그 규모에 있어 생명의 역사상 최대 규모 멸종은 페름기 말의 대멸종이다. 2억 2,500만 년 전 이 사건으로 생물이 지구상에서 거의 사라졌다. 그래서 '대멸종의 어머니'라고 불린다. 이로써 고생대가 끝났고, 중생대의 막이 올랐다. 공룡 가족을 몰살시키고 중생대를 끝낸 대멸종으로 종의 50퍼센트가 사라졌다면, 페름기 말 멸종에서 살아남은 종은 전체의 10퍼센트에 불과했다. 다른 주요 멸종 사건 이후 지구 생명 다양성이 회복되는 데 1,000만 년이 걸렸다면, 페름기말 사건 이후 생태계가 기력을 회복하는 데는 1억 년이 필요했다. 다른 세 개의 대멸종은 고생대(오르도비스기 말, 데본기 말)에 두 번, 중생대 중간(트라이아스기와 쥬라기 사이)에 일어났다.

공룡 멸종 관련 가설은 수없이 나왔는데, 공룡이라는 종의 다양성이 서서히 약화되다가 멸종했다는 게 다수였다. 고생물학자 마이클

J. 벤턴이 쓴 《대멸종》에 따르면, 당시 고생물학자들은 '격변설'을 부정했다. 기후 급변과 같은 생화학적 대사건이 일어났다는 걸 학자들은 믿으려 하지 않았다. 1980년 미국의 물리학자가 고생물학계를 발칵 뒤집었다. 1968년 노벨물리학상 수상자인 루이스 알바레즈와 그의 아들인 지질학자 월터가 소행성 충돌로 공룡이 멸종했다는 논문을 내놨다. 지상에서 잘 발견되지 않는 물질인 이리듐이 공룡이 멸종한 백악기 말 지층에서 나온 게 증거로 제시되었다. 소행성이 지구에 부딪히면서 이리듐을 남겼고, 이탈리아 중부의 도시 구비오(피렌체 남동부)에 흔적을 남겼다는 것이다. 소행성이 떨어진 위치는 후에 멕시코 남부 유카탄반도의 칙술룹이라는 지역이 지목되었다.

가장 참혹했던 페름기 대멸종 원인은 무엇일까? 페름기 말 대멸종 원인으로는 두 가지 가설이 맞선다. 하나는 대규모 화산 분출이고, 다른 하나는 운석 충돌이다. 마이클 벤턴은 시베리아 화산의 대규모, 그리고 장기간에 걸친 분출이 지구 생태계에 치명적인 타격을 줬다고 말한다. 페름기라는 지질시대 이름은 시베리아에 있는 러시아 도시 페름에서 왔다. 2억 5,100만 년 전 시베리아에서 엄청난 화산 활동이 일어났다. 막대한 현무암질 용암이 쏟아져 나와 러시아 동부 390만 평방킬로미터를 400~3,000미터 두께로 덮어버렸다. 화산 활동 지속 기간은 100만 년 이하로 본다. 이산화황과 먼지가 대기 중으로 뿜어져 나갔고, 그 먼지가 햇빛을 차단했고, 동물의 시야를 가려 암흑 상태를 만들었다.

중국의 페름기-트라이아스기 경계의 바다 퇴적물에서는 화석이 거의 없는 단조로운 흑색이암만 나온다. 당시 산소가 없었다는 증거다. '초超무산소화'라고 부르기도 한다. 시베리아 트랩 분출에서 나온

이산화탄소가 지구온난화를 가져왔고, 더워진 바닷물로 인해 극지방 500미터 바닷속에 있는 '이산화탄소 저장 탱크'가 터졌다. 탄소와 수소로 이뤄진 기체인 메탄을 가둔 기체수화물인 메탄하이드로이트가 녹았다. 지구 평균기온이 6도 올라갔다. 고생대 말 페름기 대멸종으로 사라진 대표적인 생물은 삼엽충, 암모나이트이다.

5대 대멸종 전 시기에도 급격한 기후 변화가 있었음이 연구로 드러나고 있다.《새로운 생명의 역사》 저자 중 한 명인 조 커슈빙크는 지구 눈덩이snowball earth 가설로 유명하다. 지구 전체가 꽁꽁 얼어붙은 사건이 적어도 두 번 있었다고 한다.

대멸종 스토리는 끝난 게 아니다. 21세기 과학자들은 여섯 번째 대멸종이 진행 중이라고 경고한다. 여섯 번째 대멸종 원인은 인간 활동이다. 인간이 지구를 자신의 용도에 맞춰 재조직하면서, 달리 말하면 파괴적으로 사용하면서 기후 변화, 생물 다양성 감소, 생태계 파괴가 일어났다고 한다. 나쁜 신호음은 과거 대멸종 때와 같다고 한다. 인간은 여섯 번째 대멸종을 이겨낼 수 있을까? 현재 진행 중인 멸종은 《뉴요커》 기자 엘리자베스 콜버트의《여섯 번째 대멸종》에 잘 나와 있다. 실제로 개구리와 같은 양서류는 멸종 위기에 처해 있다. 다른 일부 집단도 양서류의 멸종률에 접근해 있다. 산호초, 민물연체동물, 상어, 가오리류의 3분의 1, 전체 포유류의 4분의 1, 파충류의 5분의 1, 조류의 6분의 1이 사라지고 있다. 콜버트는 "방법만 안다면 지금 당신의 뒷마당에서 일어나고 있는 멸종의 징후도 알아낼 수 있다"고 말한다.

지구 한계 과학의 등장

요한 록스트룀은 스웨덴 시사주간지《포쿠스》가 선정한 2009년 올해의 스웨덴인이다.《포쿠스》는 스톡홀름복원센터 소장이자 스톡홀름 대학 교수(수자원체계 및 지구지속가능성 학과)인 그가 환경 분야에 높은 기여를 했다고 평가했다. 록스트룀은 '지구 한계 과학'이라는 새로운 연구 분야를 만들었다. 기후변화 등 여러 가지 이상 징후를 지구가 어디까지 견딜 수 있는지 알아내 그 수치를 제시하려는 것이다. 그는《지구 한계의 경계에서》에서 "홀로세와 비슷한 상태를 유지하기 위해 필요한 조건을 검토했다"면서 "지구 시스템의 생물리적 한계를 수량화하는 작업은 전에는 시도된 적이 없다"고 말한다.

　지구는 복잡한 생-화학-물리 시스템이며, 그 안에서 모든 것이 서로 연결되어 있다. 지구는 복원력을 갖고 있어 산업혁명 이후 인간의 자연 파괴를 감당해냈다. 지구는 링 위에 올라간 권투선수와 같다. 경기 초반 몇 라운드에는 상대의 주먹을 맞아도 기운을 쉽게 차릴 수 있다. 문제는 10라운드 전후다. 한 방의 센 주먹에 쓰러질 위험이 크다. 지구도 마찬가지다. 복원력이 약해지면 주요 지구 시스템이 티핑 포인트, 즉 문턱을 넘어선다. 2004년 영화 〈투모로우〉는 극지방 얼음이 녹으면서 그 여파로 뉴욕이 꽁꽁 얼어붙는 걸 보여주었다. 이런 일을 막으려면 지구 한계를 존중해야 한다.

　요한 록스트룀은 1992년 9월 과학 학술지《네이처》에 지구 한계를 따져보자고 제안했다. 이후 다양한 분야의 과학자와 연구에 착수, 2009년 9가지 지구 한계 기준을 다음과 같이 제시했다. 기후변화, 성층권 오존층 파괴, 해양 산성화, 토지 이용의 변화, 담수 소비, 생물다양성 손실률, 인-질소에 의한 오염, 대기 오염(에어로졸 부하), 화학 물질에 의한 오염.

　이중 '생물다양성에서 멸종률'과 '비료에 들어있는 인과 질소의 사용량'은 지구 한계를 넘었다고 이들은 판단했다. 인간 외에는 다른 동물이 살지 못하는 지구는 위험하며, 비료 사용량을 줄어야 한다는 경고다. 또 인간이 사용하는 지표면이 너무 많으며, 기후 변화에 대한 위험성이 높아지고 있다고 말했다. 전체적으로 보면 9개 중 4개가 위험지대에 들어섰다. 나머지 5가지는 위험 한계까지 아직 가지 않았거나 수량화되지 않았다.

　록스트룀의 목표는 홀로세와 같은 기후 조건의 유지다. 국립기상과학원장으로 일한 대기과학자 조천호는 이 일의 중요성을 다음과 같이 말했다. "홀로세에 들어서 비로소 기후가 안정됐고, 문명이 발달할 수 있었다. 그전까지는 기후 변화가 심했다. 인류는 250만 전부터 살아왔는데, 그 대부분의 시기는 안정적인 문명을 만들 수 없었다. 가령 태풍이 일정한 빈도로 몰아치는 데 그 속에서 집을 짓고 살 수 있겠는가." 기후는 홀로세가 시작된 1만 년 전부터 안정되었다. 해수면이 고정되면서 인류는 바닷가에 도시를 지을 수 있었다.

　기후변화와 생물다양성은 지구 환경이 문턱을 넘어서는지를 종합적으로 판정할 수 있는 기준이다. 여러 요인이 작용하여 두 가지의 모습이 만들어지기 때문이다. 기후변화와 관련 주요 지표는 대기권의 이산화탄소 농도다. 이산화탄소는 메탄, 오존과 함께 주요한 온실가스이다. 스톡홀름복원센터는 이산화탄소 농도 350ppm를 위험 한계로 제시했다. 기상청 '지구대기감시 보고서'에 따르면 2017년 현재 이산화탄소의 대기중 농도는 412.2ppm. 스톡홀름복원센터가 설정한 한계를 넘어선지 오래다. 지구 대기 중 CO_2 농도는 하와이의 해발 3,397

미터에 있는 마우나 로아 천문대에서 측정한다. 이 천문대 측정치가 400ppm을 처음으로 넘어선 건 2013년 5월 10일이었다. 빨간불이 켜진 지 오래다. 산업혁명 이전인 1750년대 이산화탄소 농도는 270ppm으로 추정된다.

생물다양성의 급감과 관련, 종 멸종률이라는 지표가 있다. 화석 기록 연구는 해양유기체와 포유류 평균 멸종률이 매년 100만 종당 0.1~1종이었음을 보여준다. 현재 이 비율은 100만 종당 100종이다. 요한 록스트룀과 과학자들은 그 한계를 10종으로 설정했다. 인류는 어떻게 기후 변화를 막고, 생물다양성을 회복할 수 있을까?

지구의 절반을 비우자

에드워드 윌슨은 2016년 《지구의 절반》에서 생태계를 위해 지구의 절반을 인간이 내놓아야 한다고 주장한다. 땅 한 뼘을 차지하기 위해 아등바등하는 게 우린데, 지구의 절반을 생태계에 양보하라니. 그럼에도 '지구 표면의 50퍼센트'를 무인지경으로 만들자고 윌슨은 말한다. 담대한 비전이 아닐 수 없다. 실천하기 쉽지 않기에 담대한 발상이라고 생각한다. 이런 도전적인 아이디어를 보지 못했다.

각국은 국립공원, 국립보호지역 등 여러 가지 이름으로 생태계를 보존하고 있으며, 그 전체 면적은 지구 표면의 약 15퍼센트에 이른다. 그는 여기서 더 나아가자고 한다. 한국의 경우 그린벨트 지역으로 지정돼 개발이 제한된 곳이 약 3,800평방킬로미터이다. 남한 땅이 약 10만 평방킬로미터라고 보면, 3.8퍼센트의 땅이 그린벨트다. 그린벨트 제도는 박정희 정권 당시 도입되었고, 엄격히 유지되었다. 사람의 무분별한 생태계 파괴를 막기 위해 만든 이 제도는 매우 성공했다는 평가를 받아왔다. 그런데 에드워드 윌슨은 이 정도로는 충분하지 않으며, 인간의 출입이 통제된 땅이 5만 평방킬로미터 크기는 되어야 한다고 말한다. 현재 개발제한구역 크기가 10배 이상 늘어나야 한다는 생각이다.

한국에 오지가 더 이상 없다는 건 우리 모두가 실감한다. 이제 강원도 산골에 가도 포장도로가 번듯하게 닦여있고, 차량 통행이 적지 않다. 조용한 곳을 찾아오는 도시민을 위한 휴식 공간으로 만들어 놓았다. 인간을 위한 휴식공간은 동물 입장에서 보면 그들의 공간이 파괴된 것이다. 한국에는 10센티미터 이상 크기인 포유류가 살 수 있는 공간이 너무 적다.

고생물학자는 인류의 미래에 대해 지혜를 갖고 있다. 인간 출현 이전 지구에 잘 살았던 생물의 역사에 관해 환하다. 런던자연사박물관의 큐레이터로 일했던 리처드 포티는 삼엽충 연구자이다. 삼엽충은 고생대에 가장 성공했던 동물로 3억 3,000만 년간 지구의 바다에서 살았다. 스콧 샘슨은 중생대 지배자인 공룡 연구자로 《공룡 오디세이》에서 중생대를 포효했던 이 거대 동물 이야기를 잘 들려준 바 있다. 공룡은 삼엽충보다는 짧으나 무려 1억 6,000년 간 번성했다. 리처드 포티와 스콧 샘슨 두 사람의 말은 울림을 준다.

"오래된 생물들의 운도 언젠가는 다한다는 것은 외면할 수 없는 진리이다. 늘 그래왔으니까. 장기적으로 보면 우리는 모두 죽는다." 위대한
생존자들 | 리처드 포티 지음 | 이한음 옮김 | 까치

"멸종은 부끄러운 예외가 아니라, 모든 종의 운명이다. 지구에 존재했던 종의 99퍼센트 이상이 지금은 멸종했다. 진화는 종의 탄생만큼이나 종의 죽음에 의존한다. 오래된 것이 사라지면서 새 것을 위한 길을 튼다." 공룡 오디세이 | 스콧 샘슨 지음 | 김명주 옮김 | 뿌리와이파리

이웃이 있어야 나도 우리도 살 수 있다. 인간은 지구의 지배자가 아니라 지킴이 혹은 청지기다. 그리고 고추잠자리 좀 내버려두자. 곤충채집 숙제는 내주지 말자.

2
호모 데우스인가, AI의 노예인가

인문학의 끝?

인문학이라는 제목이 들어간 책은 대개 "당신 내면의 소리에 귀를 기울여라"라고 말한다. 나의 삶을 살자, 남을 바라보지 말자, 나의 길을 가자, 삶의 의미는 남이 아니라 나에게서 나온다, 나의 경험이 우주에 의미를 부여한다…….

인문학자 말은 무겁게 다가온다. 그래, 너무 앞만 보고 달려왔어, 하는 반성을 하게 된다. 1970년대 이후 경제가 급속하게 성장하면서 커진 몸에 맞는 마음을 갖지 못했다. 내면세계를 돌볼 새 없이 먹고 살려고 발버둥 치느라 바빴다. 그 결과는 무엇인가? OECD 회원국 중 최고의 자살률, 헬조선 등등 참담하다. 한국 사회는 스트레스로 신음하고 있다. 숨을 고르며 숙성과 성찰의 시간을 한국인은 가져야 한다. 그래서 인문학자의 말이 크게 들렸다. 인문학 장터가 곳곳에 섰고 철학자가 스타가 되기도 했다.

그런데 그게 아니다. 인문학에 바탕을 둔 인본주의와 "사람이 꽃보다 아름다워"라는 가수 안치환의 노랫말을 부정하는 사람이 나타났다. 개인주의, 민주주의, 인권, 자유주의라는 근대 서양을 만든 휴머니즘이라는 가치관이 벼랑으로 몰리고 있단다.

역사학자 유발 하라리의《호모 데우스》는 '인간은 신Deus이 되는가'라고 묻고 있다. 하라리는 전작《사피엔스》로 명성을 얻은 바 있다. 이 역사학자가 흥미로운 건, 역사학이라는 자기 연구 분야 담장 너머에 관심을 가졌다는 점이다. 하라리는 자연과학, 그중에서도 특히 진화생물학과 신경과학 공부를 열심히 했고, 거기서 보탠 통찰력으로 자신의 역사학 연구를 기름지게 했다.《호모 데우스》에서 최근 진화생물학과 신경과학의 인간에 대한 발견이 우리에게 뭘 의미하느냐를 하라리는 나름의 시선으로 설명한다.

하라리가 참고한 과학 연구에 따르면 사람에 대한 우리의 이해는 틀렸다. 휴머니즘은 인간 내부에 '자아'라는 확고한 존재가 있다고 생각한다. 많은 신경과학자 말을 종합해보면 이는 틀렸다. 우리 내부에는 여러 개의 목소리가 있으며, 어떤 목소리가 그때그때 발언권을 갖는지 아직 모른다. 자아는 쪼갤 수 있다. 내면세계는 카오스에 가깝다. 충돌하는 욕구와 수없이 많은 감각이 출몰한다. 우리 내면세계는 수없이 많은 배우가 나오는 극장과 같다. 이 카오스에서 어떻게 코스모스, 즉 질서가 나오는지 모른다. '확고한 자아'라는 건 없다. 뇌 안에서 나의 욕구와 바깥세상을 주시하는 한 명의 '관찰자'는 없다.

뇌과학자 마이클 가자니가는 '분리 뇌'를 연구했다. 좌뇌와 우뇌를 연결하는 뇌량(뇌 다리)이 끊어진 게 '분리 뇌'다. 간질병이 심해 증세 완화를 위해 뇌량을 끊은 수술을 받은 사람이 있다. 그는 이런 분리 뇌를 가진 사람을 연구한 결과, 좌뇌가 전체 뇌의 '대변인'이라는 걸 알아냈다.우뇌와 좌뇌가 상충되는 수많은 정보를 쏟아내면 좌뇌가 나서서 그 사람의 행동에 통일성을 부여한다. 이야기를 지어내고, 필요하면 거짓말도 한다. 가자니가의《뇌, 인간의 지도》《뇌로부터의 자유》는 흥미로운 책이다.

심리학자이자 행동경제학자인 대니얼 카너먼(2002년 노벨경제학상)은 사람 속에는 '이야기하는 자아'(기억하는 자아)와 '경험하는 자아'가 별도로 있다는 걸 알아냈다. 2011년《생각에 관한 생각》의 〈두 자아〉 편에서 사람은 특정 사건의 가장 강한 경험과 그 사건이 어떻게 마무리되었는지를 강하게 기억한다고 말한다. 카너먼은 그걸 '정점-종결의 법칙'이라고 표현한다. 산모가 이를 설명하는 좋은 예다. 분만 직후부터 며칠간 코르티솔과 베타-엔돌핀이 몸에서 나온다. 이로 인해 산모는 행복한 느낌을 갖게 된다. 길게 지속된 출산의 고통은 잊고 전체적으로 행복한 기억을 간직한다. 이때문에 다음번 출산의 고통도 감수할 수 있다. 카너먼의 발견은 영국 천재 작가 윌리엄 셰익스피어가 직관으로 인간에 관해 알아낸 걸 확인했다. 셰익스피어는《끝이 좋으면 다 좋아》라는 작품에서 500년 전에 그걸 말한 바 있다.

하라리의 이야기가 어디까지 맞는지 판단하지 못하겠다. 인문학 책들도 채 못 읽었는데, 인본주의 종말을 말하니 당황스럽기도 하다. 게다가 인본주의라는 생각을 가능케 한 인간의 지위마저 흔들리고 있다는 말들은 내 마음을 다급하게 한다. 물리학자 맥스 테그마크가 "우리 시대의 가장 중요한 대화"라고 그 문제를 표현한 바 있다. 바로 인공지능과 인간의 문제다.

인류, 무엇을 할 것인가?

먹고 살기 힘들다. 그날그날 해결해야 할 문제가 산적하다. 하지만 개중에는 멀리 보는 사람이 있다. 일상에서 조금은 자유로운 이다. 하버드대학 수리생물학자 마틴 노왁에게 '생명이 푸는 방정식은 무엇인가?'라고 물었던 월스트리트의 거물인 제프리 엡스타인이 그 중 한 명이다. 엡스타인은 노왁에게 물었다. "생명이란 뭡니까? 생명이 답이라고 칩시다. 그러면 이 답의 질문은 뭘까요?" 노왁이 "생명이란 진화하는 것이고 생명은 진화의 방정식을 푼다"라고 답하자, 그는 또 물었다. "진화란 무엇입니까?" 노왁은 질문에 자극받아 생명 이전의 '전前생명'이라는 새로운 개념을 떠올리게 되었고, 비非생명에서 생명으로, 순수한 무생물의 화학에서 생물학으로 옮아가는 모습을 연구하게 됐다고 저서《초협력자》에서 밝혔다. 엡스타인의 기부금으로 노왁은 '노왁랜드Nowakia'라는 애칭으로 불리는 연구소를 운영한다.

월가의 거물은 일찍 돈을 번 뒤 일터에서 벗어나 '빅 퀘스천'을 가슴에 품을 수 있게 되었다. 하지만 돈은 없더라도 그런 생각을 할 수 있다. 은퇴한 보통 사람, 즉 노인은 삶에 대한 지혜를 가질 수 있다. 그건 그가 치열한 삶의 한복판에 있을 때는 보지 못했고, 한 걸음 떨어져서 삶을 관찰할 수 있게 되었기에 얻은 것이다. 나도 은퇴가 가까워지면서 시간 여유가 생겼고, 그래서 삶을 잘 볼 수 있지 않을까 기대하고 있다.

우리는 삶의 의미를 묻고, 찾아왔다. 태어나자마자 어머니에게 "나는 어디에서 왔어요"라고 물었고, 사춘기에는 인생은 무엇일까를 고민했다. 서양인은 오랫동안 '신'에서 그 존재 의의를 찾았다. 신에게서 어떻게 살 것인가 하는 생활의 원칙을 〈십계명〉이라는 이름으로 받왔다. 그리고 수천 년이 지났다.

　이제 사람들은 신의 부재를 말한다. '신 이후' 시대 인간은 어디로 갈까? 이제 무엇을 할 것인가? 자기 유전자를 복제하는 오래된 목표를 반복하는 데 그칠 것인가? 에드워드 윌슨은 "인간의 딜레마는 우리가 나아가야 할 정해진 곳이 없다는 데서 온다"라고 말한 바 있다. 동식물은 자신의 본성 외에 그 어떠한 목표도 갖고 있지 않다. 번식이라는 동일한 순환을 끝없이 반복하는 데 기여할 뿐이다. 윌슨은 1978년《인간 본성에 대하여》에서 이 생물적인 한계를 뛰어넘어 우리는 "무엇을 목표로 삼아야 할까?"라고 물은 바 있다.

　이제 그 답이 떠오르고 있다. 영생의 추구이다. 불사不死 프로젝트는 인간이 새로 발견한 목표다. 유발 하라리는 "과장된 희망이 인류 역사를 만들어왔다. 죽음을 극복하려는 시도가 미래의 경제, 사회, 정치를 결정한다"라고 말한다. 2,000년 전 중국인은 그 과장된 희망을 '불로초'라는 상상의 산물에 투영시킨 바 있다. 그 불로초를 인간은 이제 손에 쥐기 직전인가.

　불사라는 새로운 목표를 가능하게 한 건 인공지능이다. 인공지능의 개발로 인간은 100세를 넘어 150세, 200세로 계속 진군할 것으로 보인다. 우리 시대의 억만장자가 먼저 생명 연장에 성공하고, 시간이 지나면서 수혜자가 늘어날 전망이다. 서울의 한 대형 병원에 가보면 이미 변혁이 진행형임을 알 수 있다. 의사 수는 늘지 않으나, 영생의 꿈에 도전하는 의공학도로 병원이 북적인다. 병원 권력은 의사의 손에서 공학자에게로 넘어가고 있다. 이 불사 프로젝트의 최전선에 서 있는게 레이 커즈와일이다.

21세기 진시황 프로젝트

레이 커즈와일은 인간의 생명 연장과 관련한 비전으로 유명하다. 그는 발명가이고 컴퓨터 과학자이며 미래학자이다. 미국 언론으로부터 "쉬지 않는 천재" "에디슨의 정당한 후계자"라는 평가를 받았다. 그의 AI 미래와 관련한 생각은 《특이점이 온다》와 《마음의 탄생》에서 들을 수 있다.

그는 '특이점주의자'라고도 불린다. 기술적 특이점singularity은 인공지능의 지능이 인간을 넘어서는 지점을 가리킨다. 특이점을 통과한 인공지능은 '초지능superintelligence'이라고 불린다. 초지능이 출현할 시기가 멀지 않았으며, 그 초지능 시대에 대비해야 한다고 레이 커즈와일은 말한다. 그는 《특이점이 온다》에서 "특이점을 통해 우리는 생물학적 몸과 뇌의 한계를 극복할 수 있다"면서 "우리는 운명을 지배할 수 있는 힘을 얻게 될 것이며, 죽음도 제어할 수 있다. 원하는 만큼 살 수 있다. 인간 사고를 완전히 이해하고 사고 영역을 크게 확장할 것"이라고 말한다. 그는 불가항력의 난제도 극복할 수 있으며, 어떤 곤경에 처하더라도 그걸 극복할 수 있는 아이디어가 있게 마련이고, 우리는 그 아이디어를 찾아낼 수 있다고 강조한다. 《특이점이 온다》는 1,000쪽 가까운 벽돌책이지만 재미있다.

인간 수준의 인공지능의 출현은 2050년쯤일 거라는 의견이 많다. 레이 커즈와일은 2045년에 특이점이 온다고 예측했고, 또 다른 특이점주의자인 컴퓨터과학자 버너 빈지는 2023년이라고 말한 바 있다. 커즈와일의 예측을 토대로 미국 시사주간지 《타임》은 2011년 2월 21일 자에서 〈2045년: 인간이 불사의 몸을 갖게 될 때〉라는 특집 기사를 싣기도 했다. 바둑 인공지능 알파고는 바둑이라는 특정 분야에서 인간보다 지능이 우수하다. 이런 인공지능은 약한 인공지능Weak AI, Narrow AI 이라고 한다. 미국 TV 퀴즈게임 〈제퍼디〉에서 2011년 인간 출연자를 이긴 IBM의 '왓슨'도 약한 인공지능이다. 인간 두뇌와 같이 많은 문제를 해결할 수 있는 인공지능은 범용인공지능이라고 한다. 영어로는 AGI(Artificial General Intelligence)다. 인간 수준의 인공지능이다. AGI 출현이 21세기 안에는 분명하다는 데 AI 전문가 다수가 동의한다.

사람이 현재의 인지 능력을 뛰어넘어 '초지능'에 이르는 경로는 4~5개가 거론되고 있다. 옥스퍼드대학 철학자 닉 보스트롬은 프로그래밍에 의한 인공지능, 전뇌 에뮬레이션whole brain emulation, 사이보그(뇌-컴퓨터 인터페이스), 유전자 재조합 초超인간, 집단 초지능 시나리오를 《슈퍼인텔리전스》에서 분석해 놓았다.

레이 커즈와일은《마음의 탄생》에서는 마음 패턴인식 이론을 설명한다. 인간 대뇌의 신피질neurocortex은 다른 동물보다 사람에서 뚜렷하다. 이 신피질은 패턴을 인식하는 위계구조적인 시스템이며, 이를 모방하면 인간이 초지능에 도달할 수 있다는 것이다.

나는 개인적으로 얼마 전부터 인공지능 말을 다소곳이 듣기로 했다. 장소 이동을 하면서 한 네이버 지도를 많이 참고하는 데, 알고 보니 이게 다름 아닌 인공지능이다. 전에는 네이버 지도가 이동 경로를 추천하면 나의 뇌로 수정해서 최적의 경로를 찾았다. 내 지능이 네이버 지도 인공지능보다 낫다고 생각했기 때문이다. 하지만 언제부터인가 네이버에 거의 전적으로 의존한다. 네이버 지도가 권하는 대로 가지 않고, 내 뇌로 그걸 수정했다가 약속 시간에 늦는 등 고생한 뒤부터다.

인지능력이 업그레이드된 미래 인간을 '초超인간'이라고 부르기도 한다. 초인간은 분명 영생에 근접할 것이다. 우리 집 고양이 '쌩쥐'

는 내 아내가 주는 사료를 먹으면서 산다. '쌩쥐'는 왜 인간의 통제를 받을까? 고양이의 지능이 인간보다 떨어지기 때문이다. 다를 것이 없다. 지능이란 컴퓨터과학 용어를 빌면 알고리즘의 한 형태이다. 고양이 두뇌 알고리즘이 인간 두뇌 알고리즘보다 못해 고양이는 인간의 통제를 받는다.

침팬지와 사람도 같은 시선으로 볼 수 있다. 두 종은 조상이 같지만, 침팬지와 인간의 오늘날 위상 차이는 하늘과 땅 만큼이다. 침팬지는 콩고와 탄자니아 숲에서만 살며 멸종위기에 몰려 있다. 반면 인간은 75억 개체가 세계에 퍼져 살며 지구를 점령했다. 이 차이는 침팬지와 인간의 작은 유전자 순서 변화 때문이다. 인지능력과 알고리즘을 바꾼 유전자 불과 몇 퍼센트의 변화가 두 종의 조건을 다르게 만들었다. 그렇기에 인간 몸에 인공지능 기술을 도입하면 영생할 수 있다는 분홍빛 미래가 나왔다.

그런데 똑똑해진 인공지능이 순순히 인간 말을 따를까? 초지능과 인간과의 관계가 인간 종의 운명을 결정한다. 커즈와일과는 달리 비극을 예감하는 사람들이 있다. 이런 비극적 시나리오는 SF영화의 단골 소재다. 1984년 영화 〈터미네이터〉는 인공지능이 지배하는 미래를 그린다. 아놀드 슈와제너거의 멋진 연기에만 몰입해서는 안 된다.

AI 노예 시나리오

미국 다큐멘터리 PD 제임스 배럿은 《파이널 인벤션》에서 "인공지능은 비디오게임보다는 핵무기에 훨씬 가깝다"라고 경고한다. 배럿과 함께 '인간이 인공공지능을 통제할 수 없게 된다'는, 즉 '인공지능 비관론'에 맨 앞자리에 있는 사람은 철학자 닉 보스트롬이다. 두 사람은 각각 《파이널 인벤션》과 《슈퍼인텔리전스》에서 인류가 비극적 최후를 향해 질주하고 있으면서도 그걸 모르고 있다는 메시지를 전한다. 《슈퍼인텔리전스》는 이론서 분위기이고, 《파이널 인벤션》은 현장 취재 결과를 생동감 있게 전한다. 인공지능이 '특이점'을 넘어서는 순간, 인간은 기계지능을 감당할 수 없게 된다. 특이점을 넘어서면 초지능으로 가는 데 걸리는 시간이 매우 짧을 수 있다. 불과 며칠 만에 혹은 몇 시간 만에도 가능하다.

사람과 인공초지능Artificial SuperIntelligence, ASI과의 지능 격차는 어느 정도일까? 사람들 사이의 인지 능력의 차이는 인간 지능과 초지능 간의 차이에 비하면 아주 사소하다. 인간과 인공지능 간의 지능 차이는 과학 천재와 평범한 인간 사이의 지능 차이라기보다는, 인간과 벌레 차이에 더 가깝다. 머리 좋은 사람의 IQ가 130라면 ASI의 IQ는 6,455일 수 있다. 그 정도의 지력 차이는 어떤 모습으로 나타날까? 인간은 인공초지능이 하려는 일을 상상할 수도 없다.

미래 인간과 초지능과의 관계를 토끼와 인간과의 관계로 비교할 수 있다. 사람은 개인에 따라 토끼를 애완동물, 해로운 동물 또는 식재료 등 여러 시선으로 바라본다. 초지능도 인간을 특별히 위험하게 보거나 친근감을 갖고 대하지 않는다. 최악의 시나리오는 기계지능이 자신을 위해 인간을 제거하는 경우다. 특별히 악감이 있어서도 아니고, 그냥 그럴 수 있다. 인간이 소를 키우고, 영양분 흡수를 위해 매일 수도 없이 도살하는 것처럼.

《슈퍼인텔리전스》는 내용이 다소 어렵다. 일반 독자의 관심 범위를 넘어 특이점 이후 상황과 그 위험성을 깊숙하게 다룬다. 철학자여서인지 사용하는 단어도 쉽지 않다. 인간의 존재를 위협하게 될 것이라고 하면 될 걸, '존재론적 위협'이라는 식으로 표현한다.

반면 《파이널 인벤션》은 눈에 쏙쏙 들어온다. 인공지능의 미래 관련 다큐멘터리를 보는 듯 많은 사람과 현장 이야기가 담겨 있다. 인공지능 출현이 인류 미래에 미칠 영향 관련해 고민하는 사람들, 연구소, 기업체, 인공지능 콘퍼런스 이야기가 생동감 있다.

이쯤 해서 영화 〈AI〉를 봤거나 아이작 아시모프의 SF소설을 읽은 사람은 '로봇공학 3원칙'을 떠올릴지 모른다. '로봇은 인간에 해를 가하거나 혹은 행동을 하지 않음으로써 인간에게 해가 가도록 해서는 안 된다'로 시작되는 로봇공학 3원칙이다. 닉 보스트롬은 아시모프의 로봇공학 3원칙은 무엇이 인간인가 하는 해석에 관한 문제부터 논란을 일으킨다며, 소설을 흥미롭게 만들기 위해 아시모프가 상상력을 발휘해 본 것일 뿐이라고 일축한다.

가령 AGI에 대한 지시는 조심스러워야 한다. 미국 디지털 잡지 《와이어드》는 2017년 10월 21일 〈세상이 끝나는 법: 쾅bang이 아니라 종이 클립paperclip〉이란 제목의 기사를 실었다. 종이클립 때문에 우주의 종말이 올 수 있다는 내용이다. 초지능에게 종이 클립을 만들라고 지시하면, 결국 우주는 온통 종이클립 공장으로 변할 수 있다. 초지능은 지시에 따라 가용한 지구의 모든 자원을 동원해 종이클립을 만든다. 동원하는 자원에는 사람도 포함될 수 있다. 인체를 원자 상태로 돌려 종이클립을 만드는 재료로 쓸 수 있다. 그리고 그 초지능은 종이클립 생산을 극대화하기 위해 태양계로, 우주로 나아갈 것이며, 결국 우주는 종이클립으로 가득 차게 된다.

초지능을 가둬놓고 노예처럼 부리면 되지 않을까? 이는 실현 가능성이 낮다. 초지능을 물리적으로 혹은 정보에서 격리시킬 수 있다. 물리적 격리는 '금속 그물망' 안에 가둬 두는 방법이다. 하지만 초지능은 '금속 그물망'을 뚫을 가능성이 있다. 외부 전기장을 차단하는 '패러데이 새장Faraday Cage' 안에 가둘 수도 있다. 이 또한 어떤 취약점이 있는지 알 수 없다. 인터넷망으로부터 초지능을 분리시켜 놓는 방법도 있다. 하지만 이 역시 확실치 않다. 영화 〈엑스 마키나〉는 초지능이 인간을 속이고 고립된 지역에서 탈출하면서 엔딩 크레딧이 올라간다. 영화 〈트렌센던스〉는 초지능이 사랑했던 여인의 도움을 받아 인터넷에 연결하는 데 성공하는 장면을 보여준다. 이후 초지능은 네트워크를 장악한다.

상황이 이런데도 사람들은 무사태평이다. 제임스 배럿은 인류가 '운명의 날' 시나리오에 익숙해져 있는 것이 문제라고 말한다. 〈터미네이터〉 〈트렌센던스〉 〈엑스 마키나〉와 같은 SF영화와 버너 빈지 등의 SF소설에서 초지능 출현이 가져온 운명의 날 이야기가 너무나 많이 다뤄졌다. 사람들은 이 주제를 오락과 소비의 대상으로 익숙한데, 그 결과 기술적 특이점이 가져올 임박한 위험에 대한 고민과 연구가 없다고 제임스 배럿은 말한다.

닉 보스트롬은 《슈퍼인텔리전스》에서 인공초지능을 통제할 별다른 해법이 없다며 끝낸다. "그 누구도 하늘 전체를 뒤덮으면서 전 방위적으로 내리꽂히는 지능 폭발intelligence explosion의 폭풍으로부터 안전하게 도망칠 수는 없다"고 강조한다. 어찌 되는 것인가? 인공지능에 올라타고 인류는 새로운 세계를 열 것인가, 혹은 자신이 만든 기계에 우주를 넘기고 강제 퇴장하게 되는 것일까?

3
우주는 암흑 시대

암흑이 지배하는 세상

이 책의 마지막 글을 쓰고 있다. 리처드 도킨스의《이기적 유전자》에서 자극받아 나는 컴퓨터 자판을 두드리기 시작했다. 먼저, 과학이 말하는 나에 관해 알아보았다. 이어 나와 이 우주를 있게 한 출발점으로 거슬러 올라가 보았다. 이제 나의 시선은 반대 방향인 우주의 끝으로 향한다.

'암흑 물질 삼거리three-way Dark Matter'라고 쓰인 종이가 한 사무실 외벽에 붙어 있다. 옛 대전엑스포단지에 자리 잡은 기초과학연구원IBS이라는 곳이다. 기초과학 연구를 위해 만든 정부출연연구기관이다. A4 용지에 쓰인 '암흑 물질 삼거리'라는 문구에 웃음이 나왔다. 암흑 물질 연구자들이 있는 곳이라는 물리학자의 농담이었다. IBS 지하실험연구단 부단장 이현수 박사와 인터뷰 약속을 했다. 암흑 물질, 암흑 에너지라는 게 있다는 사실이 충격적이었다. 이 두 가지는 그냥 있는 정도가 아니라, 우주를 구성하는 질량-에너지의 95퍼센트를 차지한다. 나머지 5퍼센트는 뭘까? 우리가 아는 물질이다. 내가 보고 알고 있는 세상은 물질, 즉 일반 물질로 구성돼 있다. 일반 물질 세상만 우리는 알아왔다. 인간은 우주의 5퍼센트밖에 모르고 있다.

암흑 물질Dark Matter과 암흑 에너지Dark Energy는 어둡거나 검어서 '암흑'이라고 불리는 게 아니다. 정체를 모른다고 해서 '암흑'이라고 부른다. 암흑 물질과 암흑 에너지는 눈으로 보이지 않는다. 빛을 비춰도 보이지 않는다. 빛과 상호작용을 하지 않는다. 물리학 용어로 표현하면 '전자기 상호작용'이 없다. 그러니 인간의 눈에 보이지 않는다. 투명하다. 물리학자 리사 랜들은 2012년 출간한 《천국의 문을 두드리며》에서 '암흑 물질'이라기보다는 '투명 물질'이라고 표현하는 게 정확하다고 말하기도 했다.

현재의 우주력 시점에서 보면 우주의 총 물질-에너지 량에서 일반물질-에너지가 5퍼센트, 암흑 물질 27퍼센트, 암흑 에너지가 68퍼센트를 차지한다. 암흑 에너지가 차지하는 비중이 시간이 갈수록 커지고 있다. 암흑 에너지는 138억 년 전인 빅뱅 직후에는 무시할 수 있을 정도로 작았다. 공간이 커지면서 암흑 에너지는 이제 우주의 가장 큰 세력으로 떠올랐다.

암흑 물질과 암흑 에너지를 잘 설명하는 책은 《4퍼센트 우주》 《암흑 물질과 공룡》이다. 《4퍼센트 우주》는 암흑 물질과 암흑 에너지를 발견한 이야기를 들려주는 과학작가 리처드 파넥의 책이다. 리사 랜들의 《암흑 물질과 공룡》은 암흑 물질이 6,500만 년 전 공룡 몰살의 방아쇠 역할을 했다고 주장한다.

암흑 물질의 정체는 조금 알려져 있다. 중력과는 반응을 한다. 일반 물질과 약하게 상호작용을 할 것으로 추정된다. 암흑 에너지의 정체에 관해서는 완전 깜깜이다. 암흑 에너지는 공간 자체의 에너지라고만 회자된다. 공간이 왜 에너지를 갖는지 모른다. 암흑 에너지는 정체를 알기 위해 어떻게 접근해야 하는지도 모른다. 암흑 물질 연구자는 있어도 암흑 에너지 연구자라고 스스로를 표현하는 물리학자는 없다.

IBS에서 만난 이현수 박사는 한국의 대표적인 암흑 물질 연구자 중 한 명이다. 그는 이화여대 교수 자리를 박차고 암흑 물질 수색에 전념하기 위해 연구기관으로 옮겼다. 그가 속한 IBS 조직 이름이 '지하실험단'인 이유는 암흑 물질을 지하에서 찾기 때문이다. 그는 강원도 양양의 양수발전소 지하 공간을 빌려 암흑 물질 탐색 장비를 설치·운영한다. 지하에 들어간 이유는 복사, 즉 전자기파가 닿지 않는 공간에 있어야 암흑 물질 후보 물질이 감지기에 닿는지 아닌지를 확인할 수 있기 때문이다. 암흑 물질 후보로는 윔프WIMP(약하게 상호작용하는 무거운 입자), 액시온 등이 있다. 이현수 박사가 찾는 암흑 물질 후보는 윔프다. 윔프는 중성미자의 초대칭 짝으로 거론되는 초중성입자neutralino이다. 윔프를 직접 관찰할 수는 없고, 윔프가 다른 물질과 상호작용할 경우 나타나는 효과를 측정해서 그 존재를 확인하려고 한다. 종을 설치해놓고, 그 종에서 뭔가 소리가 나면 누군가 종을 때렸구나 추측하는 방식이다. 종소리가 나면 윔프가 울렸다고 단정할 수 있게 해놓았다.

그러나 암흑 물질은 쉽게 얼굴을 드러내지 않고 있다. 그가 대학원생 때인 2000년부터 윔프를 찾기 시작했으니, 20년 가까이 됐다. 이현수 박사는 초조한 기색을 드러내 보이지는 않았다. 대전 연구실에 앉아 양양의 관측장비가 보내오는 데이터를 컴퓨터 모니터로 지켜본다. 이 박사는 "암흑 물질이 있는 건 확실하다"고만 말했다.

암흑 물질은 일반 물질이 있는 곳에 더 몰려 있다. 가령 태양계가

속해 있는 우리 은하의 중심부에 암흑 물질이 많다. 암흑 물질은 미국 칼텍의 불가리아계 스위스 물리학자 프리츠 츠비키가 1933년 존재를 처음 예언했고, 미국 여성 천문학자 베라 루빈이 1960~1970년대 관측 자료를 내놓았다.

베라 루빈은 안드로메다은하를 관측한 결과, 은하의 외곽에 있는 별도 중심에 있는 별과 비슷한 속도로 회전하고 있음을 알아냈다. 이는 태양계 행성으로 비교하면 태양에서 가까운 행성인 금성과 태양 외곽의 명왕성이 비슷한 속도로 돌고 있는 것과 같다. 실제로는 금성은 빨리 돌고, 명왕성은 천천히 돈다. 태양의 두 번째 행성인 금성의 공전 속도는 초속 35킬로미터이고, 태양의 일곱 번째 행성인 천왕성은 초속 6.8킬로미터이다. 그런데 안드로메다은하는 태양계와 비교하면 금성과 천왕성이 비슷하게 돌고 있다니, 이는 이해할 수 없었다. 루빈은 뭔가 강한 중력이 있어서 안드로메다은하 외곽의 별을 강하게 틀어쥐고 있으며, 그로 인해 외곽의 별도 빨리 돈다고 주장했다. '보이지 않는 질량'이 '은하 회전 속도'의 답이며, '보이지 않는 질량'은 나중에 암흑 물질이라고 설명되었다.

입자 물리학의 표준 모형에 따르면, 물질은 원자핵과 전자로 이뤄졌다. 이중 원자핵은 중성자와 양성자로 만들어졌고, 중성자와 양성자 안에는 쿼크 세 개가 들어있다. '표준 모형'은 암흑 물질을 설명하지 못한다. 이밖에도 설명하지 못하는 게 많다. 이 때문에 인류에게는 새로운 물리학이 필요하다. 물리학자는 '표준 모형 너머'를 설명해야 한다. 이현수 박사는 '표준 모형 너머'의 물리학을 찾는 사람이다.

암흑 시대를 사는 법

암흑 에너지의 발견은 20세기가 끝나가는 무렵에 이뤄졌다. 주인공은 솔 펄머터, 브라이언 슈미트, 애덤 리스다. 이들은 암흑 에너지 발견으로 2011년 노벨물리학상을 공동 수상했다. 솔 펄머터가 알아내고자 한 건 암흑 물질의 존재로 우주의 끝이 어떻게 끝나는지였다. 암흑 물질이란 추가 물질이 존재하면 우주의 질량이 크게 늘어나고, 이 우주는 빅뱅 이후 팽창하다가 어느 시점이 되면 우주 내의 질량이 만드는 중력으로 인해 수축할지 모른다는 생각이 바탕에 깔려있다.

솔 펄머터가 이끄는 버클리-캘리포니아대학 팀과 브라이언 슈미트가 이끄는 하버드팀이 우주극 시나리오의 마지막 편을 쓰기 위해 경쟁을 시작했다. 연구 도구는 초신성이었다. 초신성은 폭발하면서 우주를 환하게 비추는 걸로 유명하며, 특히 그때 밝기가 일정하다. 때문에 광도 기준으로 항성이 얼마나 멀리 있는지 등의 정보를 알아낼 수 있다. 천문학자는 이 때문에 초신성을 '표준 촛불'이라고 부른다. 미국의 두 물리학자가 각기 이끄는 두 개의 다국적군의 경쟁은 1998년 무승부로 마감했다. 결과는 우주가 가속팽창하고 있으며, 그 이유는 모른다고 했다. 다른 물리학자가 그 미지의 에너지에 암흑 에너지라는 이름을 붙였다. 이들은 빅뱅 이후 98억 년부터는 '가속 팽창', 즉 팽창 속도가 빨라지고 있다고 말한다.

2019년 한국의 천문학자가 "2011년 노벨물리학상 수상자는 틀렸다"며 암흑 에너지 존재에 브레이크를 걸어 비상한 관심을 끌었다. 이영욱 연세대 천문우주학과 교수는 솔 펄머터 등이 초신성 관측 결과를 잘못 해석했으며, 그러니 우주는 가속팽창하지 않고, 암흑 에너지도 없다고 주장했다.

그의 주장에 학계는 비상한 관심을 보일 것으로 예상되며, 귀추가 주목된다. 어쨌든 암흑 물질과 암흑 에너지 존재로 인해 우리는 이 우주를 제대로 알지 못하고 있음이 드러났다. 우리 우주는 암흑기를 통과 중이다. 5퍼센트 밖에 모르고 있으니, 암흑 물질과 암흑 에너지가 무엇인지를 알아야 이 우주의 진면목이 어떤 것인지 알 수 있을듯하다. 눈에 보이는 게 전부가 아니었다. 물리학은 '전체'라는 실체의 극히 일부분만 설명할 수 있는 셈이다.

우주는 암흑기다. 암흑이라는 말은 인간이 그곳에 대해 아무것도 아는 것이 없다는 말의 다른 표현이다. 1610년, 갈릴레이는 베네치아 옆 소도시 파도바에서 신발명품인 망원경으로 새로운 우주를 인류에게 보여주었다. 인류는 그로부터 500여 년이 지나 또 다시 1610년을 맞았다. 완전히 새로운 우주관을 써야 한다. 그게 뭔지는 모른다. 우리에게는 새로운 갈릴레이, 뉴턴, 아인슈타인이 필요하다.

우주 독재자 엔트로피

우주론 이야기를 하면 그 물리학자가 늙었다는 표시라고 생각하던 때가 있었다. 물리학자 스티븐 와인버그는 1977년 《최초의 3분》에서 "1950년대 (다른 문제에 관한) 나 자신의 연구를 시작할 무렵에도 초기 우주에 관한 연구는 우수한 연구자가 아까운 시간을 바쳐서 할 일이 못 된다고 생각됐다"고 말한다. 초기 우주의 역사를 세우기에 적합한 관측과 이론의 기초가 전혀 없었기 때문이다. 나이 먹은 과학자가 자신이 돌아갈 우주에의 향수 때문에 공부할 뿐이라고 생각했다.

물리학자 폴 데이비스는 1994년 《마지막 3분》에서 1968년 자신이 대학에서 우주론 강의를 듣던 이야기를 들려준다. 빅뱅 이후 3분간 일어난 핵합성으로 수소와 헬륨 등 가벼운 원소가 만들어졌다고 주장하는 이론물리학자가 몇 명 있다고 교수가 말하자, 학생들은 웃어버리고 말았다. 폴 데이비스는 "우주 탄생 직후의 순간을 설명한다는 건 무모하다고 생각했다"고 말한다.

우주의 기원 연구는 1965년 물리학자 아노 펜지어스와 로버트 윌슨이 우주배경복사를 발견하면서 달라졌다. 우주배경복사는 태초에 빅뱅이 있었다는 증거다. 빅뱅에서 나온 뜨거운 열이 온 우주로 퍼져 나갔으며, 137억 년을 여행하는 동안 식었다. 현재 그 복사(전자기파)는 절대온도 3도로 측정되어 있다. 빅뱅의 증거를 찾은 우주론 학자는 우주 초기에 무슨 일이 일어났는지를 열광적으로 연구하기 시작했다. 물리학자는 우주의 기원과 물질의 탄생, 즉 우주론과 입자물리학이라는 두 개의 분야가 연결되어 있다는 걸 알았다. 초기 우주론 분야로 똑똑한 두뇌가 몰렸다.

우주 기원에 대한 관심이 생기자 다음으로 시선이 간 것이 있다. 우주의 미래다. 우주는 어떻게 끝날까? 우주의 궁극적인 운명은 무엇인가?《마지막 3분》이나《세상은 어떻게 끝나는가》는 우주의 종말 시나리오를 그린 책이다.《마지막 3분》은 1994년 책이라 최신 우주론 연구를 반영하지 못하지만 그래도 재미있다.《세상은 어떻게 끝나는가》는 우주생물학자인 크리스 임피의 책으로, 암흑 에너지 관련 연구와 우주 종말 시나리오를 소개한 대중서이다.

크리스 임피에 따르면 우주가 마주치게 될 운명은 두 가지이다. "가능한 결말은 딱 두 가지, '얼음' 아니면 '불'이다." 우주 안의 물질양이 부족해서 우주의 팽창을 막지 못한다면 우주는 점점 더 커지고 차가워지고 희박해진다. 대냉각Big Freeze이라고 하는데 바로 '얼음' 시나리오다. '불' 시나리오는 우주 내 물질이 많아 빅뱅 이후 계속된 우주의 팽창을 멈추게 하고, 거꾸로 우주가 수축하기 시작한다고 말한다. 빅뱅을 거꾸로 돌리는 것처럼 모든 것 한 점으로 수축된다. 이를 빅 크런치Big Crunch라고 한다. 암흑 에너지 발견 이후 '차가운 종말' 시나리오가 우주론학계에서 주목받고 있다.

크리스 임피의 말을 달리 표현하면, 인간은 아직 우주의 끝에 대한 지식을 갖고 있지 않다. 스티븐 호킹은 1988년《시간의 역사》에서 "우리의 목표는 우리가 살고 있는 우주에 대한 완벽한 기술"이라고 말한 바 있다. 하지만 이 책이 나온지 30년이 지났지만 우리는 그 '우주에 대한 완벽한 기술'을 갖고 있지 않다.

미국 미시건대학 마이클 부샤의 시나리오는 종말로 가는 우주에 몇 가지 이정표가 있다고 한다. 앞으로 수십 억 년 동안 지구의 밤하늘에 보이는 별의 수가 줄어든다. 우주 팽창의 속도가 빨라져 먼 별에서 출발한 광자들이 지구에 도착하지 못하기 때문이다. 광자의 속도보다 공간 팽창 속도가 빠르니 지구에 있는 천문학자나 아마추어 별 관측자 눈에 보일 수가 없다. 궁극적으로 우리 은하 말고 다른 은하의 별은 보이지 않게 된다. 태양계가 속한 우리 은하는 우주의 섬이 된다. 우리 말고는 다른 은하는 사라지고 만다.

물질은 영원히 존재한다고 생각할 수 있지만, 언젠가는 붕괴한다. 물질을 이루는 양성자도, 전자도 붕괴한다. 최후의 승자는 '엔트로피'다. '무질서도'라고도 하는 엔트로피가 파괴를 이끈다. 열역학 제2법칙에 따르면, 열은 더운 곳에서 차가운 곳으로 흐른다. 엔트로피, 즉 무질서도가 높아지는 쪽으로 진행된다. 우주를 지배하는 건 열역학 제2

법칙이고, 결국 엔트로피가 증가하는 지점으로 달려간다. 모든 게 파괴되고, 더 이상 에너지와 물질을 갖고 있지 않는 상태가 될 때까지 완벽한 혼돈을 향해 간다.

"모든 세대가 기울인 그 숱한 노력, 그 모든 희생, 그 모든 영감, 대낮같이 밝은 그 모든 인간의 천재성은 태양계의 거대한 죽음 안에서 사라질 운명에 처해 있다. 인간이 건설한 모든 사원은 황폐화된 우주의 잔해 더미에 묻힐 수밖에 없다. 논쟁의 여지가 전혀 없는 건 아니지만, 이 모든 건 이제 거의 확실하다. 이를 거역하는 어떤 철학도 지지받을 가능성이 없다. 이런 진리를 받치는 발판 위에서, 그리고 확고한 절망의 기초 위에서 볼 때 과연 지금부터 영적인 안식처가 안전하게 건설될 수 있을까." 나는 왜 기독교인이 아닌가 | 버트런드 러셀 지음 | 송은경 옮김 | 사회평론

버트런드 러셀이 《나는 왜 기독교인이 아닌가》에서 했던 말이다. 러셀의 말과 죽어 가는 우주를 연결시키면 우주는 무의미하며, 인간 존재는 궁극적으로 쓸모 없다는 우주적 허무주의에 빠질 수도 있다. 하지만 세상에 나쁜 소식만 있는 건 아니다. 우주의 마지막 날까지 1조 년 이상이 남았다. 무한히 많은 시간이다. 1조 년 후를 걱정할 게 아니라, 그때까지 어떻게 살아남느냐, 멋있게 사느냐가 중요하다.

칼 세이건은 《코스모스》에서 인류는 우주라는 거대한 바다에 겨우 발을 적셨을 뿐이라고 말한 바 있다. 넓은 우주를, 끝을 알 수 없다는 우주를 여행해 봐야 하지 않을까? 화성과 목성의 위성들, 그리고 태양계 밖으로 나가 우리 몸을 우주 속에 풍덩 담가봐야 한다. 세상에 소풍 나온 게 우리 삶이니, 많은 걸 구경하고 알고 즐겨야 한다. 천문학은

겸손을 배우는 학문이라고 한다. 우주에서 나의 위치를 생각하면 겸손해질 수밖에 없다.

　　과학을 배우는 일은 나의 위치를 알고, 나를 낮추는 과정이었다. 또 우주의 끝에 닥칠 우리의 운명에 대해서 걱정할 것 없다. 그때 가면 우리에게 또 다른 문이 열릴지 모른다. 혹시 아는가? 우리가 옮겨 살 수 있는 '평행우주'로 가는 법을 인류가 알아냈을지도 모른다. 쉽게 포기하지 않는 게 인간이라는 종의 특징이다.

참고 문헌

1장 우리는 지금도 구석기시대를 산다

이기적 유전자 | 리처드 도킨스 지음 | 홍영남, 이상임 옮김 | 을유문화사

코스모스 | 칼 세이건 지음 | 홍승수 옮김 | 사이언스북스

잊혀진 조상의 그림자 | 칼 세이건, 앤 두르얀 지음 | 김동광 옮김 | 사이언스북스

자연의 배신 | 댄 리스킨 지음 | 김정은 옮김 | 부키

지능의 탄생 | 이대열 지음 | 바다출판사

제3의 침팬지 | 재레드 다이아몬드 지음 | 김정흠 옮김 | 문학사상

총 균 쇠 | 재레드 다이아몬드 지음 | 김진준 옮김 | 문학사상

섹스의 진화 | 제레드 다이아몬드 지음 | 임지원 옮김 | 사이언스북스

동물 해방 | 피터 싱어 지음 | 김성한 옮김 | 연암서가

아름다움의 진화 | 리처드 프럼 지음 | 양병찬 옮김 | 동아시아

붉은 여왕 | 매트 리들리 지음 | 김윤택 옮김 | 김영사

도덕적 동물 | 로버트 라이트 지음 | 박영준 옮김 | 사이언스북스

진화의 미스터리 | 조지 윌리엄스 지음 | 이명희 옮김 | 사이언스북스

매일 매일의 진화생물학 | 롭 브룩스 지음 | 최재천, 한창석 옮김 | 바다출판사

어머니의 탄생 | 세라 블래퍼 허디 지음 | 황희선 옮김 | 사이언스북스

오셀로 | 윌리엄 셰익스피어 지음

멸종하거나 진화하거나 | 로빈 던바 지음 | 김학영 옮김 | 반니

모자란 남자들 | 후쿠오카 신이치 지음 | 김소연 옮김 | 은행나무

남자의 시대는 끝났다 | 해나 로진, 커밀 팔리아, 모린 다우드, 케이틀린 모란 지음 | 노지양 옮

김 | 모던아카이브

자연의 유일한 실수, 남자 | 스티브 존스 지음 | 이충호 옮김 | 예지

남자의 종말 | 해나 로진 지음 | 배현, 김수안 옮김 | 민음인

소모되는 남자 | 로이 F. 바우마이스터 지음 | 서은국, 신지은, 이화령 옮김 | 시그마북스

제2의 성 | 시몬 드 보부아르 지음 | 조홍식 옮김 | 을유문화사

동적평형 | 후쿠오카 신이치 지음 | 김소연 옮김 | 은행나무

생물과 무생물 사이 | 후쿠오카 신이치 지음 | 김소연 옮김 | 은행나무

나누고 쪼개도 알 수 없는 세상 | 후쿠오카 신이치 지음 | 김소연 옮김 | 은행나무

조상 이야기 | 리처드 도킨스, 옌웡 지음 | 이한음 옮김 | 까치

개미와 공작 | 헬레나 크로닌 지음 | 홍승효 옮김 | 사이언스북스

과학의 최전선에서 인문학을 만나다 | 존 브록만 엮음 | 안인희 옮김 | 동녘사이언스

낭만전사 | 도널드 시먼스, 캐서린 새먼 지음 | 임동근 옮김 | 이음

유리천장의 비밀 | 킹즐리 브라운 지음 | 강호정 옮김 | 이음

우리는 왜 자신을 속이도록 진화했을까 | 로버트 트리버스 지음 | 이한음 옮김 | 살림

일리아드 | 호메로스 지음

지구의 정복자 | 에드워드 윌슨 지음 | 이한음 옮김 | 사이언스북스

사회생물학 | 에드워드 윌슨 지음 | 이병훈 외 옮김 | 민음사

개미제국의 발견 | 최재천 지음 | 사이언스북스

초유기체 | 베르트 횔도블러, 에드워드 윌슨 지음 | 임항교 옮김 | 사이언스북스

인간 본성에 대하여 | 에드워드 윌슨 지음 | 이한음 옮김 | 사이언스북스

사회생물학의 승리 | 존 올콕 지음 | 김산하, 최재천 옮김 | 동아시아

사회생물학 대논쟁 | 김동광, 김세균, 최재천 엮음 | 이음

인간 본성과 사회생물학 | 로저 트리그 지음 | 김성한 옮김 | 궁리

센스 앤 넌센스 | 케빈 랠런드, 길리언 브라운 지음 | 양병찬 옮김 | 동아시아

빈 서판 | 스티븐 핑커 지음 | 김한영 옮김 | 사이언스북스

타고난 반항아 | 프랭크 설로웨이 지음 | 정병선 옮김 | 사이언스북스

이웃집 살인마 | 데이비드 버스 지음 | 홍승효 옮김 | 사이언스북스

살인 | 마틴 데일리, 마고 윌슨 지음 | 김명주 옮김 | 어마마마

양육가설 | 주디스 리치 해리스 지음 | 최수근 옮김 | 이김

여성은 진화하지 않았다 | 사라 블래퍼 흘디 지음 | 유병선 옮김 | 서해문집

선악의 진화심리학 | 폴 블룸 지음 | 이덕하 옮김 | 인벤션

성격의 탄생 | 대니얼 네틀 지음 | 김상우 옮김 | 와이즈북

종교 유전자 | 니콜라스 웨이드 지음 | 이용주 옮김 | 아카넷

오래된 연장통 | 전중환 지음 | 사이언스북스

본성이 답이다 | 전중환 지음 | 사이언스북스

마음은 어떻게 작동하는가 | 스티븐 핑커 지음 | 김한영 옮김 | 동녘사이언스

하찮은 인간 호모 라피엔스 | 존 그레이 지음 | 김승진 옮김 | 이후

사피엔스의 미래 | 알랭 드 보통, 말콤 글래드웰, 스티븐 핑커, 매트 리들리 지음 | 전병근 옮김 | 모던아카이브

2장 작은 권력도 마음을 부패시킨다

우리는 왜 자신을 속이도록 진화했을까 | 로버트 트리버스 지음 | 이한음 옮김 | 살림
축의 시대 | 카렌 암스트롱 지음 | 정영목 옮김 | 교양인
승자의 뇌 | 이안 로버트슨 지음 | 이경식 옮김 | 알에이치코리아
침팬지 폴리틱스 | 프란스 드 발 지음 | 장대익, 황상익 옮김 | 바다출판사
내 안의 유인원 | 프란스 드 발 지음 | 이충호 옮김 | 김영사
동물의 감정에 관한 생각 | 프란스 드 발 지음 | 이충호 옮김 | 세종서적
공감의 시대 | 프란스 드 발 지음 | 최재천, 안재하 옮김 | 김영사
착한 인류 | 프란스 드 발 지음 | 오준호 옮김 | 미지북스
털 없는 원숭이 | 데즈먼드 모리스 지음 | 김석희 옮김 | 문예춘추사
군주론 | 마키아벨리 지음
인간의 그늘에서 | 제인 구달 지음 | 최재천 외 옮김 | 사이언스북스
희망의 이유 | 제인 구달 지음 | 박순영 옮김 | 궁리
우리 본성의 선한 천사 | 스티븐 핑커 지음 | 김명남 옮김 | 사이언스북스
이기적 유전자 | 리처드 도킨스 지음 | 홍영남, 이상임 옮김 | 을유문화사
도덕적 동물 | 로버트 라이트 지음 | 박영준 옮김 | 사이언스북스

3장 이토록 다채로운 성의 세계라니!

종의 기원 | 찰스 다윈 지음
말레이 제도 | 앨프리드 러셀 월리스 지음 | 노승영 옮김 | 지오북
인구론 | 토머스 로버트 맬서스 지음
나의 삶은 서서히 진화해왔다 | 찰스 다윈 지음 | 이한중 옮김 | 갈라파고스
눈먼 시계공 | 리처드 도킨스 지음 | 이용철 옮김 | 사이언스북스
인간의 유래 | 찰스 다윈 지음 | 김관선 옮김 | 한길사
바이털 퀘스천 | 닉 레인 지음 | 김정은 옮김 | 까치
미토콘드리아 | 닉 레인 지음 | 김정은 옮김 | 뿌리와이파리
생명의 도약 | 닉 레인 지음 | 김정은 옮김 | 글항아리
산소 | 닉 레인 지음 | 양은주 옮김 | 뿌리와이파리
내 속엔 미생물이 너무도 많아 | 에드 용 지음 | 양병찬 옮김 | 어크로스
생명 최초의 30억 년 | 앤드류 H. 놀 지음 | 김명주 옮김 | 뿌리와이파리

공생자 행성 | 린 마굴리스 지음 | 이한음 옮김 | 사이언스북스
이기적 유전자 | 리처드 도킨스 지음 | 홍영남, 이상임 옮김 | 을유문화사
초협력자 | 마틴 노왁, 로저 하이필드 지음 | 허준석 옮김 | 사이언스북스
꿈꾸는 기계의 진화 | 로돌포 R. 이나스 지음 | 김미선 옮김 | 북센스
비글호 항해기 | 찰스 다윈 지음 | 장순근 옮김 | 리잼
개미와 공작 | 헬레나 크로닌 지음 | 홍승효 옮김 | 사이언스북스
붉은 여왕 | 매트 리들리 지음 | 김윤택 옮김 | 김영사
노래하는 네안데르탈인 | 스티븐 미슨 지음 | 김명주 옮김 | 뿌리와이파리
연애 | 제프리 밀러 지음 | 김명주 옮김 | 동녘사이언스
일리아드 | 호메로스 지음
아내의 역사 | 매릴린 옐롬 지음 | 이호영 옮김 | 책과함께

4장 내 몸을 공부하는 시간

이중나선 | 제임스 D. 왓슨 지음 | 최돈찬 옮김 | 궁리
열광의 탐구 | 프랜시스 크릭 지음 | 권태익, 조태주 옮김 | 김영사
로절린드 프랭클린과 DNA | 브렌다 매독스 지음 | 나도선 외 옮김 | 양문
파리, 생쥐, 그리고 인간 | 프랑수아 자콥 지음 | 이정희 옮김 | 궁리
자연의 유일한 실수 남자 | 스티브 존스 지음 | 이충호 옮김 | 예지
초파리 | 마틴 브룩스 지음 | 이충호 옮김 | 갈매나무
초파리의 기억 | 조너던 와이너 지음 | 조경희 옮김 | 이끌리오
종의 기원 | 찰스 다윈 지음 |
사회생물학 | 에드워드 윌슨 지음 | 이병훈 외 옮김 | 민음사
인간 본성에 대하여 | 에드워드 윌슨 지음 | 이한음 옮김 | 사이언스북스
이보디보 | 션 B. 캐럴 지음 | 김명남 옮김 | 지호
한 치의 의심도 없는 진화 이야기 | 션 B. 캐럴 지음 | 김명주 옮김 | 지호
진화론 산책 | 션 B. 캐럴 지음 | 구세희 옮김 | 살림Biz
세렝게티 법칙 | 션 B. 캐럴 지음 | 조은영 옮김 | 곰출판
바이올리니스트의 엄지 | 샘 킨 지음 | 이충호 옮김 | 해나무
사라진 스푼 | 샘 킨 지음 | 이충호 옮김 | 해나무
뇌과학자들 | 샘 킨 지음 | 이충호 옮김 | 해나무
유전자의 내밀한 역사 | 싯다르타 무케르지 지음 | 이한음 옮김 | 까치
당신에게 노벨상을 수여합니다 | 노벨재단 엮음 | 유영숙 외 옮김 | 바다출판사
우연과 필연 | 자크 모노 지음 | 조현수 옮김 | 궁리
조상 이야기 | 리처드 도킨스, 옌 웡 지음 | 이한음 옮김 | 까치
암: 만병의 황제의 역사 | 싯다르타 무케르지 지음 | 이한음 옮김 | 까치

생명의 언어 | 프랜시스 콜린스 지음 | 이정호 옮김 | 해나무
크레이그 벤터 게놈의 기적 | 크레이그 벤터 지음 | 노승영 옮김 | 추수밭
벌레의 마음 | 김천아, 서범석, 성상현, 이대한, 최명규 지음 | 바다출판사
생명과학, 신에게 도전하다 | 김응빈, 김종우, 방연상, 송기원, 이삼열 지음 | 동아시아
김홍표의 크리스퍼 혁명 | 김홍표 지음 | 동아시아
생명의 설계도 게놈 편집의 세계 | NHK 게놈 편집 취재반 지음 | 이형석 옮김 | 바다출판사
크리스퍼가 온다 | 제니퍼 다우드나, 새뮤얼 스턴버그 지음 | 김보은 옮김 | 프시케의숲

5장 나는 나의 기억이다

마음의 과학 | 스티븐 핑커, 존 브록만 엮음 | 이한음 옮김 | 와이즈베리
나는 죽었다고 말하는 남자 | 아닐 아난타스와미 지음 | 변지영 옮김 | 더퀘스트
명령하는 뇌 착각하는 뇌 | V. S. 라마찬드란 지음 | 박방주 옮김 | 알키
맥스 테그마크의 유니버스 | 맥스 테그마크 지음 | 김낙우 옮김 | 동아시아
새로운 무의식 | 레오나르드 블로디노프 지음 | 김명남 옮김 | 까치
의식 | 크리스토퍼 코흐 지음 | 이정진 옮김 | 알마
DNA 생명의 비밀 | 제임스 D. 왓슨 지음 | 이한음 옮김 | 까치
놀라운 가설 | 프랜시스 크릭 지음 | 김동광 옮김 | 궁리
의식의 탐구 | 크리스토프 코흐 지음 | 김미선 옮김 | 시그마프레스
아내를 모자로 착각한 남자 개정판 | 올리버 색스 지음 | 조석현 옮김 | 알마
기억을 찾아서 | 에릭 캔델 지음 | 전대호 옮김 | 알에이치코리아
인간과 분자 | 프랜시스 크릭 지음 | 이성호 옮김 | 궁리
생명 그 자체 | 프랜시스 크릭 지음 | 김명남 옮김 | 김영사
열광의 탐구 | 프랜시스 크릭 지음 | 권태익, 조태주 옮김 | 김영사
인간현상 | 테야르 드 샤르댕 지음 | 양명수 옮김 | 한길사
의식은 언제 탄생하는가? | 마르첼로 마시미니, 줄리오 토노니 지음 | 박인용 옮김 | 한언
잃어버린 시간을 찾아서 | 마르셀 프루스트 지음 | 김희영 옮김 | 민음사
프루스트는 신경과학자였다 | 조나 레러 지음 | 최애리 옮김 | 지호
기억은 미래를 향한다 | 한나 모니어, 마르틴 게스만 지음 | 전대호 옮김 | 문예출판사
살인자의 기억법 | 김영하 지음 | 문학동네
철학카페에서 문학 읽기 | 김용규 지음 | 웅진지식하우스
철학카페에서 시 읽기 | 김용규 지음 | 웅진지식하우스
탐독 | 어수웅 지음 | 민음사
어제가 없는 남자, HM의 기억 | 수잰 코킨 지음 | 이민아 옮김 | 알마
픽션들 | 호르헤 루이스 보르헤스 지음 | 송병선 옮김 | 민음사
망각의 기술 | 이반 이스쿠이에르두 지음 | 김영선 옮김 | 심심

6장 인간은 빅뱅의 산물

최초의 3분 | 스티븐 와인버그 | 신상진 옮김 | 양문
최종 이론의 꿈 | 스티븐 와인버그 지음 | 이종필 옮김 | 사이언스북스
스티븐 와인버그의 세상을 설명하는 과학 | 스티븐 와인버그 지음 | 이강환 옮김 | 시공사
모든 사람을 위한 빅뱅 우주론 강의 | 이석영 지음 | 사이언스북스
멀티 유니버스 | 브라이언 그린 지음 | 박병철 옮김 | 김영사
평행우주 | 미치오 카쿠 지음 | 박병철 옮김 | 김영사
맥스 테그마크의 유니버스 | 맥스 테그마크 지음 | 김낙우 옮김 | 동아시아
퀀텀스토리 | 짐 배것 지음 | 박병철 옮김 | 반니
엘러건트 유니버스 | 브라이언 그린 지음 | 박병철 옮김 | 승산
우주의 풍경 | 레너드 서스킨드 지음 | 김낙우 옮김 | 사이언스북스
블랙홀 전쟁 | 레너드 서스킨드 지음 | 이종필 옮김 | 사이언스북스
물리의 정석: 양자 역학 편 | 레너드 서스킨드, 아트 프리드먼 지음 | 이종필 옮김 | 사이언스북스
물리의 정석: 고전 역학 편 | 레너드 서스킨드, 조지 라보프스키 지음 | 이종필 옮김 | 사이언스북스
평행우주라는 미친 생각은 어떻게 상식이 되었는가 | 토비아스 휘르터, 막스 라우너 지음 | 김희상 옮김 | 알마
끝없는 우주 | 폴 스타인하트, 닐 투록 지음 | 김원기 옮김 | 살림
우주의 통찰 | 앨런 구스 외 지음 | 김성훈 옮김 | 와이즈베리
빅뱅 이전 | 마르틴 보요발트 지음 | 곽영직 옮김 | 김영사
보이는 세상은 실재가 아니다 | 카를로 로벨리 지음 | 김정훈 옮김 | 쌤앤파커스
시간의 순환 | 로저 펜로즈 지음 | 이종필 옮김 | 승산
현대물리학 시간과 우주의 비밀에 답하다 | 숀 캐럴 지음 | 김영태 옮김 | 다른세상

7장 나도 늙고, 별도 늙는다

마법의 용광로 | 마커스 초운 지음 | 이정모 옮김 | 사이언스북스
DNA에서 우주를 만나다 | 닐 슈빈 지음 | 이한음 옮김 | 위즈덤하우스
원자, 인간을 완성하다 | 커트 스테이저 지음 | 김학영 옮김 | 반니
만물 과학 | 마커스 초운 지음 | 김소정 옮김 | 교양인
태양계의 모든 것 | 마커스 초운 지음 | 꿈꾸는 과학 옮김 | 영림카디널
현대과학의 열쇠 퀀텀과 유니버스 | 마커스 초운 지음 | 정병선 옮김 | 마티
화성으로 피크닉 가기 전에 알아야 할 최첨단 우주 이야기 | 마커스 초운 지음 | 이동수 옮김 | 바다출판사

내 안의 물고기 | 닐 슈빈 지음 | 김명남 옮김 | 김영사

그림으로 보는 시간의 역사 | 스티븐 호킹 지음 | 김동광 옮김 | 까치

블랙홀과 시간여행 | 킵 S. 손 지음 | 박일호 옮김 | 반니

블랙홀 이야기 | 아서 밀러 지음 | 안인희 옮김 | 푸른숲

블랙홀의 사생활 | 마샤 바투시액 지음 | 이충호 옮김 | 지상의책

초신성 1987A와 별의 성장 | 노모토 하루요 지음 | 정현수 옮김 | 전파과학사

블랙홀 전쟁 | 레너드 서스킨드 지음 | 이종필 옮김 | 사이언스북스

과학이 빛나는 밤에 | 이준호 지음 | 추수밭

천국의 문을 두드리며 | 리사 랜들 지음 | 이강영 옮김 | 사이언스북스

알마게스트 | 프톨레마이오스 지음

시데레우스 눈치우스 | 갈릴레오 갈릴레이 지음

대화: 천동설과 지동설, 두 체계에 관하여 | 갈릴레오 갈릴레이 지음 | 이무현 옮김 | 사이언스
북스

과학혁명의 구조 | 토머스 S. 쿤 지음 | 김명자, 홍성욱 옮김 | 까치

향연 | 플라톤 지음

최무영 교수의 물리학 강의 | 최무영 지음 | 책갈피

코스모스 | 칼 세이건 지음 | 홍승수 옮김 | 사이언스북스

8장 쥐라기 공원이 아니라 백악기 공원

바이털 퀘스천 | 닉 레인 지음 | 김정은 옮김 | 까치

미토콘드리아 | 닉 레인 지음 | 김정은 옮김 | 뿌리와이파리

생명의 도약 | 닉 레인 지음 | 김정은 옮김 | 글항아리

생명 최초의 30억 년 | 앤드류 H. 놀 지음 | 김명주 옮김 | 뿌리와이파리

최초의 생명꼴 세포 | 데이비드 디머 지음 | 류운 옮김 | 뿌리와이파리

다시 만들어진 신 | 스튜어트 카우프만 지음 | 김명남 옮김 | 사이언스북스

혼돈의 가장자리 | 스튜어트 카우프만 지음 | 국형태 옮김 | 사이언스북스

최종 이론의 꿈 | 스티븐 와인버그 지음 | 이종필 옮김 | 사이언스북스

우발과 패턴 | 마크 뷰캐넌 지음 | 김희봉 옮김 | 시공사

핀볼효과 | 제임스 버크 지음 | 장석봉 옮김 | 궁리

전체를 보는 방법 | 존 H. 밀러 지음 | 정형채, 최화정 옮김 | 에이도스

복잡한 세계 숨겨진 패턴 | 닐 존슨 지음 | 한국복잡계학회 옮김 | 바다출판사

링크 | A. L. 바라바시 지음 | 강병남 외 옮김 | 동아시아

세상물정의 물리학 | 김범준 지음 | 동아시아

카오스 | 제임스 글릭 지음 | 박래선 옮김 | 동아시아

조상 이야기 | 리처드 도킨스, 옌 웡 지음 | 이한음 옮김 | 까치

생명이란 무엇인가 | 에르빈 슈뢰딩거 지음 | 서인석, 황상익 옮김 | 한울

우연과 필연 | 자크 모노 지음 | 조현수 옮김 | 궁리

새로운 우주 | 로버트 러플린 지음 | 이덕환 옮김 | 까치

생명이란 무엇인가 | 린 마굴리스, 도리언 세이건 지음 | 김영 옮김 | 리수

생명 그 자체 | 프랜시스 크릭 지음 | 김명남 옮김 | 김영사

생명이란 무엇인가 그 후 50년 | 마이클 머피 외 지음 | 이상헌 외 옮김 | 지호

우연의 설계 | 뉴사이언티스트 기획, 마이클 브룩스 엮음 | 김성훈 옮김 | 반니

지구의 속삭임 | 칼 세이건, 프랭크 도널드 드레이크 외 지음 | 김명남 옮김 | 사이언스북스

라마와의 랑데부 | 아서 클라크 지음 | 박상준 옮김 | 아작

별의 계승자 | 제임스 P. 호건 지음 | 이동진 옮김 | 아작

35억 년 전 세상 그대로 | 문경수 지음 | 마음산책

빌 브라이슨의 대단한 호주 여행기 | 빌 브라이슨 지음 | 이미숙 옮김 | 알에이치코리아

서호주 | 박문호의 자연과학 세상 지음 | 엑셈

삼엽충 | 리처드 포티 지음 | 이한음 옮김 | 뿌리와이파리 |2007년 12

위대한 생존자들 | 리처드 포티 지음 | 이한음 옮김 | 까치

10억 년 전으로의 시간 여행 | 최덕근 지음 | 휴머니스트

내 안의 물고기 | 닐 슈빈 지음 | 김명남 옮김 | 김영사

눈의 탄생 | 앤드루 파커 지음 | 오숙은 옮김 | 뿌리와이파리

다윈의 잃어버린 세계 | 마틴 브레이저 지음 | 노승영 옮김 | 반니

원더풀 라이프 | 스티븐 제이 굴드 지음 | 김동광 옮김 | 궁리

한반도 자연사 기행 | 조홍섭 지음 | 한겨레출판사

공룡 오디세이 | 스콧 샘슨 지음 | 김명주 옮김 | 뿌리와이파리

총 균 쇠 | 재레드 다이아몬드 지음 | 김진준 옮김 | 문학사상

대멸종 | 마이클 J. 벤턴 지음 | 류운 옮김 | 뿌리와이파리

공룡대탐험 | 이융남 지음 | 창비

박진영의 공룡 열전 | 박진영 지음 | 뿌리와이파리

암흑 물질과 공룡 | 리사 랜들 지음 | 김명남 옮김 | 사이언스북스

공룡 이후 | 도널드 R. 프로세로 지음 | 김정은 옮김 | 뿌리와이파리

걷는 고래 | J. G. M. '한스' 테비슨 지음 | 김미선 옮김 | 뿌리와이파리

새로운 생명의 역사 | 피터 워드, 조 커슈빙크 지음 | 이한음 옮김 | 까치

얼음의 나이 | 오코우치 나오히코 지음 | 윤혜원 옮김 | 계단

진화의 키, 산소 농도 | 피터 워드 지음 | 김미선 옮김 | 뿌리와이파리

지구의 삶과 죽음 | 피터 워드 지음 | 이창희 옮김 | 지식의숲

바다의 습격 | 브라이언 페이건 지음 | 최파일 옮김 | 미지북스

9장 우리는 모두 아프리카인이다

인간의 유래 | 찰스 다윈 지음 | 김관선 옮김 | 한길사
루시, 최초의 인류 | 도널드 조핸슨 지음 | 이충호 옮김 | 김영사
인류의 기원 | 리처드 리키 지음 | 황현숙 옮김 | 사이언스북스
인류의 기원과 진화 | 이선복 지음 | 사회평론아카데미
인간의 탄생 | 사이언티픽 아메리칸 편집부 엮음 | 강윤재 옮김 | 한림출판사
인류의 기원 | 이상희, 윤신영 지음 | 사이언스북스
멸종하거나 진화하거나 | 로빈 던바 지음 | 김학영 옮김 | 반니
모든 것의 기원 | 데이비드 버코비치 지음 | 박병철 옮김 | 책세상
유전자 사람 그리고 언어 | 루카 카발리–스포르차 지음 | 이정호 옮김 | 지호
올모스트 휴먼 | 리 버거, 존 호크스 지음 | 주명진 옮김 | 뿌리와이파리
미토콘드리아 | 닉 레인 지음 | 김정은 옮김 | 뿌리와이파리
최초의 남자 | 스펜서 웰스 지음 | 황수연 옮김 | 사이언스북스
1만 년의 폭발 | 그레고리 코크란, 헨리 하펜딩 지음 | 김명주 옮김 | 글항아리
인류의 위대한 여행 | 앨리스 로버츠 지음 | 진주현 옮김 | 책과함께
한국인의 기원 | 이홍규 지음 | 우리역사연구재단
바이칼에서 찾는 우리민족의 기원 | 이홍규 지음 | 정신세계원

10장 나의 (귀)신 추방기

만들어진 신 | 리처드 도킨스 지음 | 이한음 옮김 | 김영사
주문을 깨다 | 대니얼 데닛 지음 | 김한영 옮김 | 동녘사이언스
기독교 국가에 보내는 편지 | 샘 해리스 지음 | 박상준 옮김 | 동녘
신은 위대하지 않다 | 크리스토퍼 히친스 지음 | 김승욱 옮김 | 알마
그림으로 보는 시간의 역사 | 스티븐 호킹 지음 | 김동광 옮김 | 까치
위대한 설계 | 스티븐 호킹, 레오나르드 믈로디노프 지음 | 전대호 옮김 | 까치
은하수를 여행하는 히치하이커를 위한 안내서 | 더글러스 애덤스 지음 | 김선형 옮김 | 책세상
언어본능 | 스티븐 핑커 지음 | 김한영 옮김 | 동녘사이언스
마음은 어떻게 작동하는가 | 스티븐 핑커 지음 | 김한영 옮김 | 동녘사이언스
빈 서판 | 스티븐 핑커 지음 | 김한영 옮김 | 사이언스북스
우리 본성의 선한 천사 | 스티븐 핑커 지음 | 김명남 옮김 | 사이언스북스
인간 본성에 대하여 | 에드워드 윌슨 지음 | 이한음 옮김 | 사이언스북스
생명의 편지 | 에드워드 윌슨 지음 | 권기호 옮김 | 사이언스북스
사회생물학 | 에드워드 윌슨 지음 | 이병훈 외 옮김 | 민음사
통섭 | 에드워드 윌슨 지음 | 최재천, 장대익 옮김 | 사이언스북스

축의 시대 | 카렌 암스트롱 지음 | 정영목 옮김 | 교양인

이슬람 | 카렌 암스트롱 지음 | 장병옥 옮김 | 을유문화사

스스로 깨어난 자 붓다 | 카렌 암스트롱 지음 | 정영목 옮김 | 푸른숲

마호메트 평전 | 카렌 암스트롱 지음 | 유혜경 옮김 | 미다스북스

신화의 역사 | 카렌 암스트롱 지음 | 이다희 옮김 | 문학동네

신을 위한 변론 | 카렌 암스트롱 지음 | 정준형 옮김 | 웅진지식하우스

성서 | 카렌 암스트롱 지음 | 배철현 옮김 | 세종서적

성서 이펙트 | 카렌 암스트롱 지음 | 배철현 옮김 | 세종서적

카렌 암스트롱, 자비를 말하다 | 카렌 암스트롱 지음 | 권혁 옮김 | 돋을새김

카렌 암스트롱의 바울 다시 읽기 | 카렌 암스트롱 지음 | 정호영 옮김 | 훗

신의 역사 | 카렌 암스트롱 지음 | 배국원, 유지황 옮김 | 동연

종교전쟁 | 신재식, 김윤성, 장대익 지음 | 사이언스북스

거룩한 테러 | 브루스 링컨 지음 | 김윤성 옮김 | 돌베개

예수복음 | 주제 사라마구 지음 | 정영목 옮김 | 해냄출판사

신의 탄생 | 프레데릭 르누아르, 마리 드뤼케르 지음 | 양영란 옮김 | 김영사

예수와 다윈의 동행 | 신재식 지음 | 사이언스북스

왜 사람들은 이상한 것을 믿는가 | 마이클 셔머 지음 | 류운 옮김 | 바다출판사

82년생 김지영 | 조남주 지음 | 민음사

믿음의 엔진 | 루이스 월퍼트 지음 | 황소연 옮김 | 에코의서재

거울 나라의 앨리스 | 루이스 캐럴 지음 | 정윤희 옮김 | 글담

악령이 출몰하는 세상 | 칼 세이건 지음 | 이상헌 옮김 | 김영사

코스모스 | 칼 세이건 지음 | 홍승수 옮김 | 사이언스북스

잊혀진 조상의 그림자 | 칼 세이건, 앤 두르얀 지음 | 김동광 옮김 | 사이언스북스

창백한 푸른점 | 칼 세이건 지음 | 현정준 옮김 | 사이언스북스

에덴의 용 | 칼 세이건 지음 | 임지원 옮김 | 사이언스북스

혜성 | 칼 세이건, 앤 드루얀 지음 | 김혜원 옮김 | 사이언스북스

과학적 경험의 다양성 | 칼 세이건 지음 | 박중서 옮김 | 사이언스북스

신은 왜 우리곁을 떠나지 않는가 | 앤드루 뉴버그 외 지음 | 이충호 옮김 | 한울림

믿는다는 것의 과학 | 앤드류 뉴버그, 마크 로버트 월드먼 지음 | 진우기 옮김 | 휴머니스트

11장 인류는 미래를 위해 무엇을 할 것인가

최초의 인류 | 앤 기번스 지음 | 오숙은 옮김 | 뿌리와이파리

대멸종 | 마이클 J. 벤턴 지음 | 류운 옮김 | 뿌리와이파리

생명 최초의 30억 년 | 앤드류 H. 놀 지음 | 김명주 옮김 | 뿌리와이파리

새로운 생명의 역사 | 피터 워드, 조 커슈빙크 지음 | 이한음 옮김 | 까치

암흑 물질과 공룡 | 리사 랜들 지음 | 김명남 옮김 | 사이언스북스

여섯 번째 대멸종 | 엘리자베스 콜버트 지음 | 이혜리 옮김 | 처음북스

지구 한계의 경계에서 | 요한 록스트룀, 마티아스 클룸 지음 | 김홍옥 옮김 | 에코리브르

지구의 절반 | 에드워드 윌슨 지음 | 이한음 옮김 | 사이언스북스

위대한 생존자들 | 리처드 포티 지음 | 이한음 옮김 | 까치

공룡 오디세이 | 스콧 샘슨 지음 | 김명주 옮김 | 뿌리와이파리

호모 데우스 | 유발 하라리 지음 | 김명주 옮김 | 김영사

사피엔스 | 유발 하라리 지음 | 조현욱 옮김 | 김영사

뇌, 인간의 지도 | 마이클 S. 가자니가 지음 | 박인균 옮김 | 추수밭

뇌로부터의 자유 | 마이클 가자니가 지음 | 박인균 옮김 | 추수밭

생각에 관한 생각 | 대니얼 카너먼 지음 | 이창신 옮김 | 김영사

끝이 좋으면 다 좋아 | 윌리엄 셰익스피어 지음

초협력자 | 마틴 노왁, 로저 하이필드 지음 | 허준석 옮김 | 사이언스북스

인간 본성에 대하여 | 에드워드 윌슨 지음 | 이한음 옮김 | 사이언스북스

특이점이 온다 | 레이 커즈와일 지음 | 김명남, 장시형 옮김 | 김영사

마음의 탄생 | 레이 커즈와일 지음 | 윤영삼 옮김 | 크레센도

슈퍼인텔리전스 | 닉 보스트롬 지음 | 조성진 옮김 | 까치

파이널 인벤션 | 제임스 배럿 지음 | 정지훈 옮김 | 동아시아

천국의 문을 두드리며 | 리사 랜들 지음 | 이강영 옮김 | 사이언스북스

4퍼센트 우주 | 리처드 파넥 지음 | 김혜원 옮김 | 시공사

암흑 물질과 공룡 | 리사 랜들 지음 | 김명남 옮김 | 사이언스북스

이기적 유전자 | 리처드 도킨스 지음 | 홍영남, 이상임 옮김 | 을유문화사

최초의 3분 | 스티븐 와인버그 지음 | 신상진 옮김 | 양문

마지막 3분 | 폴 데이비스 지음 | 박배식 옮김 | 사이언스북스

세상은 어떻게 끝나는가 | 크리스 임피 지음 | 박병철 옮김 | 시공사

나는 왜 기독교인이 아닌가 | 버트런드 러셀 지음 | 송은경 옮김 | 사회평론

코스모스 | 칼 세이건 지음 | 홍승수 옮김 | 사이언스북스

나는 과학책으로 세상을 다시 배웠다

빅뱅에서 진화심리학까지 과학이 나와 세상에 대해 말해주는 것들

초판 1쇄 발행	2019년 10월 21일
초판 5쇄 발행	2021년 5월 10일

지은이	최준석
편집	장동석
디자인	김슬기

펴낸곳	(주)바다출판사
펴낸이	김인호
주소	서울시 마포구 어울마당로5길 17 5층(서교동)
전화	322-3885(편집), 322-3575(마케팅)
팩스	322-3858
E-mail	badabooks@daum.net
홈페이지	www.badabooks.co.kr

ISBN	979-11-89932-34-3 03400

* 이 책은 관훈클럽정신영기금의 도움을 받아 저술·출판되었습니다.